제 3 판

전자회로 기초

BASICS ELECTRONIC CIRCUIT

하 정 우 저

B.C.Info

머리말

이 책은 전자회로 분야를 처음 접하는 독자들이 전체적인 개념을 이해하고 싶을 때나, 전자회로를 공부하려는 2년제 학생들 또는 이제 막 관련 업무를 시작하는 엔지니어들이 짧은 시간에 전체적인 개념을 이해하고자 할 때 도움을 주기 위해 쓰였다. 이 책의 구성은 다음과 같다.

1장에서는 반도체 소자의 기본 소자인 다이오드 소자를 설명했고 실리콘의 물리적 구조, 다이오드의 물리적 구조, 다이오드의 전류-전압 특성 및 모델과 다이오드의 종류에 대해 언급했다.

2장에서는 BJT 소자와 회로에 관한 내용으로 BJT의 특징, BJT 동작 모드, BJT 전류와 전압 특성 및 바이어스, BJT를 이용한 증폭기에 관해 설명했다.

3장에서는 MOSFET 소자와 회로에 관한 내용으로 MOSFET의 물리적 구조, MOSFET의 동작 특성, MOSFET의 전류-전압 특성, MOSFET의 바이어스, MOSFET 기본 증폭기 회로 해석, FET의 다양한 특성들에 관해 설명했다.

4장에서는 전원회로에 관한 내용으로 정류회로, 반파정류기, 전파 정류기, 정류용 필터, 전원회로의 다양한 특성들에 관해 설명했다.

5장에서는 궤환에 관한 내용으로 궤환의 개념 및 궤환의 특성에 관해 설명했다.

6장에서는 연산증폭기에 관한 내용으로 연산증폭기의 개념 및 특성과 연산증폭기의 응용회로에 관해 설명했다.

7장에서는 전력 증폭기에 관한 내용으로 Class-A, Class-B, Class-AB 및 Class-C 전력 증폭기에 관해 설명했다.

8장에서는 신호 발생기에 관한 내용으로 정현파 발진기의 기본 개념, 연산증폭기 RC Oscillator 회로, LC 및 Crystal Oscillator와 Multivibrator에 관해 설명했다.

이 책의 특징은 독자들이 개념 위주로 이해하도록 수식 부분을 되도록 최소로 했다는 점이다.

아무쪼록 이 책이 전자회로 분야를 처음 접하는 학습자에게 유용하게 쓰였으면 한다.

2025. 2. 6
저자 하정우 씀

차례

CHAPTER 1 다이오드

CHAPTER 2 BJT

CHAPTER 3 MOSFET

CHAPTER 4 전원회로

CHAPTER 5 궤환

CHAPTER 6 연산증폭기

CHAPTER 7 전력 증폭기

CHAPTER 8 신호 발생기

CHAPTER 01

다이오드
(Diode)

1.1 실리콘의 물리적 구조

(1) 원자의 구성

원자는 [그림 1-1]에서와 같이 양성자, 중성자, 전자로 이루어져 있다.

양성자는 원자의 구성 요소 중 양전하(+)를 띠고 있는 입자이며, 중성자와 함께 원자핵을 구성한다. 원자의 원자 번호는 양성자 수로 결정된다.

중성자는 원자의 구성 입자 중 극성을 띠지 않는 입자이며, 양성자와 함께 원자핵을 구성한다.

전자는 원자의 구성 입자 중에서 음전하(-)를 띠고 있는 입자이며, 양성자와 같은 수의 전자가 원자 내에 존재한다.

동일한 수의 양성자와 전자를 가진 원자는 양전하(+)와 음전하(-)의 전기적인 힘이 상쇄되어 극성을 띠지 않게 된다.

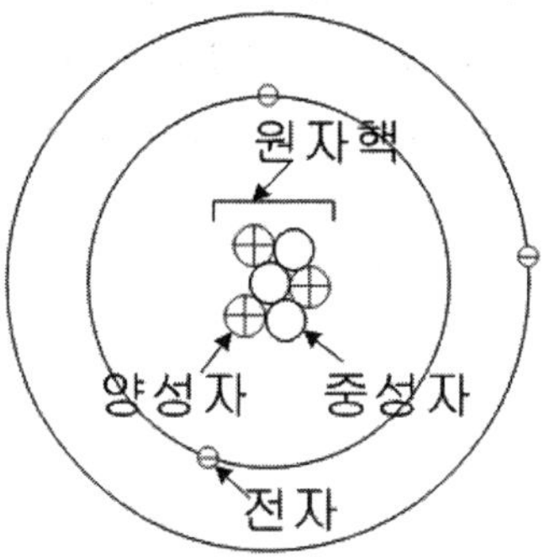

[그림 1-1] 원자의 구조

(2) 실리콘 원자

원자에는 전자가 들어갈 수 있는 정해진 궤도가 있는데, 가장 안쪽 궤도에서부터 최대로 채워질 수 있는 전자 수에 따라 전자가 채워진다. 예를 들어, 첫 번째 궤도인 K각에는 2개, 두 번째 궤도인 L각에는 8개, 세 번째 궤도인 M각에는 18개, 네 번째 궤도인 N각에는 32개로 채워진다.

따라서 실리콘은 원자 번호 14번으로 전체 전자가 14개이므로, 첫 번째 궤도에 2개, 두 번째 궤도에 8개, 세 번째 궤도에 4개가 채워진다.

[그림 1-2]와 같이 실리콘 원자의 최외각 궤도에 4개의 전자가 채워지므로 실리콘 원자를 4가 원소라 부른다.

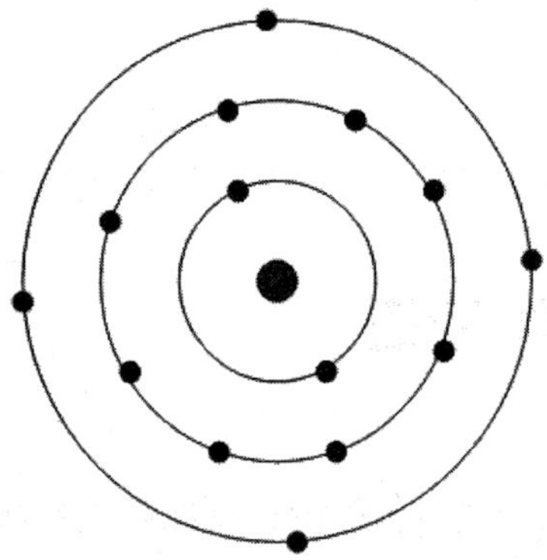

[그림 1-2] 실리콘 원자 구조

(3) 실리콘 원자의 결합

원자 간의 결합에서는 최외각 궤도가 전자로 완전히 채워지거나 또는 최외각 궤도에 전자가 8개로 채워질 때 가장 안정한 상태인데, 이러한 성질을 옥텟규칙(Octet Rule)이라 한다.

실리콘은 최외각 궤도에 전자가 4개 존재하므로, [그림 1-3]과 같이 실리콘 원자 간에 최외각 전자 4개를 공유결합하여 안정을 이루고 있다. [그림 1-3]에서 보듯이 중심의 실리콘 원자는 주변의 실리콘 원자에 자신의 최외각 전자 중 하나를 밀어 넣고, 주변의 실리콘 원자의 최외각 전자 중 하나를 자신의 최외각 궤도로 위치시켜 공유결합을 한다. 이런 식으로 주변의 나머지 3개의 실리콘 원자와도 공유결합을 하여, 자신의 최외각 궤도에 전자가 8개 존재하도록 한다.

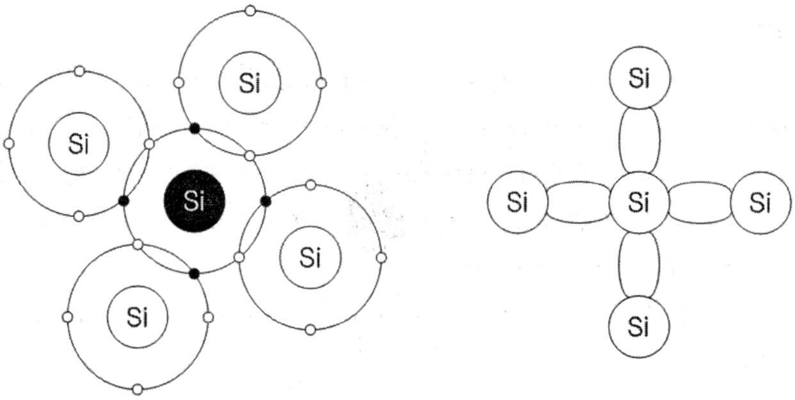

[그림 1-3] 실리콘 원자 공유결합

순수한 실리콘 원자 간에는 공유결합으로 안정된 상태를 유지하므로 전자의 이동이 거의 없고 그 결과 전류의 흐름도 매우 작다. 이러한 반도체를 진성 반도체 또는 순수 반도체라 부른다.

(4) 실리콘의 성질

[표 1-1]은 실리콘의 주요 성질들을 요약한 것이다.

[표 1-1] 실리콘의 주요 성질

원자번호	14
원자량	28.086 [g/mol]
녹는점	1,414 [℃] (1,687 [K])
밀도	2.33 [g/cm^3] @ 300 [K]
결정구조	Diamond Cubic
격자상수	5.43 [A]
Band Gap 에너지	1.12 [eV]

(5) 불순물 반도체

진성 반도체는 전류를 잘 흘리지 못하므로 진성 반도체에 불순물을 첨가하여 전류가 흐를 수 있도록 만든 반도체를 불순물 반도체라 한다. 불순물 반도체는 첨가하는 불순물의 종류에 따라 P형 반도체와 N형 반도체로 나뉜다.

P형 반도체는 진성 반도체에 3가 원소를 첨가하여 만든 불순물 반도체이며, 4가 실리콘(Si) 원자와 3가 원자인 알루미늄(Al), 붕소(B), 갈륨(Ga), 인듐(In)의 공유결합으로 만들 수 있다. P형 반도체는 [그림 1-4]와 같이 4가인 실리콘 원자와 3가 원자가 공유결합을 하여 정공(hole)이 생성된다.

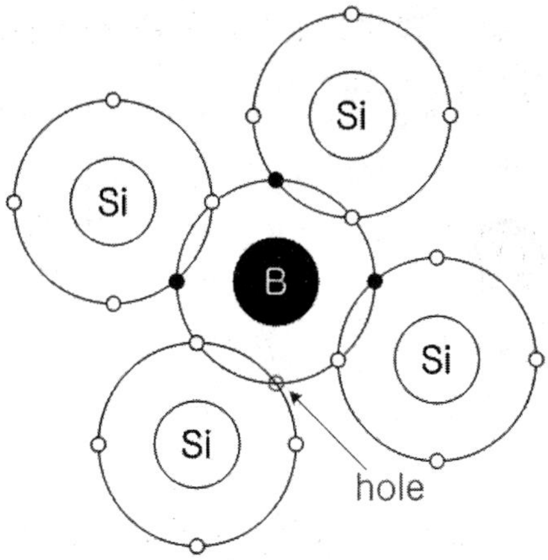

[그림 1-4] P형 반도체

정공이 전류를 흐를 수 있는 역할을 하므로 양성(Positive)인 P형 반도체로 부른다.

여기서 주의해야 할 점은 P형 반도체라는 이름 때문에 P형 반도체의 전기적 극성을 양(+)의 극성으로 생각하면 안 된다는 점이다. 실리콘 원자와 3가 원자는 단지 공유결합만 했을 뿐, 각 원자들에 대해 전자를 잃어버리거나 새로 받아들인 것은 없기 때문에 각각의 원자의 상태 그대로 전기적으로 중성을 띄게 된다.

N형 반도체는 진성 반도체에 5가 원소를 첨가하여 만든 불순물 반도체이며, 4가 실리콘 원자와 5가 원자인 인(P), 비소(As), 안티몬(Sb)의 공유 결합으로 만들 수 있다. N형 반도체는 [그림 1-5]와 같이 4가인 실리콘 원자와 5가 원자가 공유 결합하여 자유전자(free electron)가 생성된다.

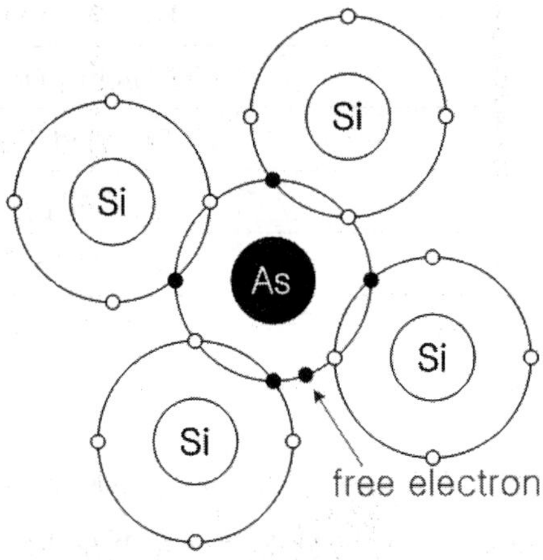

[그림 1-5] N형 반도체

전자가 전류를 흐를 수 있는 역할을 하므로 음성(Negative)인 N형 반도체로 부른다. P형 반도체에서와 마찬가지로 주의해야 할 점은 N형 반도체라는 이름 때문에 N형 반도체의 전기적 극성을 음(-)의 극성으로 생각하면 안 된다는 것이다. 실리콘 원자와 5가 원자는 단지 공유 결합만 했을 뿐, 각 원자들에 대해 전자를 잃어버리거나 새로이 받아들인 것은 없기 때문에 각각의 원자의 상태 그대로 전기적으로 중성을 띄게 된다.

(6) 화합물 반도체

화합물 반도체는 결정이 두 종류 이상의 원소 화합물로 구성되어 있는 반도체이다. 화합물 반도체에는 III-V족 화합물인 갈륨-비소(GaAs), 인듐-인(InP), 갈륨-인(GaP) 등과 II-VI족 화합물인 황화카드뮴(CdS), 텔루르화 아연(ZnTe) 등이 있고, 마지막으로 IV-VI족 화합물인 황화연(PbS) 등이 있다.

실리콘(Si)이나 게르마늄(Ge) 같은 반도체는 화합물 반도체와 다르게 단원소 반도체 또는 단체 반도체로 분류한다.

1.2 다이오드의 물리적 구조

(1) 접합형 다이오드

불순물 반도체인 P형 반도체와 N형 반도체를 [그림 1-6]과 같이 접합시켜 만든 부품을 PN접합 다이오드 또는 다이오드라 부른다. 이때 P형 반도체로 연결된 부분을 Anode(A), N형 반도체로 연결된 부분을 Cathode(K)라고 한다. Cathode의 약어를 C가 아닌 K로 정한 이유는 전기·전자에서 많이 사용되는 부품인 커패시터(capacitor)의 약어 C와 혼용되지 않도록 하기 위함이다.

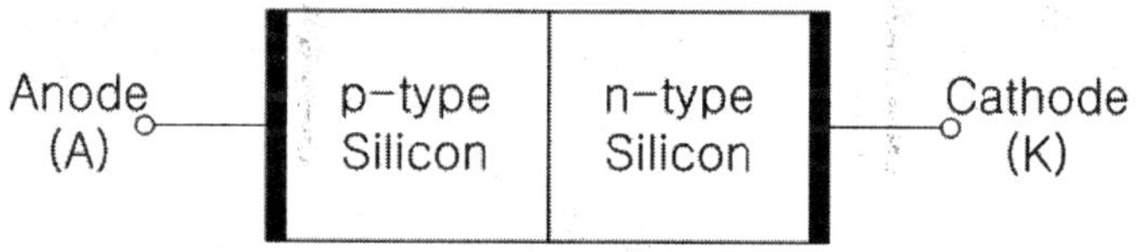

[그림 1-6] PN접합 다이오드의 단순화된 구조

다이오드를 전기적인 심볼로 나타내면 [그림 1-7]과 같다. 화살표처럼 생긴 부분이 시작하는 지점이 Anode이며, 끝나는 지점이 Cathode이다.

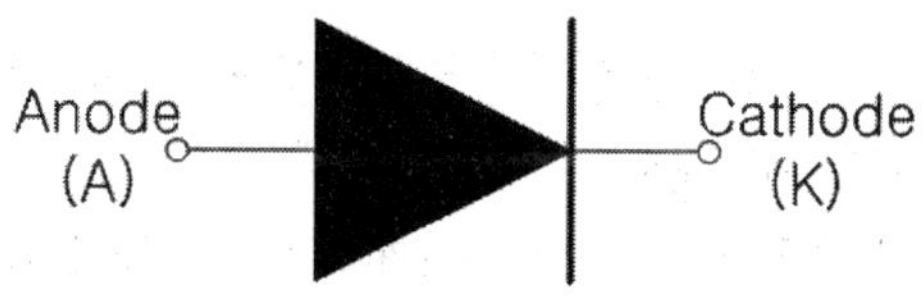

[그림 1-7] PN접합 다이오드의 심볼

(2) 공핍층(Depletion Layer)

[그림 1-8]은 P형 반도체와 N형 반도체를 접합하기 전 각각의 공유결합 상태를 보여주고 있다. P형 반도체는 공유결합 후 정공이 생성되었으며, 전기적으로는 중성을 띄고 있다. N형 반도체는 공유결합 후 자유전자가 생성되었으며, P형 반도체와 마찬가지로 전기적으로 중성을 띄고 있다. [그림 1-8]에서는 각각의 불순물 반도체 내에 큰 원으로 공유결합 상태에서의 전기적인 극성을 나타내었으며, 큰 원에 붙은 작은 원으로 정공을 (+), 자유전자를 (-)로 표현하였다. P형 반도체와 N형 반도체가 접합되기 전에는 각각의 공유결합의 전기적인 극성이 중성이므로, 큰 원 안에 극성을 표시하지 않았다.

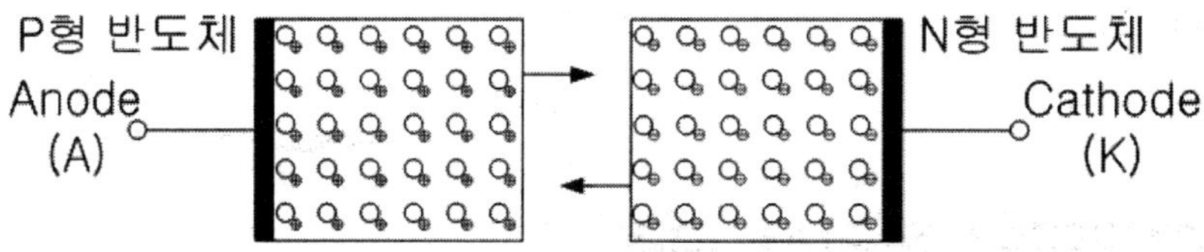

[그림 1-8] P형 반도체와 N형 반도체의 접합

[그림 1-9]와 같이 P형 반도체와 N형 반도체가 접합되면, 접합된 면에서 가까운 N형 반도체 부분부터 자유전자들이 P형 반도체 쪽으로 농도 차에 의해 확산을 하게 된다.

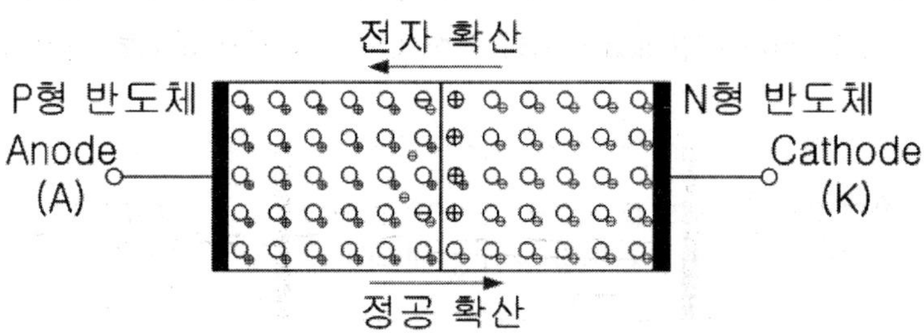

[그림 1-9] 접합 후 전자, 정공 확산

P형 반도체 쪽으로 확산된 자유전자는 P형 반도체 공유결합의 정공으로 들어간다. 그 결과 전기적으로 중성을 띄던 P형 반도체의 공유결합은 추가로 받아들인 자유전자로 인해 전기적으로 (-)를 띄게 된다. 반대로, 전기적으로 중성을 띄던 N형 반도체의 공유결합은 자유전자를 잃어버렸기 때문에 전기적으로 (+)를 띄게 된다. 이렇게 공유결합이 된 원자가 전자를 잃어버리거나 받아들여 극성이 변하는 현상을 이온화라 한다.

접합된 면 부근의 이온화된 공유결합은 P형 반도체 쪽에 (-) 극성, N형 반도체 쪽에 (+) 극성을 생성하여 두 극성 사이에 [그림 1-10]과 같이 전기장을 형성하게 된다.

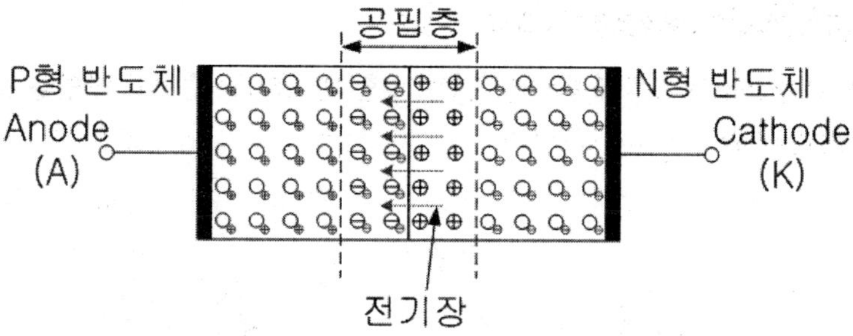

[그림 1-10] 접합 후 전자, 정공 확산

N형 반도체의 자유전자가 P형 반도체로 이동하여 이온화가 계속될수록 (-) 극성과 (+) 극성은 점점 더 강해지고, 전기장의 세기는 더욱 강해진다.

이러한 자유전자의 이동에 의한 이온화는 계속 발생되지는 못하고, 전기장의 세기가 P형 반도체로 이동하려는 자유전자의 흐름을 방해하여 더 이상 이동하지 못할 때까지만 지속된다. 그 결과 이온화된 영역은 더 이상 확장되지 않고 물리적인 평형상태를 이루는데, 이러한 이온화된 영역을 공핍층(Depletion Region)이라 부른다. 또한 N형 반도체의 자유전자가 공핍층 내의 전기장에 의해 P형 반도체로 확산되지 못하는데, 이때의 전기장의 세기를 전위장벽이라 부른다.

평형 상태에서 PN 접합 내부 전위장벽의 크기 V_{bi}는 [식 1-1]과 같다.

$$V_{bi} = V_t \ln\left(\frac{N_D N_A}{n_i^2}\right) \qquad [식\ 1\text{-}1]$$

V_t는 thermal voltage, n_i는 진성 반도체의 캐리어 밀도, N_D는 N형 반도체의 donor 밀도, N_A는 P형 반도체의 acceptor 밀도이다.

(3) 역방향 바이어스(Reverse-Bias)

[그림 1-11]과 같이 P형 반도체에 음(-)의 전압, N형 반도체에 양(+)의 전압을 인가하는 것을 역방향 바이어스라고 한다.

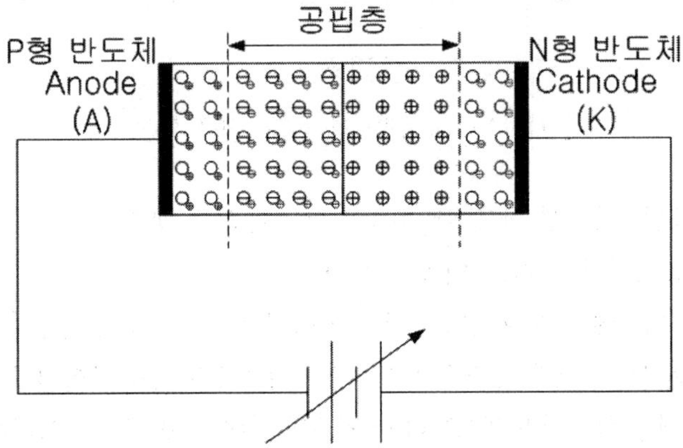

[그림 1-11] 역방향 바이어스

다이오드에 역방향 바이어스를 인가하면, P형 반도체에 전자가 공급되어 (-)로 이온화되는 공유결합이 늘어나고, N형 반도체에서는 전자를 잃어 (+)로 이온화되는 공유결합이 늘어난다. 결과적으로 공핍층은 더욱 증가하게 되고, 전류는 거의 흐르지 않게 된다. 공핍층의 두께와 역방향 바이어스 전압과의 관계는 [식 1-2]와 같다.

$$W \propto \sqrt{V_r} \qquad \text{[식 1–2]}$$

W는 공핍층의 두께, V_r은 역방향 바이어스 전압이다.

(4) Reverse-Bias Breakdown : Zener 효과

[그림 1-12]와 같이 다이오드에 역방향 바이어스가 증가되면 공핍층 내에 전기장이 증가된다.

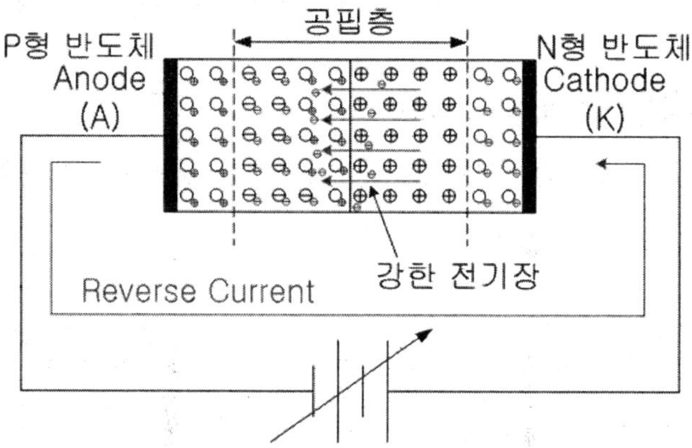

[그림 1-12] Zener 효과

강해진 전기장에 의해 P형 반도체의 공핍층 내에 이온화된 공유결합에서 전자가 분리되고, 분리된 전자가 전기장에 의해 N형 반도체로 이동하게 된다. 결과적으로 N형 반도체에서 P형 반도체 쪽으로 전류가 증가하게 되는데, 이러한 현상을 Zener 효과라고 한다.

(5) Reverse-Bias Breakdown : Avalanche 효과

[그림 1-13]과 같이 역방향 바이어스 전압이 증가하면서 전기장이 강하게 증가하면, P형 반도체 내의 소수캐리어인 전자, N형 반도체 내의 소수캐리어인 정공이 원자와 강하게 충돌하면서 원자 내의 전자를 분리시킨다.

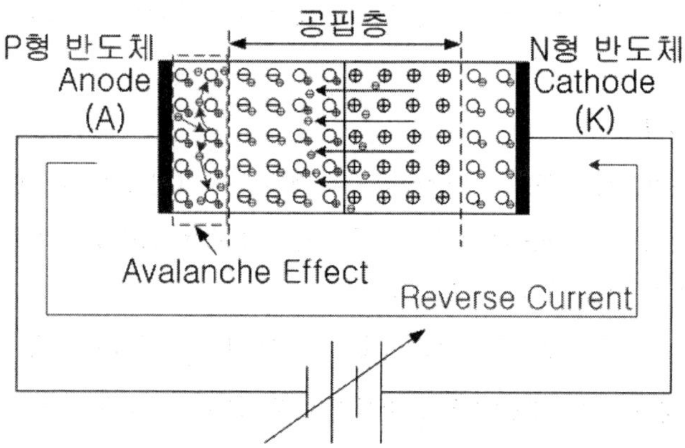

[그림 1-13] Avalanche 효과

원자에서 분리된 전자들이 다른 원자에 강하게 충돌하면서 원자 내의 전자를 다시 분리시킨다. 이러한 연쇄 충돌이 연속적으로 일어나고, 충돌로 인해 발생한 전자들은 강한 전기장에 의해 P형 반도체에서 N형 반도체로 이동하여 전류가 급격하게 증가하게 된다. 이러한 현상을 Avalanche 효과라고 한다. 이외에도 터널 효과와 같은 Reverse-Bias Breakdown 현상들도 있다.

(6) 순방향 바이어스(Forward-Bias)

[그림 1-14]와 같이 P형 반도체에 양(+)의 전압, N형 반도체에 음(-)의 전압을 인가하는 것을 순방향 바이어스라고 한다.

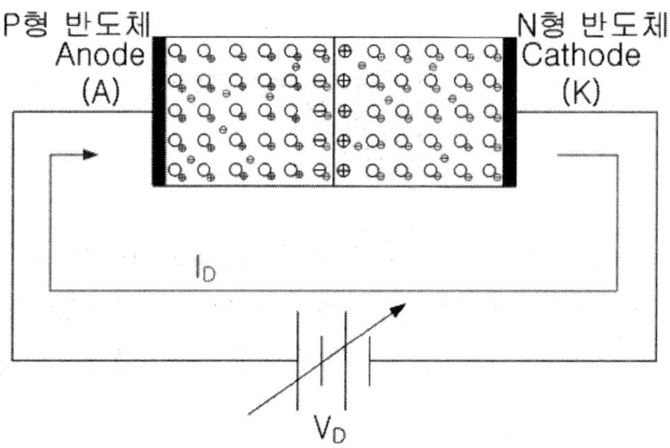

[그림 1-14] 순방향 바이어스

다이오드에 순방향 바이어스를 인가하면 P형 반도체 내에 전자가 감소하여 (-)로 이온화되는 공유결합이 줄어들고, N형 반도체 내에 자유전자가 증가하여 (+)로 이온화되는 공유결합이 줄어든다. 그래서 결과적으로 공핍층이 줄어들게 된다. 그리고 공핍층이 줄어들면서 N형 반도체의 자유전자가 공핍층을 넘어 P형 반도체로 이동할 수 있게 되어 전류가 흐르게 된다.

(7) 캐리어(Carrier)

P형 반도체에서는 정공이 전류를 흐르게 하는 주체이므로 정공을 다수캐리어, 자유전자를 소수캐리어라고 한다. 반대로 N형 반도체에서는 자유전자가 전류를 흐르게 하는 주체이므로 자유전자를 다수캐리어, 정공을 소수캐리어라고 한다.

N_A는 억셉터의 농도, N_p는 도너 농도, p는 정공(hall)의 농도, n은 전자(electron)의 농도, n_i는 순수반도체의 캐리어 농도라고 할 때, P형 반도체에서는 $p = N_A$, $n = n_i^2 / N_A$의 관계가 있고, N형 반도체에서는 $n = N_p$, $p = n_i^2 / N_p$의 관계가 있다. 온도 300K에서 실리콘(Si)의 n_i는 $1.5 \times 10^{10}/cm^3$이다.

(8) 도전율(Conductivity)

반도체의 도전율 또는 전기 전도도는 물질의 광학적인 여기 상태, 온도 변화, 불순물 함량 등에 영향을 받으며, 다수캐리어가 전자일 때는 $\sigma = q \cdot n \cdot \mu_n$, 다수캐리어가 정공일 때는 $\sigma = q \cdot n \cdot \mu_p$로 구할 수 있다. 여기서 μ는 도전율 $[\Omega^{-1}m^{-1}]$, q는 전하량 1.6×10^{-19} [C], n은 도핑 농도, μ_n은 전자의 이동도 $[m^2/V \cdot s]$, μ_p는 정공의 이동도 $[m^2/V \cdot s]$이다.

[예제 1–1]

[그림 예 1–1]의 다이오드 심볼에서 각 단자의 명칭은 무엇인지 쓰시오.

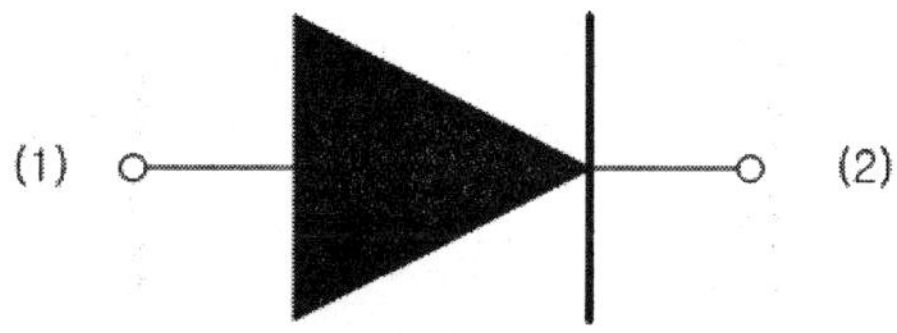

[그림 예 1–1]

[답]

(1) Anode (2) Cathode

[예제 1–2]

[그림 예 1–2]의 회로에 어떤 바이어스가 인가되고 있는지 쓰시오.

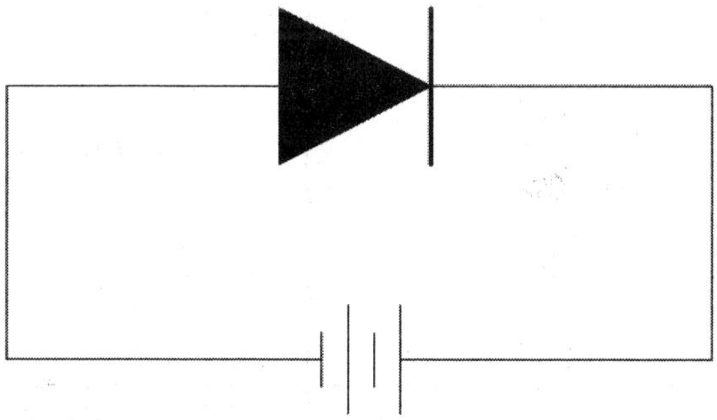

(　　　　　) 바이어스

[그림 예 1–2]

[답]

역방향

[예제 1-3]

[그림 예 1-3]의 회로에 어떤 바이어스가 인가되고 있는지 쓰시오.

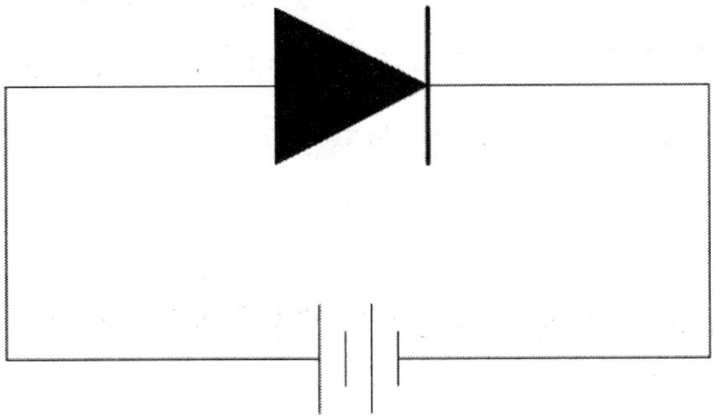

(　　　　　) 바이어스

[그림 예 1-3]

[답]

순방향

1.3 다이오드의 전류-전압 특성 및 모델

(1) 다이오드 I-V 특성

[그림 1-15]는 다이오드의 I-V 특성, 즉 전류-전압 특성 그래프를 보여주고 있다.

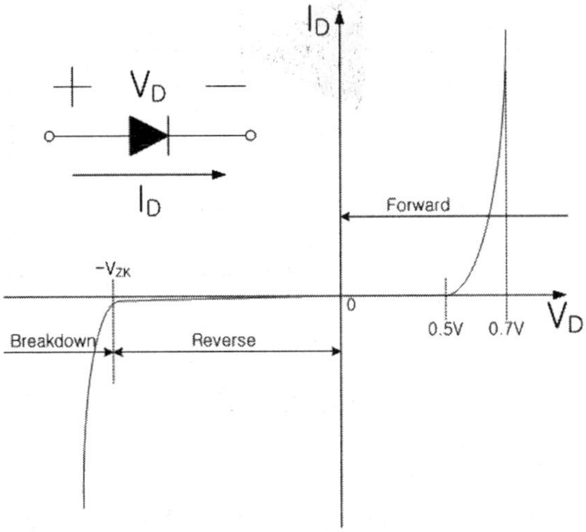

[그림 1-15] 다이오드 I-V 특성 그래프

[그림 1-15]와 같이, 전압이 0V에서 증가해서 0.5V를 넘어서면 전류가 서서히 증가하고, 전압이 문턱 전압(threshold voltage) 0.7V를 넘게 되면 전류가 급격하게 증가하는 것을 볼 수 있다. 이렇게 양(+)전압을 다이오드의 Anode에 인가하고 음(-)전압을 다이오드의 Cathode에 인가하는 것을 순방향 바이어스(forward-bias)라 한다.

반대로 전압이 0V에서 감소해서 점점 더 감소하게 되면 처음에는 전류가 거의 흐르지 않는다. 그러다가 특정 전압인 V_{ZK}보다 더 낮아지게 되면 전류가 급격하게 증가하게 된다. 이렇게 양(+)전압을 다이오드의 Cathode에 인가하고 음(-)전압을 다이오드의 Anode에 인가하는 것을 역방향 바이어스(reverse-bias)라 한다. 그리고 전류가 급격하게 증가하게 되는 특정 전압을 breakdown 전압이라 한다.

(2) Ideal-diode 모델

[그림 1-15]와 같은 실제 다이오드 특성 그래프는 다이오드를 회로에 적용하여 해석하기에는 너무 복잡하고 어렵다. 따라서 다이오드를 적용하는 회로 특성에 맞게 간단화한 모델을 사용한다. [그림 1-16]과 같은 Ideal-diode 모델은 회로상에서 고려해야 할 전압 수준이 다이오드 전압 강하 수준인 0.7V보다 상당히 크고, 다이오드가 여러 개일 때 사용한다.

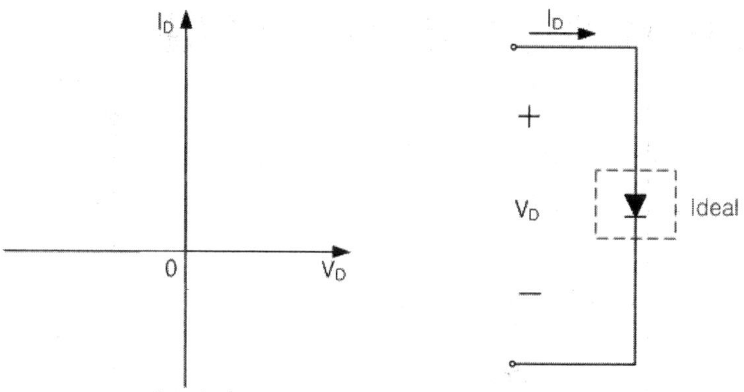

〈그래프〉 〈회로〉

[그림 1-16] Ideal-diode 그래프와 회로

[그림 1-16]의 그래프와 같이 다이오드 전압 강하 0.7V를 무시하고, 다이오드의 on-off 상태만 고려한다.

(3) 전압 강하 모델(0.7V 모델)

[그림 1-17]과 같은 전압 강하 모델은 다이오드 회로를 간단하고, 빠르게 해석할 수 있어 가장 널리 사용되는 모델이다.

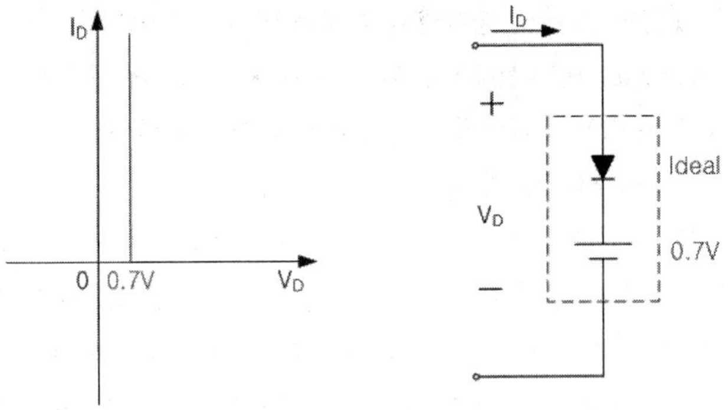

〈그래프〉 〈회로〉

[그림 1-17] 전압 강하 모델 그래프와 회로

[그림 1-17]의 그래프와 같이 다이오드 특성 중 0.7V 전압 강하만 반영된다.

(4) Piecewise-linear 모델

[그림 1-18]과 같은 Piecewise-linear 모델은 다이오드의 전압 강하와 다이오드 내부의 저항 성분까지 고려한 모델이다.

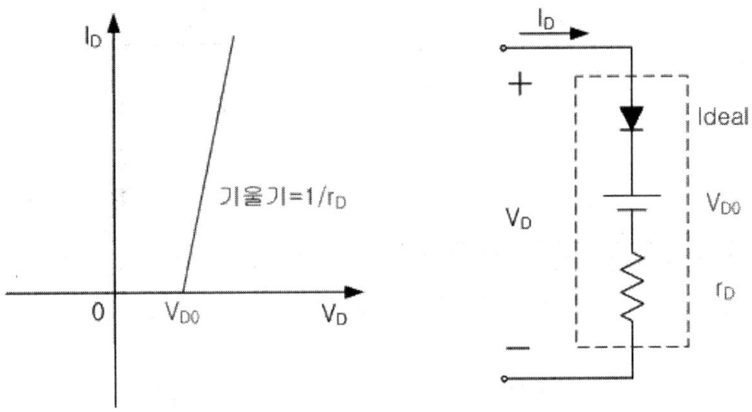

〈그래프〉 〈회로〉

[그림 1-18] Piecewise-linear 모델 그래프와 회로

조금 더 정확한 해석이 가능하나, 여러 개의 다이오드를 적용한 회로 해석에는 잘 사용하지 않는다.

(5) Exponential 모델

[그림 1-19]와 같은 Exponential 모델은 물리적 모델을 바탕으로 한 해석 모델이다. 상당히 정확한 모델이며, 정확한 해석을 필요로 할 때 사용한다.

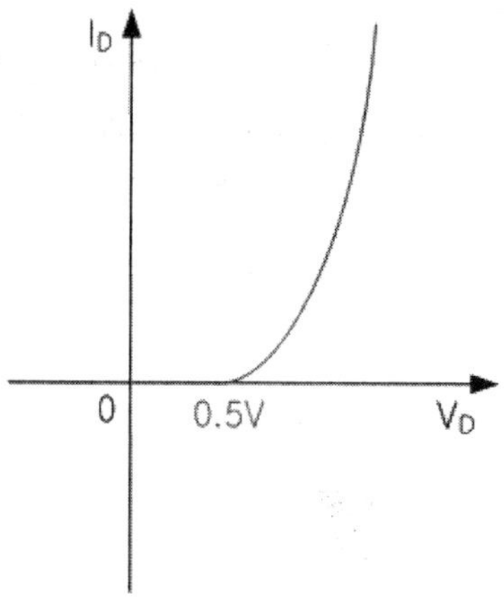

〈그래프〉

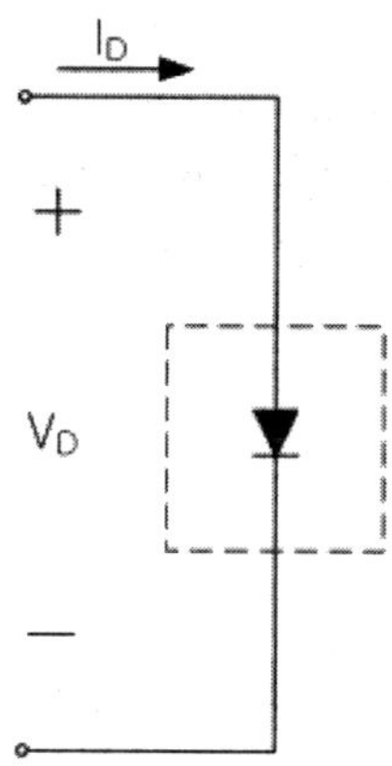

〈회로〉

[그림 1-19] Exponential 모델 그래프와 회로

[식 1-3]은 Exponential 모델의 전류 전압 관계를 나타낸다.

$$i_D = I_S e^{\frac{v_D}{nV_T}} \quad \text{[식 1-3]}$$

I_S는 saturation current로 선택된 다이오드의 특정 온도에서 주어지는 상수 값이고, n은 ideality factor로 선택된 다이오드 특성으로 주어지는 상수 값이며, V_T는 thermal voltage로 온도와 관련된 상수로 상온에서 대략 25mV이다.

[예제 1-4]

[그림 예 1-4]의 회로에서 저항 R 양단에 나타나는 전압 VR은 몇 [V]인가? 단, 다이오드에는 전압 강하 모델을 적용하고, 다이오드 전압 강하는 0.7[V]로 가정한다.

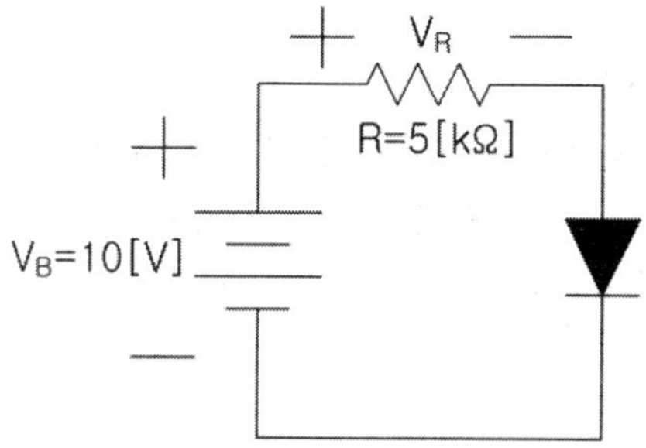

[그림 예 1-4]

[풀이]

다이오드가 순방향으로 바이어스되어 있고 다이오드 전압 강하 V_{DO}=0.7[V]이므로 회로 전체에 인가한 전압 V_B=10[V]에서 다이오드 전압 강하를 뺀 나머지 전압이 저항 R에 나타난다. 따라서 저항 R에 나타나는 전압 V_R=9.3[V]로 구할 수 있다.

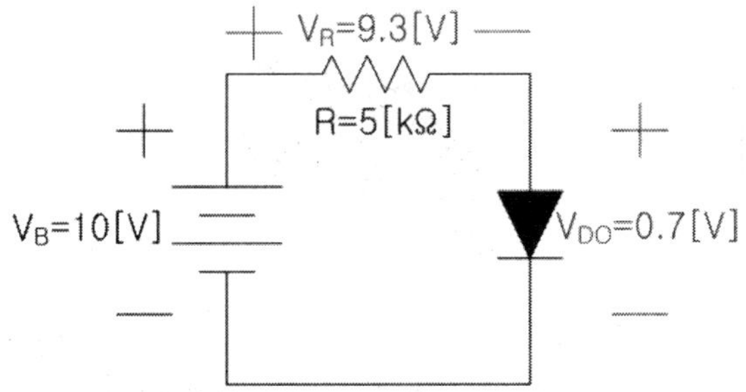

[답]

V_R=9.3[V]

[예제 1-5]

[그림 예 1-5]의 회로에서 다이오드 양단에 나타나는 전압 V_D는 몇 [V]인가? 단, 다이오드는 이상적인(ideal) 다이오드로 가정한다.

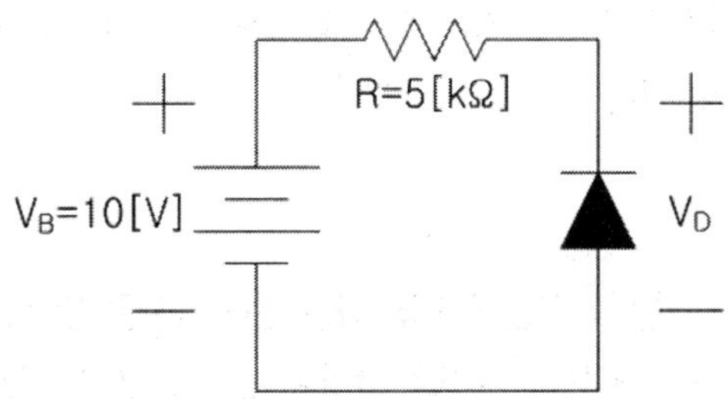

[그림 예 1-5]

[풀이]

다이오드가 역방향으로 바이어스되어 있으므로 다이오드로 전류가 흐르지 않고 다이오드의 저항은 무한대(∞)에 가깝다. 따라서, 다이오드와 저항 R=5[kΩ] 중에서 바이어스 전압 V_B=10[V] 중 대부분의 전압이 다이오드에 역방향 전압으로 나타나게 된다.

[답]

V_D=10[V]

1.4 다이오드 종류

[그림 1-20]은 일반적인 다이오드 부품을 나타낸 것이다. 다이오드 부품에서 은색 띠가 있는 부분이 cathode이며, 없는 부분이 anode이다.

[그림 1–20] 일반 다이오드

이 밖에 [그림 1-21]은 제너 다이오드, [그림 1-22]는 광 다이오드, [그림 1-23]은 발광 다이오드, [그림 1-24]는 터널 다이오드를 나타내었다.

[그림 1–21] 제너 다이오드

제너 다이오드는 매우 낮고 일정한 항복 전압 특성을 갖고 있어 역방향으로 어느 일정한 값 이상의 항복 전압이 인가되었을 때 전류가 흐르게 된다.

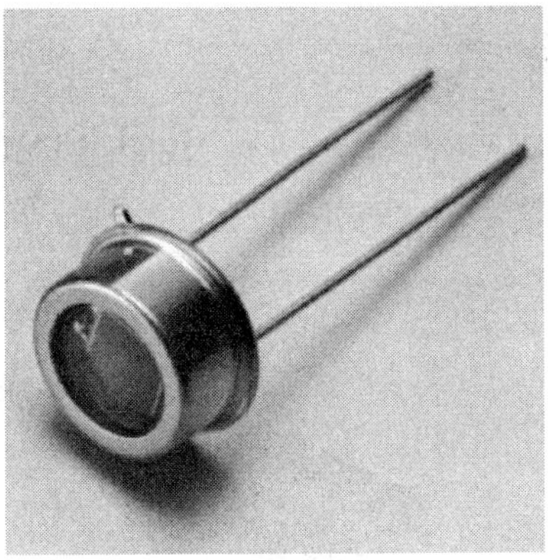

[그림 1-22] 광 다이오드

광 다이오드는 충분한 광에너지가 인가되면 순방향 바이어스 전류를 흐르게 한다.

[그림 1-23] 발광 다이오드

발광 다이오드는 순방향으로 전압을 인가했을 때 발광하는 다이오드이다.

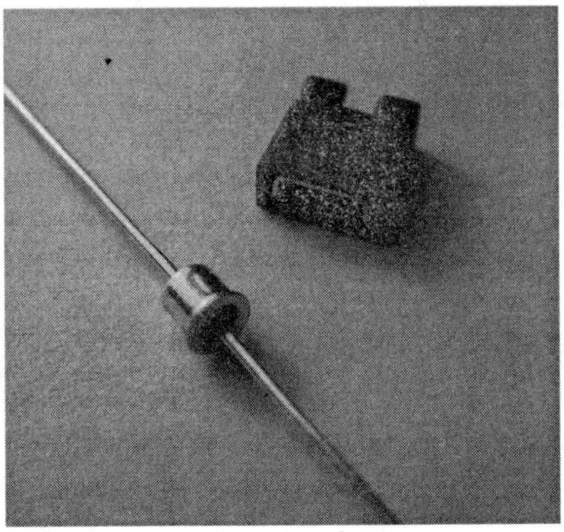

[그림 1-24] 터널 다이오드

터널 다이오드는 P형과 N형의 불순물 농도를 일정 수준 이상으로 높여주어 P형과 N형 두 영역 사이의 터널효과에 의해 부성저항(전압은 증가하는데 전류는 감소되는 특성)을 나타내도록 한 다이오드이다.

연습문제

01. 빛을 받으면 전자와 정공 쌍생성을 통해 전류를 발생하는 다이오드는? (　　)
① 스위칭 다이오드(Switching Diode)
② 정류 다이오드(Rectification Diode)
③ 광 다이오드(Photo Diode)
④ 발광 다이오드(Lighting emitting Diode)

02. PN 접합 다이오드에서 역방향 바이어스 전압이 인가되었을 때 나타나는 현상과 관련이 없는 것은? (　　)
① 터널 효과(Tunnel effect)
② 눈사태 항복 효과(Avalanche breakdown effect)
③ 제너 항복 효과(Zener breakdown effect)
④ 홀 효과(Hall effect)

03. PN접합 다이오드에서 바이어스의 인가방법에 따른 전위장벽은? (　　)
① 순방향 바이어스 때가 역방향 바이어스 때보다 높다.
② 역방향 바이어스 때가 순방향 바이어스 때보다 높다.
③ 순방향 바이어스 때와 역방향 바이어스 때가 같다.
④ 순방향 바이어스 때와 역방향 바이어스 때는 비교할 수 없다.

04. 평형 상태의 PN 접합에서 내부 전위장벽은? (　　)

① $V_{bi} = V_T \ln\left(\frac{n_i}{N_a N_d}\right)$　　② $V_{bi} = V_T \ln\left(\frac{N_a N_d}{n_i}\right)$

③ $V_{bi} = V_T \ln\left(\frac{n_i^2}{N_a N_d}\right)$　　④ $V_{bi} = V_T \ln\left(\frac{N_a N_d}{n_i^2}\right)$

05. P형 반도체의 정공이 $1m^3$당 4.4×10^{20} [m^{-3}]일 때, 반도체의 도전율은 얼마인가? (단, 정공의 이동도는 0.17 [m^2/V · s]이다.) ( )

① 1.197 [$\Omega^{-1}m^{-1}$]
② 11.97 [$\Omega^{-1}m^{-1}$]
③ 119.7 [$\Omega^{-1}m^{-1}$]
④ 1197 [$\Omega^{-1}m^{-1}$]

06. 다음 중 Si의 물리적 성질에 해당되지 않는 것은? ( )

① 원자번호 : 14
② 격자 상수(A) : 2.35
③ 녹는 온도 : 약 1420 ℃
④ 원자 질량 : 28.0855 [g/mol]

07. 다음 중에서 반도체의 전기 전도도에 영향을 미치지 않는 것은? ( )

① 물질의 광학적인 여기 상태
② 물질의 온도 변화
③ 물질의 불순물 함량
④ 물질의 질량

08. 다음 중 반도체의 종류에 따른 다수캐리어와 소수캐리어에 관한 내용으로 옳은 것은? ( )

① n형 반도체의 소수캐리어는 전자이다.
② p형 반도체의 소수캐리어는 정공이다.
③ n형 반도체의 다수캐리어는 전자이다.
④ p형 반도체의 다수캐리어는 전자이다.

09. PN 접합에서 공핍층의 두께는 역방향 바이어스전압(V_r)에 어떤 관계가 있는가? ( )

① $\sqrt{V_r}$에 비례
② $\sqrt{V_r}$에 반비례
③ V_r^2에 비례
④ V_r^2에 반비례

10. 다음 중 원소 주기율표에서 반도체 재료로 사용하지 않는 족은? (　)

① I족
② III족
③ IV족
④ V족

11. 다음 중 화합물 반도체 재료가 아닌 것은? (　)

① GaAs
② Ge
③ SiC
④ GaN

12. 다음 중 PN 접합 다이오드에서 순방향 바이어스를 인가하면 나타나는 현상에 대한 설명으로 옳은 것은? (　)

① 전위장벽이 높아진다.
② 공간전하 영역의 폭이 좁아진다.
③ 전장이 증가한다.
④ 확산 용량이 줄어든다.

13. 반도체 재료에 전계를 가하면 정공의 드리프트(drift) 속도의 방향은? (　)

① 전계와 같은 방향이다.
② 전계와 반대 방향이다.
③ 전계와 직각 방향이다.
④ 전계와 무관한 자유운동을 한다.

14. 다음 중 전류가 역방향 바이어스에 의해 차단되면 나타나는 현상으로 옳은 것은? (　)

① 다수캐리어로 인해 전류가 약간 흐른다.
② 소수캐리어로 인해 아주 작은 전류가 흐른다.
③ 전위 장벽이 낮아져서 다수캐리어에 의해 큰 전류가 흐른다.
④ 공핍층이 좁아져서 다수캐리어에 의해 큰 전류가 흐른다.

15. P형과 N형 반도체에서 다수 반송자(Carrier)를 옳게 나타낸 것은? (   )

① P형 : 정공, N형 : 전자
② P형 : 전자, N형 : 전자
③ P형 : 정공, N형 : 정공
④ P형 : 전자, N형 : 정공

16. 실리콘 잉곳이 비소원자에 의해 $10^{16}/cm^3$로 도핑되어 있을 때, 실온에서의 소수캐리어 농도는 얼마인가?
(단, 진성 캐리어 밀도는 $1.5 \times 10^{10}/cm^3$이다.) (   )

① $1.5 \times 10^{10}/cm^3$
② $2.25 \times 10^4/cm^3$
③ $10^{26}/cm^3$
④ $1.5 \times 10^{26}/cm^3$

17. 다음 중 Si(실리콘) 원소에 대한 설명으로 <u>틀린</u> 것은? (   )

① 하나의 원자가 14개의 전자를 가지고 있다.
② 하나의 원자가 4개의 가전자를 가지고 있다.
③ 다이아몬드 격자구조를 가진다.
④ 이온결합에 의해 결정을 이루고 있다.

18. 계단 접합인 PN 접합에서 P영역과 N영역의 불순물 밀도가 각각 $10^{18}cm^{-3}$, $10^{15}cm^{-3}$일 때, 상온에서의 접촉전위차는 얼마인가? (   )
(단, $K \cdot T/q = V_T = 26mV$이고, 진성 캐리어의 농도 $n_i = 1.5 \times 10^{10}cm^{-3}$으로 가정)

① 0.657 V　　② 0.707 V　　③ 0.757 V　　④ 0.807 V

19. 다음 중 부성저항 특성을 가지는 다이오드는? (   )

① 제너 다이오드
② 터널 다이오드
③ 쇼트키(schottky) 다이오드
④ 바렉터(varactor) 다이오드

20. 다음 중 PN 접합의 전압-전류 특성에 대한 설명으로 옳은 것은? ( )

① 금지대 폭이 큰 반도체일수록 항복 전압이 낮다.
② 포화전류가 흐르도록 하는 바이어스 방향은 순방향 바이어스이다.
③ N영역에 음(-)의 전압을 인가하면 포화 전류가 흐른다.
④ 역방향 전압을 점점 증가시키면 어느 임계전압에서 전류가 급증하게 되는데, 이 현상을 항복현상이라고 한다.

21. 다음 중 PN 접합 다이오드의 온도 특성에 대한 설명으로 옳은 것은? ( )

① 순방향 바이어스에 의한 전류는 온도에 따라 감소한다.
② 온도 상승에 대하여 순방향 바이어스를 높이면 전류를 일정하게 유지할 수 있다.
③ 역방향 바이어스에 의한 전류는 온도에 따라 증가한다.
④ Si 다이오드가 Ge 다이오드에 비해 온도에 따른 전류 변화가 작다.

22. 다음 원소 중 도너원자로 <u>틀린</u> 것은? ( )

① In ② P ③ As ④ Sb

23. 다음 중 상온의 진성반도체에 전압을 인가했을 때 나타나는 현상으로 가장 적합한 것은? ( )

① 전자와 정공은 모두 양(+) 전극으로 이동한다.
② 전자와 정공은 모두 음(-) 전극으로 이동한다.
③ 전자는 양(+)전극으로 이동하고, 정공은 음(-)전극으로 이동한다.
④ 정공은 양(+)전극으로 이동하고, 전자는 음(-)전극으로 이동한다.

24. 다음 원소 중 도너로 사용되지 <u>않는</u> 것은? ( )

① 인듐 ② 인 ③ 비소 ④ 안티몬

25. 다음 중 부성저항(Negative Resistor) 특성을 갖는 다이오드는? ( )

① 쇼트키 다이오드
② 터널 다이오드
③ 레이저 다이오드
④ 제너 다이오드

26. 다음 회로에서 제너 다이오드에 흐르는 전류는? (　　)
(단, 제너 다이오드의 제너항복전압(V_Z)은 10 [V]이다.)

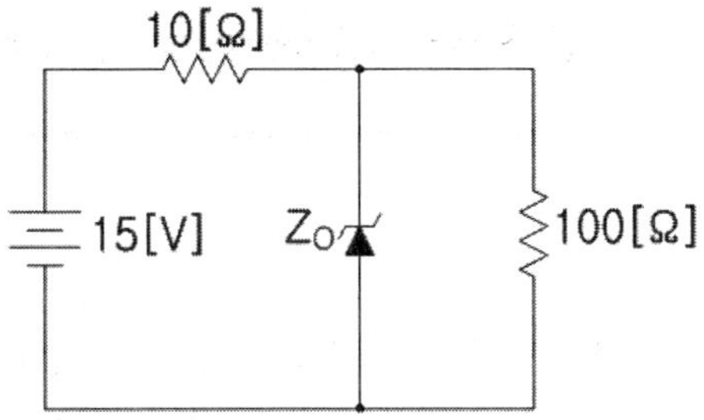

① 0.2 [A]　　② 0.4 [A]　　③ 0.7 [A]　　④ 1.2 [A]

정답

01 ③	02 ④	03 ②	04 ④	05 ②	06 ②	07 ④	08 ③	09 ①	10 ①
11 ②	12 ②	13 ①	14 ②	15 ①	16 ②	17 ④	18 ③	19 ②	20 ④
21 ③	22 ①	23 ③	24 ①	25 ②	26 ②				

CHAPTER 02

BJT
(Bipolar Junction Transistor)

2.1 BJT의 특징

(1) BJT의 구조적 특징

BJT(Bipolar Junction Transistor)는 [그림 2-1]과 같은 NPN형 BJT와 [그림 2-2]와 같은 PNP형 BJT로 나눌 수 있다.

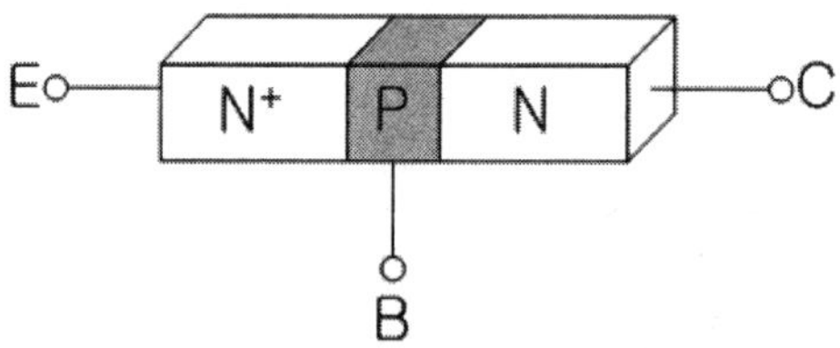

[그림 2–1] NPN형 BJT

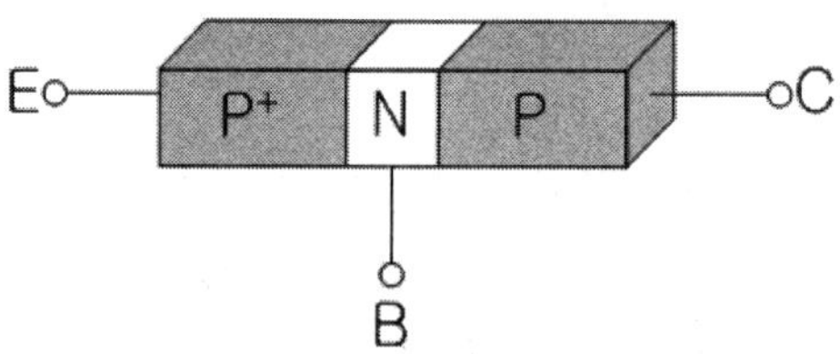

[그림 2–2] PNP형 BJT

[그림 2-1]의 NPN형 BJT는 N형으로 강하게 도핑된 이미터(Emitter) 영역과 P형으로 도핑된 베이스(Base) 영역, N형으로 약하게 도핑된 컬렉터(Collector) 영역으로 이루어져 있다.

NPN형 BJT에서 이미터는 다수캐리어인 전자를 제공하고, 베이스는 이미터의 전자가 컬렉터 영역으로 전달될 수 있도록 조절해주며, 컬렉터는 이미터에서 발생한 다수캐리어를 모으는 역할을 한다. NPN형 BJT에서 다수캐리어인 전자가 이미터에서 컬렉터 영역으로 이동하므로, 전류의 방향은 컬렉터에서 이미터 영역으로 흐르게 된다.

[그림 2-1]에 표시한 것처럼 이미터 영역은 N^+로 가장 강하게 N형으로 도핑되고, 다음으로 베이스 영역의 도핑 농도가 높고, 마지막으로 컬렉터 영역의 도핑 농도가 가장 낮다.

[그림 2-2]의 PNP형 BJT도 마찬가지로 P형으로 강하게 도핑된 이미터(Emitter) 영역과 N형으로 도핑된 베이스(Base) 영역, P형으로 약하게 도핑된 컬렉터(Collector) 영역으로 이루어져 있다.

PNP형 BJT에서 이미터는 다수캐리어인 정공을 제공하고, 베이스는 이미터의 정공이 컬렉터 영역으로 전달될 수 있도록 조절해주며, 컬렉터는 이미터에서 발생한 다수캐리어를 모으는 역할을 한다. PNP형 BJT에서 다수캐리어인 정공이 이미터에서 컬렉터 영역으로 이동하므로, 전류의 방향은 이미터에서 컬렉터 영역으로 흐르게 된다.

[그림 2-2]에 표시한 것처럼, 이미터 영역은 P^+로 가장 강하게 P형으로 도핑되고, 다음으로 베이스 영역의 도핑 농도가 높고, 마지막으로 컬렉터 영역의 도핑 농도가 가장 낮다.

(2) BJT의 회로 심볼

BJT는 [그림 2-3]과 같은 NPN BJT 심볼 또는 [그림 2-4]와 같은 PNP BJT 심볼로 표현할 수 있다.

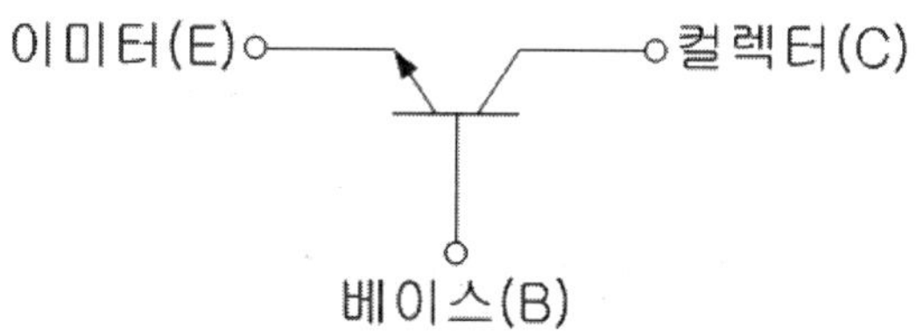

[그림 2–3] NPN형 BJT의 회로 기호

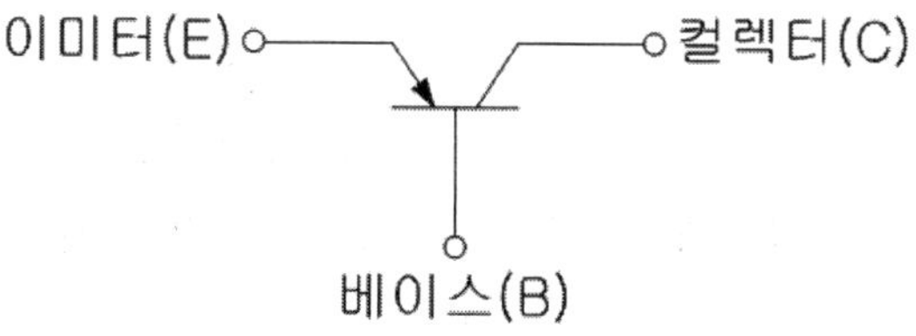

[그림 2–4] PNP형 BJT의 회로 기호

[그림 2-3]의 NPN형 BJT의 회로 기호에서 화살표는 이미터 부분에 표시되어 있고, NPN형 BJT에서 전류의 방향은 컬렉터에서 이미터 방향으로 흐르기 때문에 이미터 방향으로 화살표가 표시되어 있다.

[그림 2-4]의 PNP형 BJT의 회로 기호에서 화살표는 이미터 부분에 표시되어 있고, PNP형 BJT에서 전류의 방향은 이미터에서 컬렉터 방향으로 흐르기 때문에 컬렉터 방향으로 화살표가 표시되어 있다.

(3) BJT의 전압 전류 관계

BJT는 [그림 2-5]와 같은 NPN형 BJT에서의 전압 전류 관계와, [그림 2-6]과 같은 PNP형 BJT에서의 전압 전류 관계로 나타낼 수 있다.

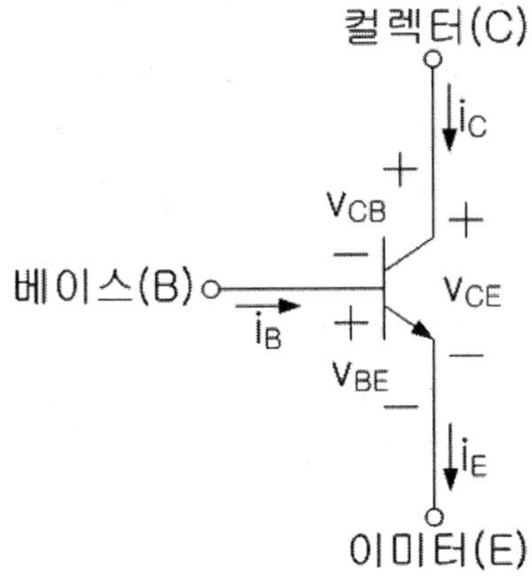

[그림 2-5] NPN형 BJT의 전류와 전압 표시

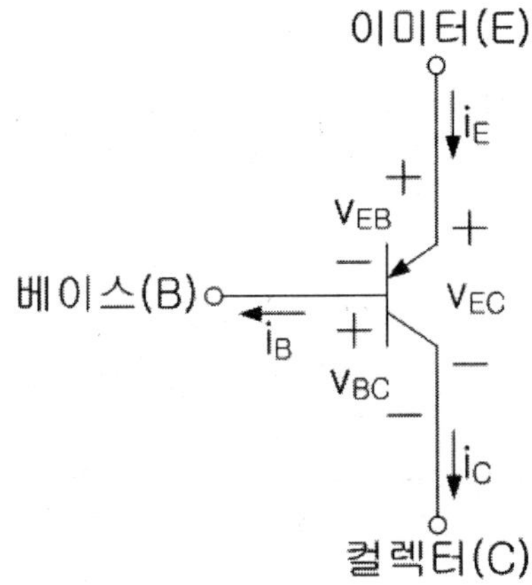

[그림 2-6] PNP형 BJT의 전류와 전압 표시

[그림 2-5]에서 V_{BE}는 NPN형 BJT의 베이스-이미터 간 전압차를 나타내며, V_{CB}는 컬렉터-베이스 간 전압차, V_{CE}는 컬렉터-이미터 간 전압차를 나타낸다. 또 i_B는 베이스로 흘러 들어가는 전류이며, i_C는 컬렉터로 흘러 들어가는 전류, i_E는 이미터에서 흘러 나가는 전류를 나타낸다. 각 전류의 방향은 화살표 방향이다.

[그림 2-6]에서 V_{EB}는 PNP형 BJT의 이미터-베이스 간 전압차를 나타내며, V_{BC}는 베이스-컬렉터 간 전압차, V_{EC}는 이미터-컬렉터 간 전압차를 나타낸다. 그리고 i_B는 베이스에서 흘러 나가는 전류이며, i_C는 컬렉터에서 흘러 나가는 전류, i_E는 이미터로 흘러 들어가는 전류를 나타낸다. 각 전류의 방향은 화살표 방향이다.

2.2 BJT 동작모드

(1) 에너지 밴드

원자 간 결합에서 각 원자에 존재하는 전자는 같은 에너지 수준을 갖지 않는다. 따라서, 원자 간 결합에서 에너지는 에너지 띠(band)의 모습으로 나타난다. [그림 2-7]은 앞서 설명한 에너지 밴드의 개념을 나타내고 있다.

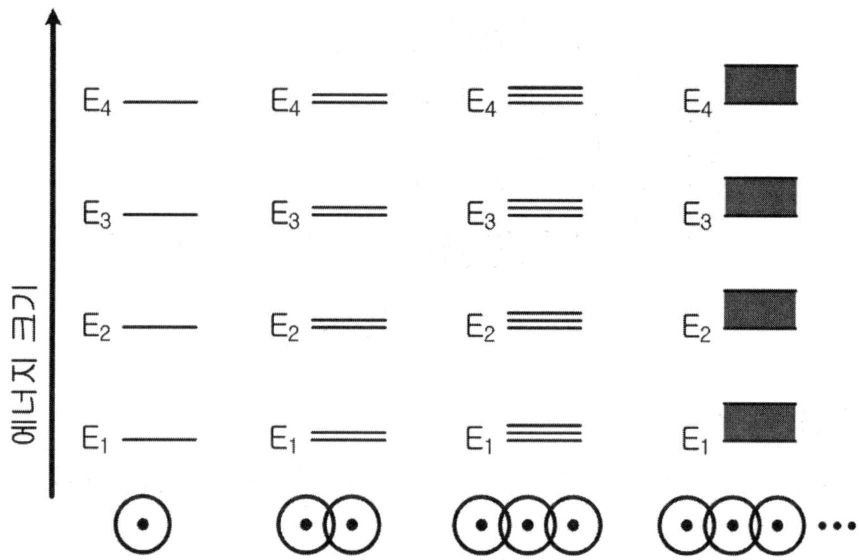

[그림 2-7] 에너지 밴드 개념

에너지 밴드에서 최외각 전자가 차지하고 있는 에너지 밴드를 가전자대(valence band), 가전자대보다 더 높고 에너지가 허용된 비어있는 에너지 밴드를 전도대(conduction band)라 한다. 또한, 가전자대와 전도대 사이에 전자가 허용되지 않는 에너지 밴드를 금지대(forbidden band) 또는 에너지 밴드 갭(energy band gap)이라 한다. 마지막으로 에너지 밴드에서 전자가 채워질 확률이 1/2인 에너지 준위를 페르미 준위(Fermi level, EF)라 한다. [그림 2-8]에 에너지 밴드에서 각각의 명칭 개념을 보여주고 있다.

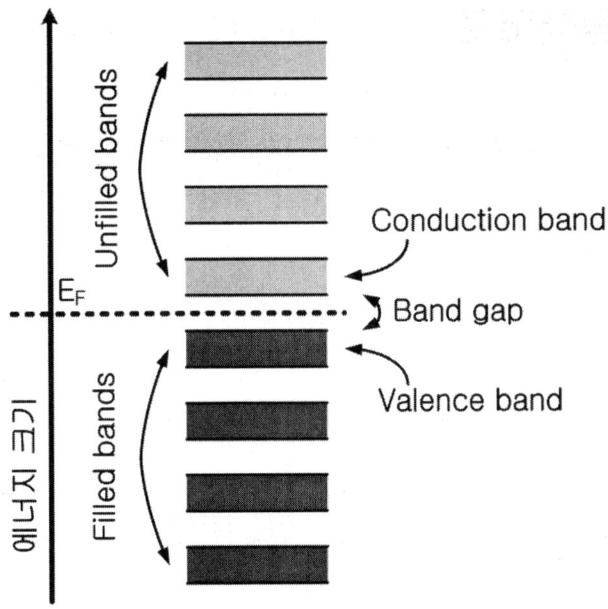

[그림 2-8] 에너지 밴드 명칭 개념

(2) 열적 평형상태

[그림 2-9]는 외부에서 바이어스가 인가되지 않은 상태의 BJT를 보여주고 있다.

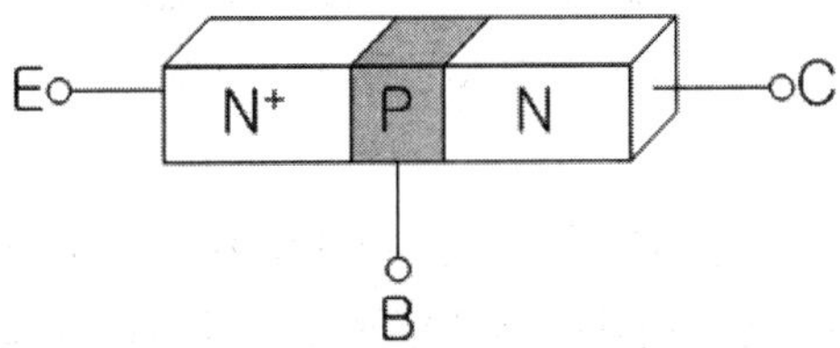

[그림 2-9] 바이어스가 인가되지 않은 평형상태의 BJT

[그림 2-9]와 같이 베이스, 이미터, 컬렉터가 모두 개방되어 외부의 바이어스가 없는 상태일 때, BJT는 열적 평형상태라고 한다. [그림 2-9]와 같은 열적 평형상태에서의 에너지 밴드 다이어그램을 [그림 2-10]에 나타내었다.

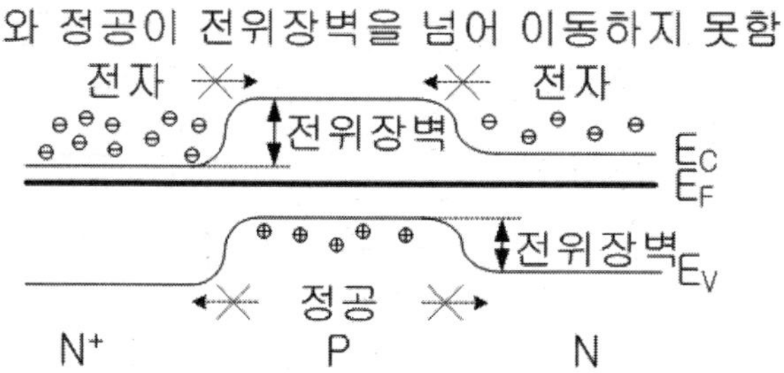

[그림 2-10] 평형상태의 에너지 밴드 다이어그램

[그림 2-10]에서 EF는 페르미 준위(Fermi level), EC는 전도대(conduction band), EV는 가전자대(valence band)이다. [그림 2-10]에서와 같이 이미터 영역에 존재하는 자유전자는 베이스에 의한 전위장벽에 막혀 베이스 영역으로 이동할 수 없게 되고, 컬렉터 영역에 존재하는 자유전자도 베이스에 의한 전위장벽에 막혀 베이스 영역으로 이동할 수 없게 된다. 또한 베이스 영역에 존재하는 정공도 이미터 또는 컬렉터 영역에 의한 전위장벽에 막혀 이미터 영역이나 컬렉터 영역으로 이동하지 못하는 상태가 된다. 따라서 열적 평형상태에서의 BJT에서는 전류의 흐름이 거의 없다.

(3) 전자-정공 쌍생성

[그림 2-11]과 같이 열적 평형상태인 BJT에 열이나 빛을 가하게 되면 가해진 에너지에 의해 [그림 2-12]와 같은 전자-정공 쌍생성 현상으로 캐리어의 수가 증가하게 된다.

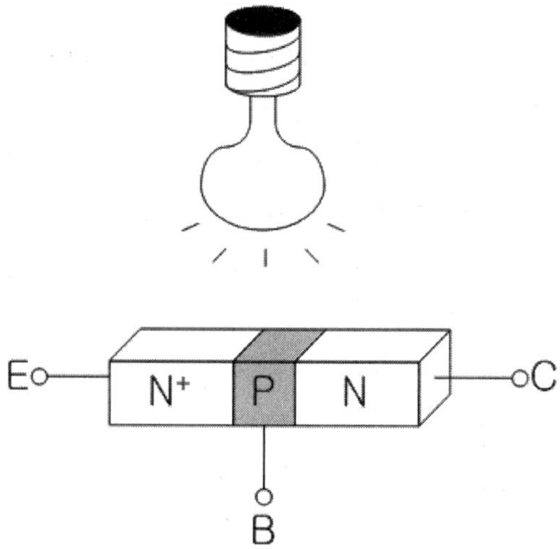

[그림 2-11] 빛이 가해지는 평형상태의 BJT

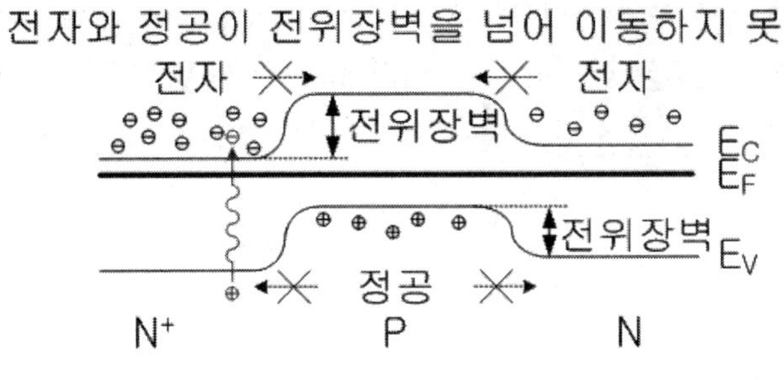

[그림 2-12] 빛에 의한 전자-정공 쌍생성

(4) 순방향 활성모드 (active mode)

[그림 2-13]에서는 NPN BJT를 순방향 활성모드로 동작시키는 바이어스를 보여주고 있다.

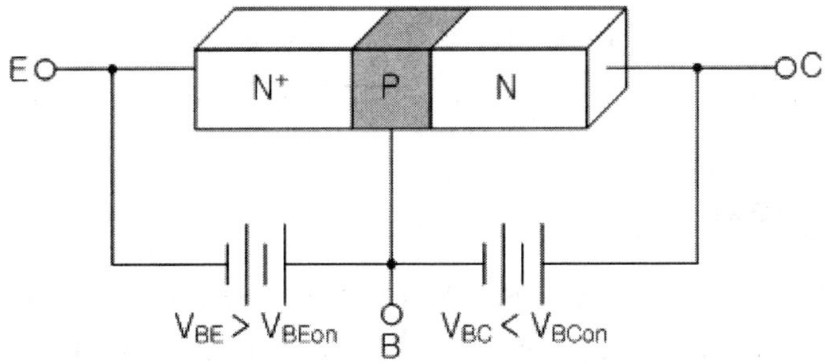

[그림 2-13] 순방향 활성모드 바이어스

[그림 2-13]에서 보듯이 NPN BJT를 순방향 활성모드로 동작시키기 위해서는 베이스-이미터 간 바이어스 전압 VBE를 P형인 베이스와 N형인 이미터로 이루어진 다이오드에 대해 순방향 바이어스로 인가한다. 또한 베이스-컬렉터 간 바이어스 전압 VBC를 P형인 베이스와 N형인 컬렉터로 이루어진 다이오드에 대해 역방향 바이어스로 인가한다.

[그림 2-14]는 순방향 활성모드일 때 에너지 밴드 다이어그램을 나타내고 있다.

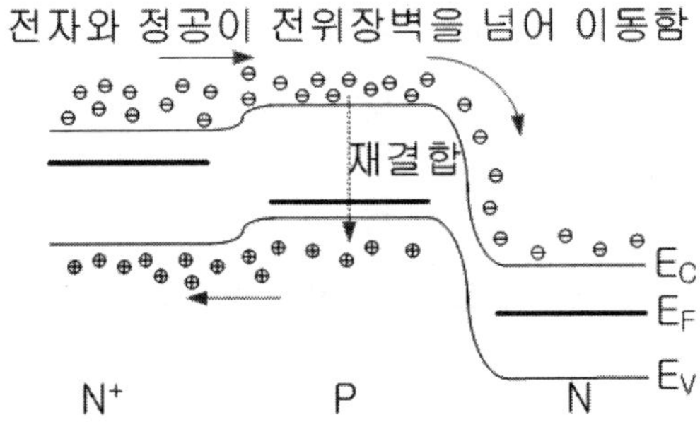

[그림 2-14] 순방향 활성모드의 에너지 밴드 다이어그램

[그림 2-13]과 같이 베이스-이미터 접합에서는 순방향 바이어스에 의해 전위장벽이 낮아지게 되고, 낮아진 전위장벽에 의해 베이스의 다수 캐리어인 정공과 이미터의 다수캐리어인 전자가 상대 영역으로 자유롭게 이동하게 된다. 또한 베이스-컬렉터 접합에서는 역방향 바이어스에 의해 전위장벽이 높아지게 되고, 높아진 전위장벽에 의해 베이스의 다수캐리어인 정공과 컬렉터의 다수캐리어인 전자가 상대 영역으로 자유롭게 이동하지 못한다.

하지만 베이스-이미터 접합을 통해 이미터 영역에서 베이스 영역으로 이동한 전자는 일부가 베이스 영역에서 정공과 재결합되어 소멸되고, 나머지 다수의 전자가 컬렉터 영역으로 이동이 가능하므로 베이스 영역에서 컬렉터 영역으로 다수의 전자가 이동하게 된다. 결과적으로 이미터에서 베이스를 통해 이동한 다수의 전자가 컬렉터 영역으로 이동하므로 컬렉터에서 이미터 영역으로 전류가 흐르게 된다. [그림 2-15]는 NPN BJT의 순방향 활성모드에서 전류 성분을 나타내고 있다.

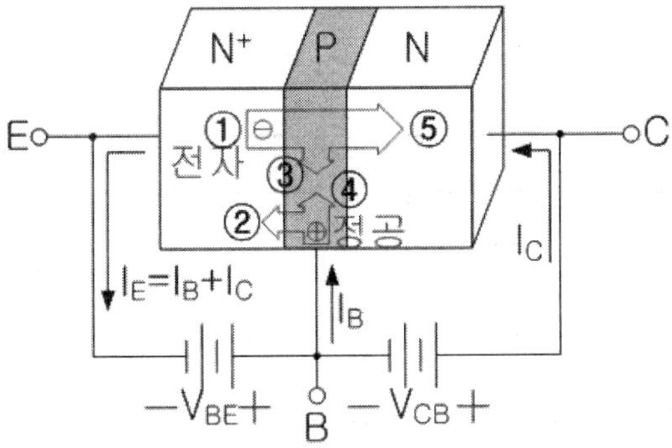

[그림 2–15] NPN BJT의 순방향 활성모드 전류 성분

[그림 2-15]에서와 같이 이미터 영역의 전자가 베이스 영역으로 이동하고, 이동한 일부 전자가 베이스 영역에서 정공과 재결합한다. 재결합하는 전자 이외에 대부분의 전자는 컬렉터 영역으로 이동한다. 그리고 베이스 영역의 정공이 일부 이미터 영역에서 이동한 전자와 재결합하고, 나머지는 이미터 영역으로 이동한다.

여기서 정공의 이동에 의한 베이스 전류는 전자에 의한 컬렉터 및 이미터 전류에 비해 매우 작으며, 베이스 전류에 비례하여 컬렉터 전류가 증가하게 된다. 따라서 작은 베이스 전류 I_B에 의해 큰 컬렉터 전류 I_C가 제어되는 트랜지스터 동작이 일어난다.

[그림 2-16]에서는 NPN BJT를 순방향 활성모드로 동작시키기 위한 바이어스 회로를 BJT 회로 심볼을 이용해서 나타내고 있다.

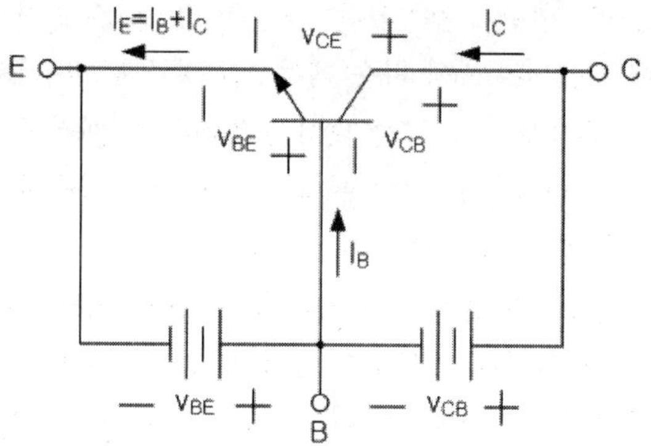

[그림 2-16] NPN BJT의 순방향 활성모드 바이어스 회로

(5) 포화모드 (saturation mode)

[그림 2-17]에서는 NPN BJT를 포화모드로 동작시키는 바이어스를 보여주고 있다.

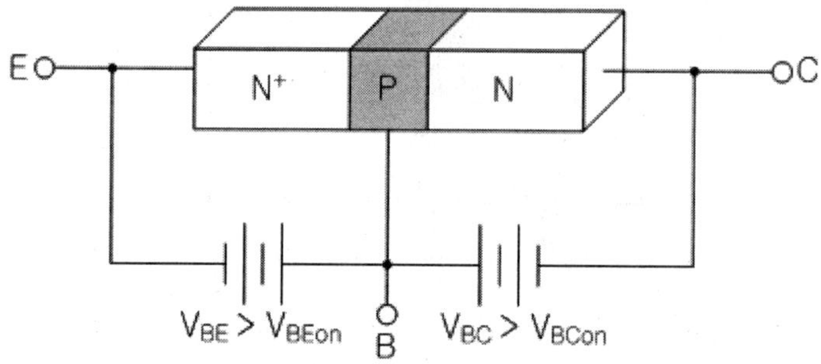

[그림 2-17] 포화모드 바이어스

[그림 2-17]에서 보듯이 NPN BJT를 포화모드로 동작시키기 위해서는 베이스-이미터 간 바이어스 전압 V_{BE}를 P형인 베이스와 N형인 이미터로 이루어진 다이오드에 대해 순방향 바이어스로 인가한다. 또한 베이스-컬렉터 간 바이어스 전압 V_{BC}를 P형인 베이스와 N형인 컬렉터로 이루어진 다이오드에 대해 순방향 바이어스로 인가한다.

[그림 2-18]은 포화모드일 때 에너지 밴드 다이어그램을 나타내고 있다.

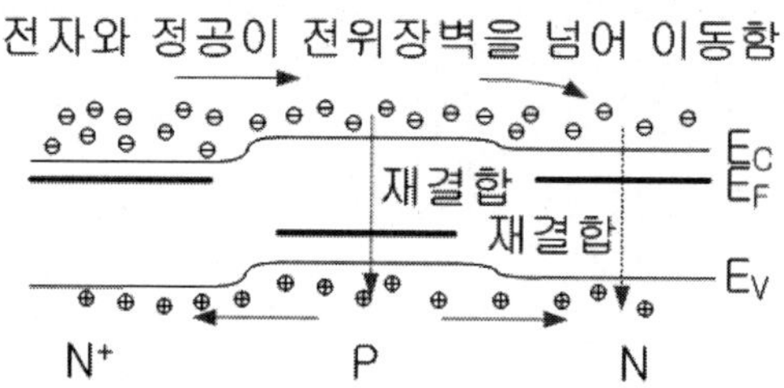

[그림 2-18] 포화모드의 에너지 밴드 다이어그램

[그림 2-18]과 같이 베이스-이미터 접합에서는 순방향 바이어스에 의해 전위장벽이 낮아지게 되고, 낮아진 전위장벽에 의해 베이스의 다수캐리어인 정공과 이미터의 다수캐리어인 전자가 상대 영역으로 자유롭게 이동하게 된다. 또한 베이스-컬렉터 접합에서는 순방향 바이어스에 의해 전위장벽이 낮아지게 되고, 낮아진 전위장벽에 의해 베이스의 다수캐리어인 정공과 컬렉터의 다수캐리어인 전자가 상대 영역으로 자유롭게 이동하게 된다.

그런데 베이스-이미터 접합을 통해 이미터 영역에서 베이스 영역으로 이동한 전자는 일부가 베이스 영역에서 정공과 재결합되어 소멸되고, 나머지 다수의 전자가 컬렉터 영역으로 이동이 가능하므로 베이스 영역에서 컬렉터 영역으로 다수의 전자가 이동하게 된다. 그러나 베이스-컬렉터 접합의 낮아진 전위장벽에 의해 베이스에서 컬렉터 영역으로 정공이 다수 이동하여 컬렉터 영역에서 다수의 전자와 정공이 재결합하게 된다.

결과적으로 컬렉터 영역에서의 전자와 정공의 재결합에 의해 베이스 전류를 증가시켜도 컬렉터 전류가 거의 증가하지 않으므로 포화(saturation) 모드라고 한다. 또한 BJT가 포화모드에 있으면 컬렉터와 이미터 사이의 전압이 대략 0.7V 미만이므로 BJT를 닫힌(closed) 스위치로 사용할 수 있다.

[그림 2-19]에서는 NPN BJT를 포화모드로 동작시키기 위한 바이어스 회로를 BJT 회로 심볼을 이용해서 나타내고 있다.

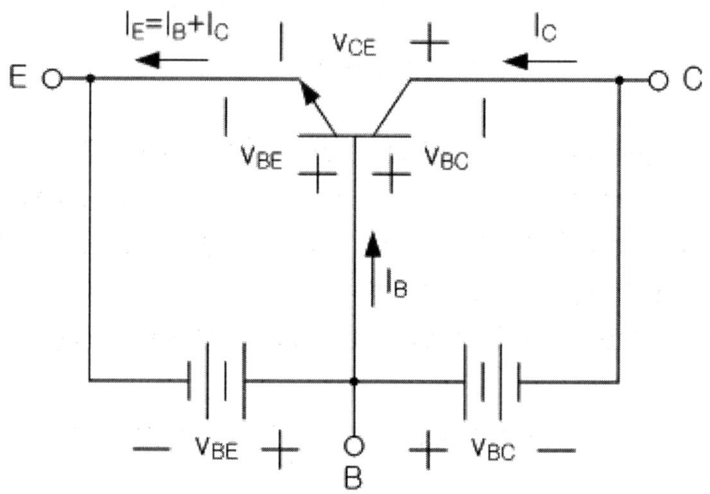

[그림 2-19] NPN BJT의 포화모드 바이어스 회로

이때의 BJT는 [그림 2-20]에 나타낸 것처럼 닫힌 스위치로 동작하기 때문에 저항과 같은 특성을 나타낸다.

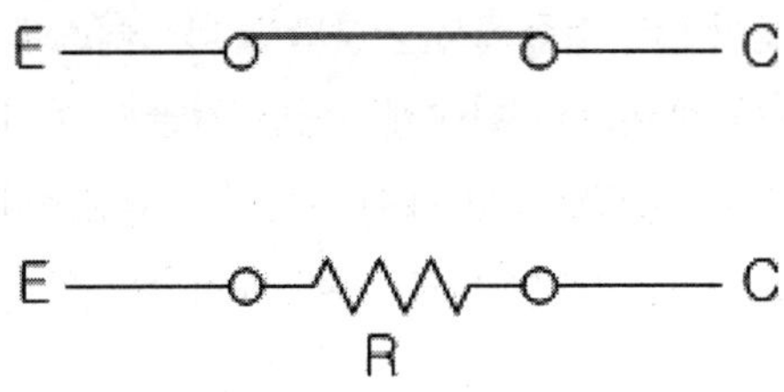

[그림 2-20] ON 스위치로 사용되는 NPN BJT의 포화모드

(6) 차단모드 (cutoff mode)

[그림 2-21]에서는 NPN BJT를 차단모드로 동작시키는 바이어스를 보여주고 있다.

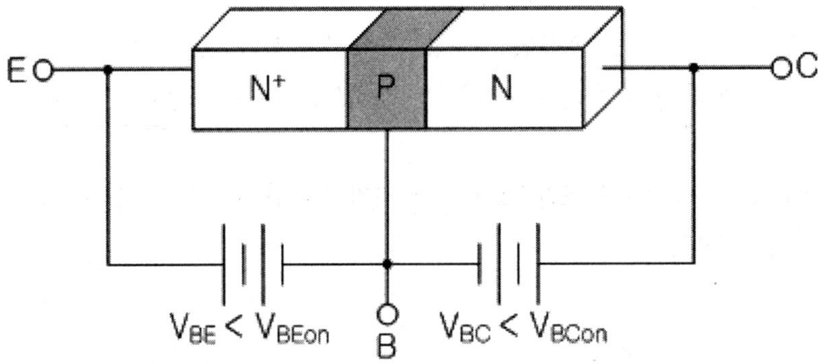

[그림 2-21] 차단모드 바이어스

[그림 2-21]에서 보듯이 NPN BJT를 차단모드로 동작시키기 위해서는 베이스-이미터 간 바이어스 전압 V_{BE}를 P형인 베이스와 N형인 이미터로 이루어진 다이오드에 대해 역방향 바이어스로 인가한다. 또한 베이스-컬렉터 간 바이어스 전압 V_{BC}를 P형인 베이스와 N형인 컬렉터로 이루어진 다이오드에 대해 역방향 바이어스로 인가한다.

[그림 2-22]는 차단모드일 때 에너지 밴드 다이어그램을 나타내고 있다.

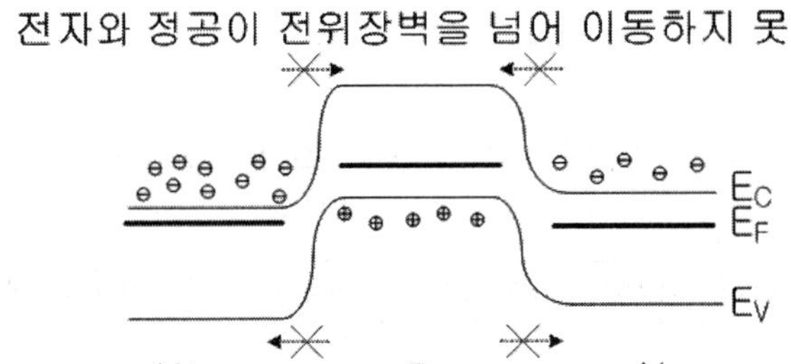

[그림 2-22] 차단모드의 에너지 밴드 다이어그램

[그림 2-22]와 같이 베이스-이미터 접합에서는 역방향 바이어스에 의해 전위장벽이 높아지게 되고, 높아진 전위장벽에 의해 베이스의 다수캐리어인 정공과 이미터의 다수캐리어인 전자가 상대 영역으로 자유롭게 이동하지 못하게 된다. 또한 베이스-컬렉터 접합에서는 역방향 바이어스에 의해 전위장벽이 높아지게 되고, 높아진 전위장벽에 의해 베이스의 다수캐리어인 정공과 컬렉터의 다수캐리어인 전자가 상대 영역으로 자유롭게 이동하지 못하게 된다.

결과적으로 베이스, 컬렉터, 이미터 영역 사이에서 전자와 정공의 이동은 없고, 전류도 거의 흐르지 않으므로 차단모드라고 한다. 이렇게 이미터-컬렉터 영역 간의 전류 흐름이 거의 없으므로 차단모드에서의 BJT를 개방된(open) 스위치로 사용할 수 있다.

[그림 2-23]에서는 NPN BJT를 차단모드로 동작시키기 위한 바이어스 회로를 BJT 회로 심볼을 이용해서 나타내고 있다.

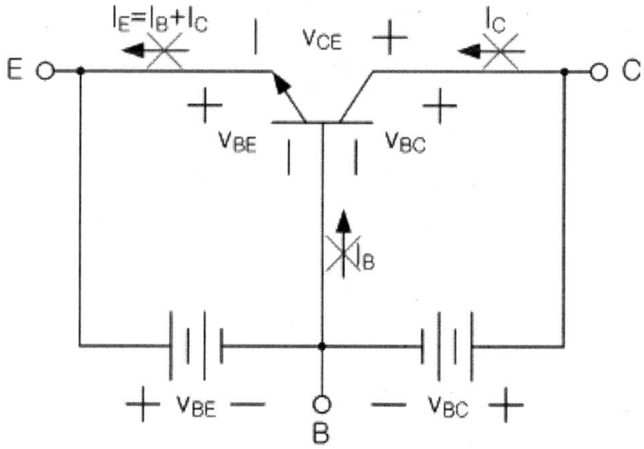

[그림 2-23] NPN BJT의 차단모드 바이어스 회로

이때의 BJT는 [그림 2-24]에 나타낸 것처럼 열린 스위치로 동작하기 때문에 저항이 무한대에 가까운 특성을 나타낸다.

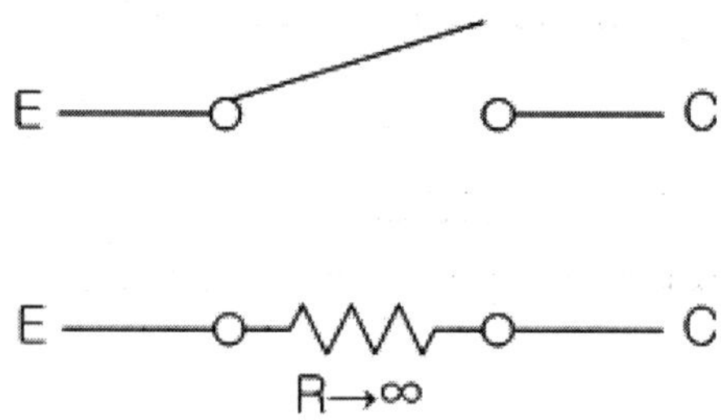

[그림 2-24] OFF 스위치로 사용되는 NPN BJT의 차단모드

(7) 펀치-쓰루(punch-through) 현상

베이스-컬렉터 영역 사이에서 역바이어스를 계속해서 증가시키면 베이스-컬렉터 영역의 접합에서 공핍층이 베이스 영역 안으로 깊숙이 퍼져가며, 결국에는 베이스-이미터 영역 간 접합의 공핍층과 맞닿게 된다. 이 때문에 베이스 중성 영역이 없어지는 현상을 펀치-쓰루(punch-through) 현상이라고 한다. [그림 2-25]와 [그림 2-26]에 펀치-쓰루 현상의 개념도 및 동작 그래프를 나타냈다.

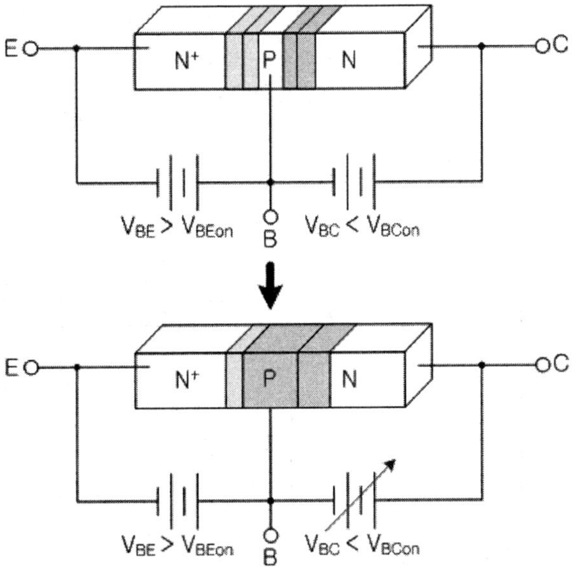

[그림 2-25] 펀치-쓰루 개념도

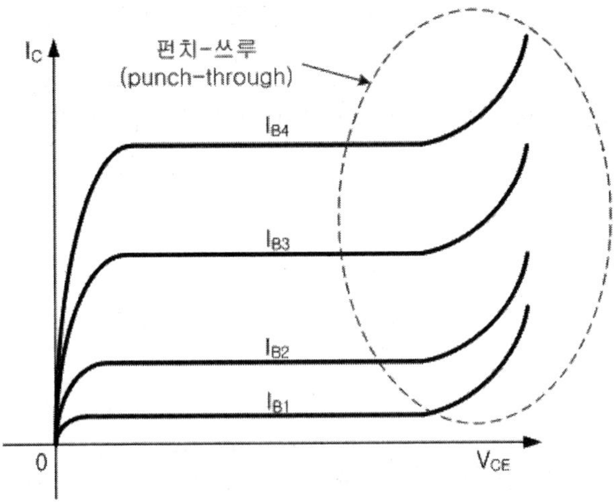

[그림 2-26] 펀치-쓰루 동작 그래프

(8) BJT 동작모드 정리

[표 2-1] BJT 동작모드 정리

동작 모드	바이어스		동작	응용
	베이스-이미터 접합	베이스-컬렉터 접합		
순방향 활성 (active mode)	순방향 ($V_{BE} > V_{BEon}$)	역방향 ($V_{BC} < V_{BCon}$)	작은 베이스 전류에 의해 큰 컬렉터 및 이미터 전류가 제어되는 트랜지스터 동작이 일어난다.	증폭기
포화 (saturation mode)	순방향 ($V_{BE} > V_{BEon}$)	순방향 ($V_{BC} > V_{BCon}$)	BJT의 세 단자에 전류가 흐르지만, 컬렉터 및 이미터 전류가 베이스 전류에 비례하지 않으며, 컬렉터-이미터 사이에는 작은 포화전압 $V_{CE,sat}$가 걸린다.	닫힌 스위치
차단 (cutoff mode)	역방향 ($V_{BE} < V_{BEon}$)	역방향 ($V_{BC} < V_{BCon}$)	BJT의 세 단자에 모두 전류가 흐르지 않는다.	개방 스위치

(9) 순방향 활성모드의 응용 예

[그림 2-27]은 순방향 활성모드의 응용 예를 나타낸 것이다.

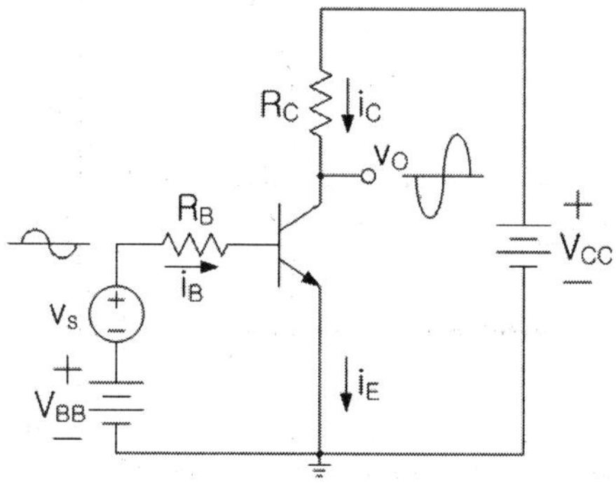

[그림 2-27] 증폭기로 동작하는 BJT의 예

[그림 2-27]에서와 같이 베이스에 입력되는 작은 신호가 증폭되어 컬렉터에서 큰 신호가 얻어지는 증폭기로 BJT를 동작시킬 수 있다.

(10) 포화 및 차단모드의 응용 예

[그림 2-28]은 스위치로 사용된 BJT 회로의 응용 예를 나타낸 것이다.

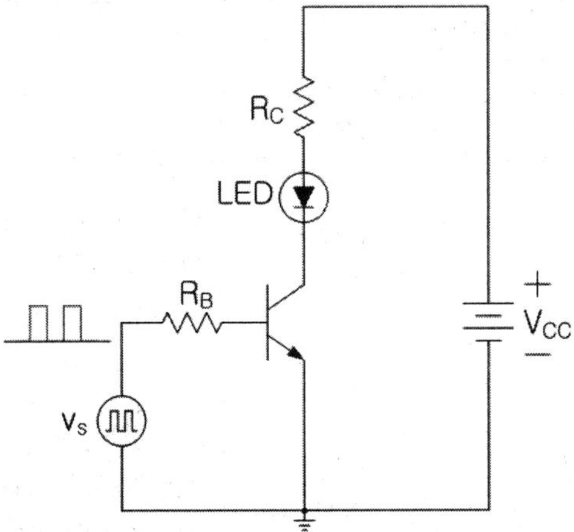

[그림 2-28] 스위치로 사용된 BJT 회로

[그림 2-28]의 회로에서 NPN BJT의 베이스에 낮은 전압이 인가되면, BJT는 차단모드로 동작하게 된다. 결과적으로 BJT는 [그림 2-29]와 같이 열린 스위치로 동작하게 되고, LED에는 전류가 흐르지 않아 불이 들어오지 않게 된다.

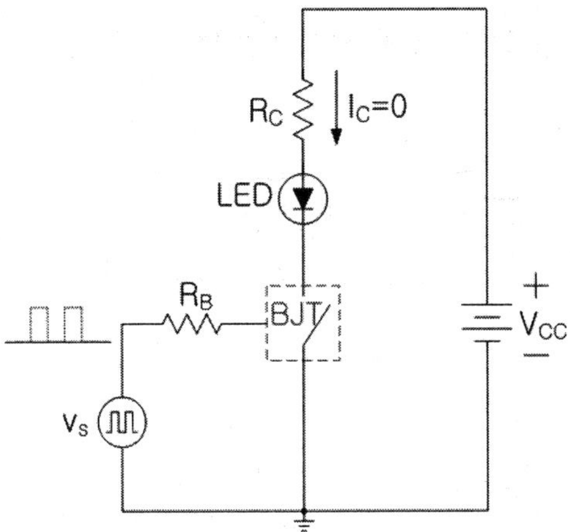

[그림 2-29] 열린 스위치 동작

반대로 NPN BJT의 베이스에 높은 전압이 인가되면 BJT는 포화모드로 동작하게 된다. 결과적으로 BJT는 [그림 2-30]과 같이 닫힌 스위치로 동작하게 되고, LED에 전류가 흘러 불이 켜지게 된다.

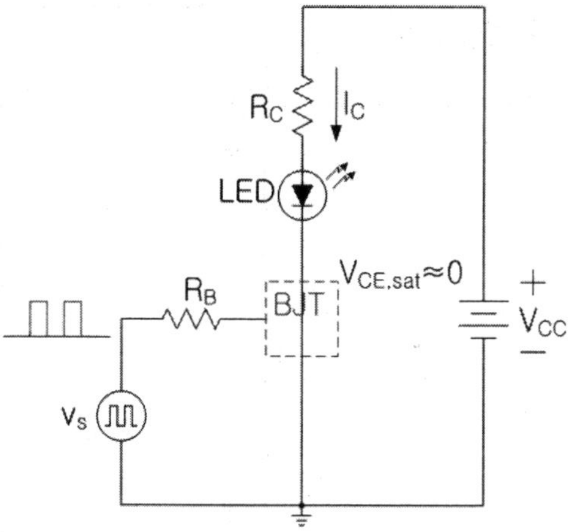

[그림 2-30] 닫힌 스위치 동작

2.3 BJT 전류와 전압 특성 및 바이어스

(1) BJT 증폭기 형태

BJT를 이용한 증폭기의 대표적인 형태는 [그림 2-31], [그림 2-32], [그림 2-33]과 같다.

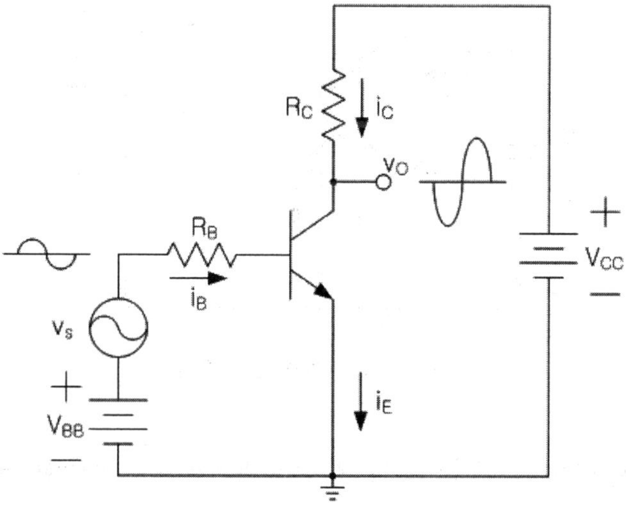

[그림 2-31] 공통이미터 증폭기

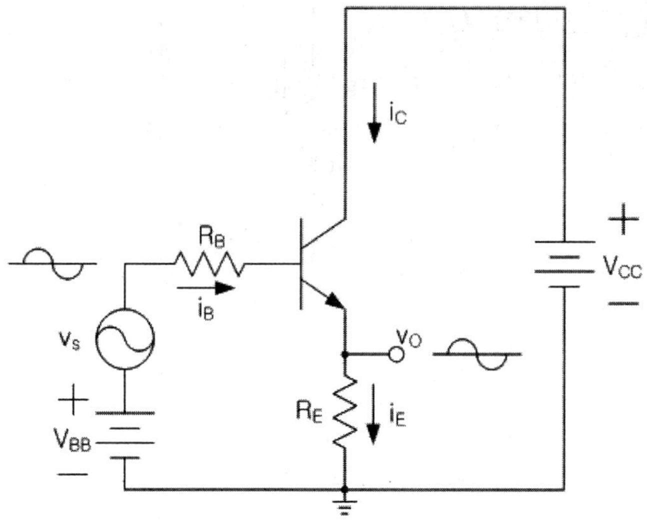

[그림 2-32] 공통컬렉터 증폭기

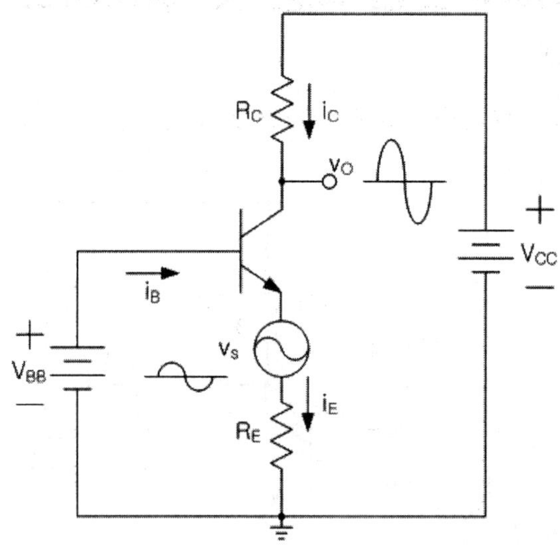

[그림 2-33] 공통베이스 증폭기

[그림 2-31]의 공통이미터 증폭기는 BJT의 베이스로 입력을 주고 컬렉터로 출력이 나오는 구조이고 이미터 단자를 공통으로 사용하고 있어서 공통이미터 증폭기라 한다. [그림2-32]의 공통컬렉터 증폭기는 BJT의 베이스로 입력을 주고 이미터로 출력이 나오는 구조이고 컬렉터 단자를 공통으로 사용하고 있어서 공통컬렉터 증폭기라 한다. 마지막으로 [그림 2-33]의 공통베이스 증폭기는 BJT의 이미터로 입력을 주고 컬렉터로 출력이 나오는 구조이고 베이스 단자를 공통으로 사용하고 있어서 공통베이스 증폭기라 한다.

(2) 순방향 활성모드의 전류 성분

앞서 설명한 공통이미터 증폭기에서 BJT가 순방향 활성모드에서 동작할 때, 베이스, 컬렉터, 이미터로 흐르는 전류 간의 관계를 [그림 2-34]에서 보여주고 있다.

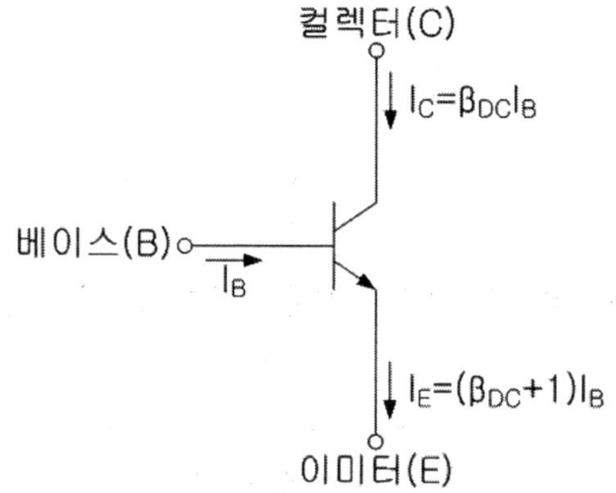

[그림 2–34] 공통이미터 DC전류이득

[그림 2-34]에서와 같이 베이스 전류 I_B와 컬렉터 전류 I_C 사이의 관계는 [식 2-1]과 같다.

$$I_C = \beta_{DC} I_B \qquad \text{[식 2–1]}$$

[식 2-1]에서 β_{DC}는 공통이미터 DC전류이득이라고 하며, 베이스 전류가 컬렉터 전류로 증폭되는 증폭률을 나타낸다. 또한 이미터 전류 I_E와 컬렉터 전류 I_C, 베이스 전류 I_B 사이의 관계는 [식 2-2]와 같다.

$$I_E = I_C + I_B \qquad \text{[식 2–2]}$$

[식 2-2]에서와 같이 이미터 전류 I_E는 컬렉터 전류 I_C와 베이스 전류 I_B를 합한 것과 같다.

[식 2-1]과 [식 2-2]를 사용하여 이미터 전류 I_E와 베이스 전류 I_B, 이미터 전류 I_E와 컬렉터 전류 I_C의 관계를 나타내면 [식 2-3]과 같다.

$$I_E = (1+\beta_{DC})I_B = \left(1+\frac{1}{\beta_{DC}}\right)I_C \qquad \text{[식 2–3]}$$

또한 이미터 영역에서 베이스 영역으로 주입된 전자 중에서 컬렉터에 도달하여 컬렉터 전류를 구성하는 비율을 공통베이스 전류이득 α라고 하며, 이미터 전류 I_E와 컬렉터 전류 I_C의 관계를 α로 나타내면 [식 2-4]와 같이 나타낼 수 있다.

$$\alpha_{DC} = \frac{I_C}{I_E} = \frac{\beta_{DC}}{1+\beta_{DC}} \qquad \text{[식 2-4]}$$

[식 2-4]에서 α_{DC}는 $0 < \alpha_{DC} < 1$의 범위를 갖는다. [식 2-4]를 변형하여 β_{DC}를 α_{DC}로 나타내면 [식 2-5]와 같이 나타낼 수 있다.

$$\beta_{DC} = \frac{I_C}{I_B} = \frac{\alpha_{DC}}{1-\alpha_{DC}} \qquad \text{[식 2-5]}$$

[식 2-4]의 관계를 포함하여 베이스, 컬렉터, 이미터 전류 사이의 관계를 나타내면 [그림 2-35]와 같이 나타낼 수 있다.

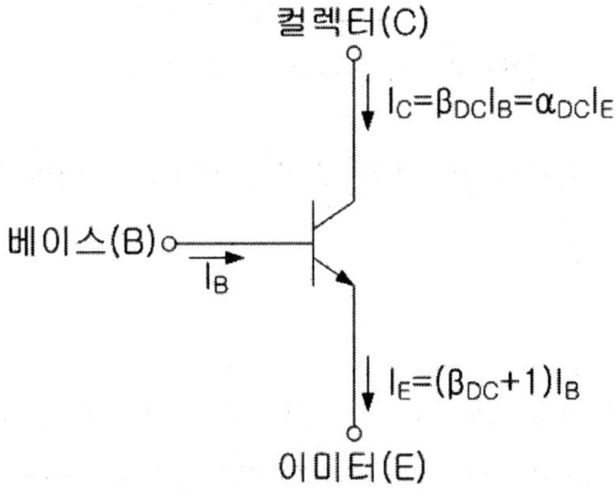

[그림 2-35] NPN형 BJT DC전류이득

[그림 2-36]에는 NPN형과 PNP형 BJT 각각의 DC 전류 성분의 관계를 나타내었다.

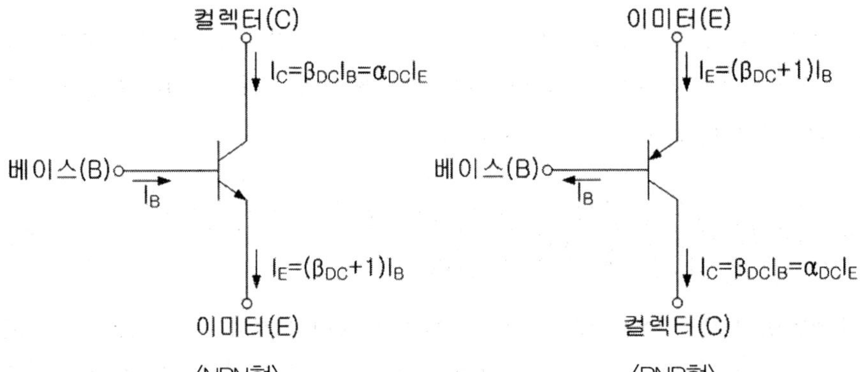

〈NPN형〉 〈PNP형〉

[그림 2-36] BJT DC 전류 성분

[예제 2-1]

[그림 예 2-1]의 회로에서 BJT가 순방향 활성모드로 동작한다면, 베이스 전류 I_B=2 [μA]일 때, 컬렉터 전류 I_C와 이미터 전류 I_E는 각각 몇 [μA]인가? 단, β =100으로 가정한다.

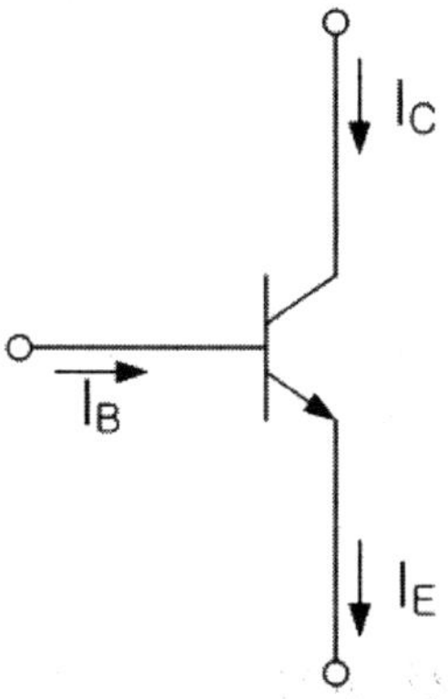

[그림 예 2-1]

[풀이]

BJT가 순방향 활성모드로 동작할 때, 베이스 전류 I_B와 공통 이미터 전류 이득 β를 이용해서 컬렉터 전류 I_C는 아래의 식으로 구할 수 있다.

$$I_C = \beta \bullet I_B = (100) \bullet (2\mu A) = 200\mu A$$

또한, 이미터 전류 I_E도 아래의 관계 식으로 구할 수 있다.

$$I_E = (\beta + 1) \bullet I_B = (100 + 1) \bullet (2\mu A) = 202\mu A$$

[답]

I_C=200[μA], I_E=202[μA]

[예제 2-2]

[그림 예 2-1]의 회로에서 BJT가 순방향 활성모드로 동작한다면, 베이스 전류 I_B=2 [μA]이고 컬렉터 전류 I_C=300[μA]일 때, β 와 α 를 구하시오.

[풀이]

BJT가 순방향 활성모드로 동작할 때, 공통 이미터 전류 이득 β는 아래의 식으로 구할 수 있다.

$$\beta = \frac{I_C}{I_B} = \frac{300\mu A}{2\mu A} = 150$$

또한, 공통베이스 전류 이득 α도 아래의 식으로 구할 수 있다.

$$\alpha = \frac{I_C}{I_E} = \frac{\beta}{1+\beta} = \frac{150}{151} \simeq 99.3$$

[답]

β=150, α=99.3

(3) BJT 컬렉터 전류-전압 특성 곡선

[그림 2-37]에는 BJT의 컬렉터 전류 I_C를 컬렉터-이미터 사이의 전압 V_{CE}의 변화에 따라 나타내었다. 또한 각각의 베이스 전류 I_B의 변화에 대해서도 나타내었다.

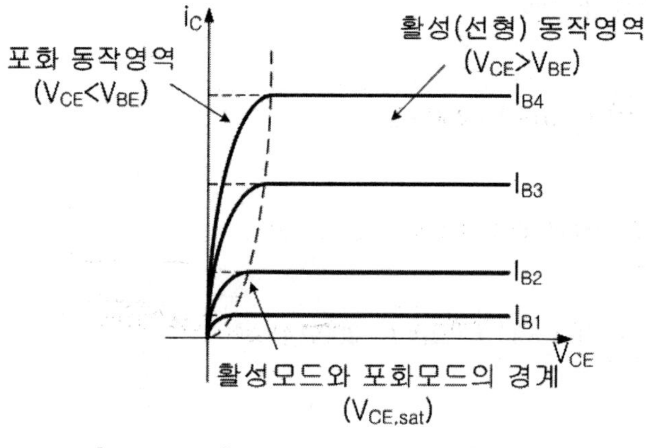

[그림 2-37] NPN형 BJT 전류-전압 특성

[그림 2-37]에서와 같이 베이스 전류 I_B가 일정할 때, 컬렉터-이미터 사이의 전압 V_{CE}를 증가시킴에 따라 V_{CE}가 베이스-이미터 사이의 전압인 V_{BE}보다 작을 때는 포화 영역에서 동작하다가 더욱 증가하여 V_{CE}가 V_{BE}보다 커지게 되면 순방향 활성영역 또는 선형 영역으로 동작함을 확인할 수 있다. [그림 2-37]에서 확인할 수 있듯이 BJT가 순방향 활성영역에서 동작하게 되면 베이스 전류 I_B에 대해서 컬렉터 전류 I_C는 비례적으로(또는 선형적으로) 동작함을 알 수 있다.

(4) 부하 선(Load Line)

[그림 2-38]에 NPN BJT를 사용한 공통 이미터 증폭기를 나타내었다.

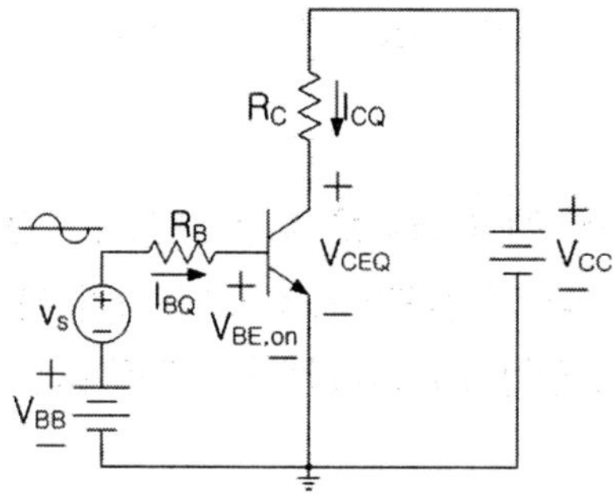

[그림 2–38] 동작 점을 표시한 공통 이미터 증폭기

BJT 컬렉터 쪽으로 인가된 전원 전압 V_{CC}와 컬렉터 쪽에 연결된 저항 R_C 그리고 R_C에 흐르는 전류 I_{CQ}와 BJT 컬렉터-이미터 사이의 전압 V_{CEQ}의 관계는 [식 2-6]과 같이 나타낼 수 있다.

$$V_{CEQ} = V_{CC} - R_C I_{CQ} \qquad \text{[식 2–6]}$$

[식 2-6]을 I_{CQ}에 대해서 정리하면 [식 2-7]과 같이 나타낼 수 있다.

$$I_{CQ} = -\frac{V_{CE}}{R_C} + \frac{V_{CC}}{R_C} \qquad \text{[식 2–7]}$$

[식 2-7]에서 컬렉터 전류인 I_{CQ}와 컬렉터-이미터 사이의 전압인 V_{CE}의 관계 그리고 NPN BJT의 전류-전압 특성 관계를 같이 나타내면 [그림 2-39]와 같이 나타낼 수 있다.

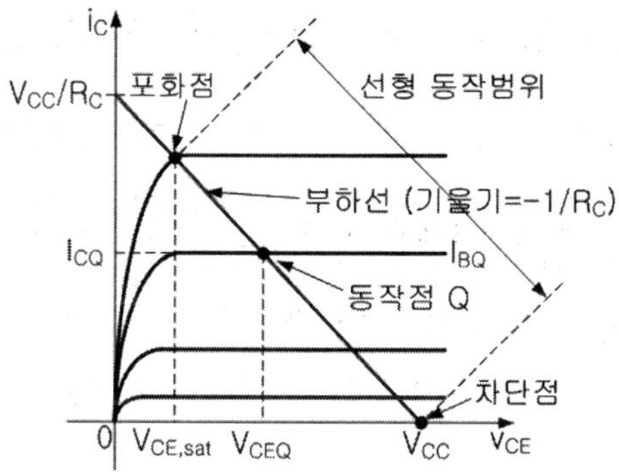

[그림 2–39] 직류 부하 선과 동작 점

[그림 2-39]에서 [식 2-7]에 해당되는 부분을 직류 부하 선이라 한다. [그림 2-38]의 NPN BJT가 동작할 때 동작 점(Q점)은 [그림 2-39]의 직류 부하 선상에 설정된다. BJT를 증폭기로 사용하기 위해서는 [그림 2-39]에서 직류 부하 선상에 선형 동작 범위의 중앙 근처에 동작 점을 설정해야만 한다.

[예제 2-3]

[그림 예 2-3]의 그래프와 같은 전류 특성을 갖는 NPN BJT가 주어진 회로 내에서 순방향 활성모드로 동작한다면, NPN BJT의 컬렉터와 이미터 사이 전압 차 V_{CE}는 몇 [V]인가? 단, 베이스-이미터 사이 다이오드 전압 $V_{BE,on}$=0.7[V]로 가정한다.

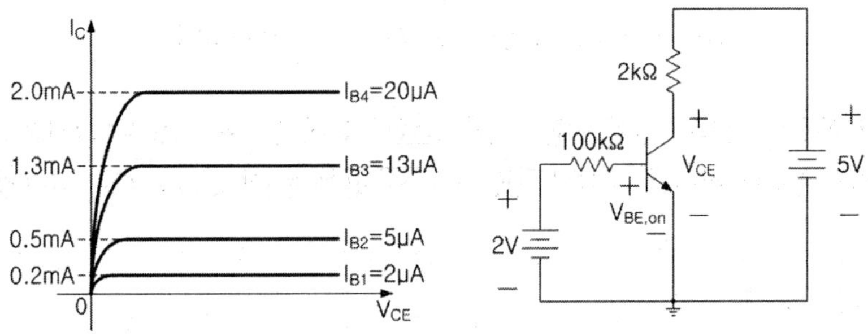

[그림 예 2-3]

[풀이]

먼저, 주어진 회로에서 NPN BJT의 베이스 전류 I_B는 아래 식과 같이 구할 수 있다.

$$I_B = \frac{2V - V_{BE,on}}{100k\Omega} = \frac{2V - 0.7V}{100k\Omega} = 13\mu A$$

주어진 전류 특성 그래프에서 NPN BJT가 순방향 활성모드에서 동작할 때, 베이스 전류 $I_B=13\mu A$에 대해서 컬렉터 전류 I_C=1.3mA임을 알 수 있다.

따라서, 주어진 회로를 통해 NPN BJT의 컬렉터와 이미터 사이 전압 차 V_{CE}는 아래 식과 같이 구할 수 있다.

$$V_{CE} = 5V - (2k\Omega) \cdot (I_C) = 5V - (2k\Omega) \cdot (1.3mA) = 5V - 2.6V = 2.4V$$

[답]

V_{CE}=2.4[V]

(5) 동작 점에 따른 입출력 파형의 왜곡

[그림 2-40]은 동작 점이 차단 점 근처로 치우친 경우에 출력 파형의 왜곡을 나타내었다.

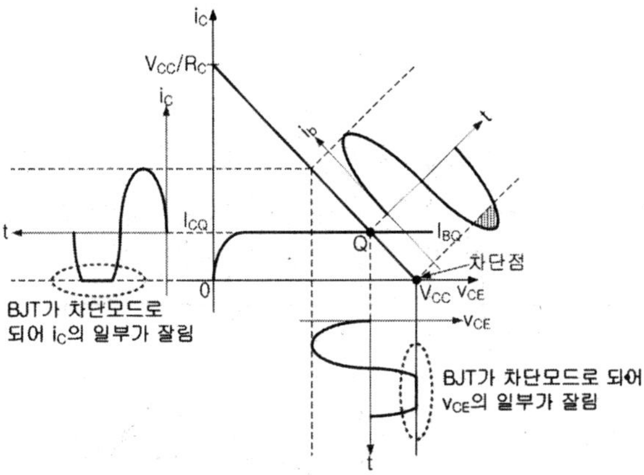

[그림 2-40] 동작 점이 차단 점 근처로 치우친 경우

[그림 2-40]에서와 같이 입력 신호인 베이스 전류 i_b의 음(-)의 반주기 중 일부가 BJT의 차단 점 이하로 인가되면 컬렉터 전류 i_C가 0이 되는 부분이 발생한다. 이때 BJT는 차단모드로 동작하여 컬렉터-이미터 사이의 전압인 v_{CE}는 전원 전압인 V_{CC}가 되고, 출력 파형에 왜곡이 발생하게 된다.

[그림 2-41]에 동작 점이 포화 점 근처로 치우친 경우에 출력 파형의 왜곡을 나타내었다.

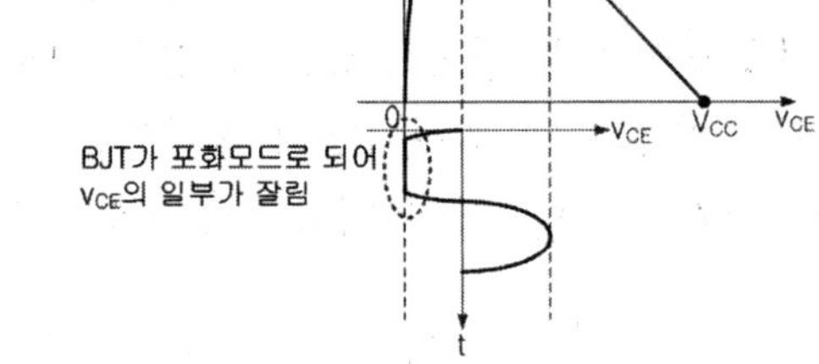

[그림 2-41] 동작 점이 포화 점 근처로 치우친 경우

[그림 2-41]에서와 같이 동작 점 Q가 포화 점 근처로 치우쳐 입력 신호인 베이스 전류 I_b의 양(+)의 반주기 중 일부가 BJT의 포화모드로 진입하면 컬렉터 전류 i_C가 포화되어 더 이상 증폭 작용이 일어나지 않게 된다. 결과적으로 컬렉터 전류 ic와 컬렉터-이미터 사이의 전압인 v_{CE}의

파형이 잘리게 되고, 출력 파형에 왜곡이 발생하게 된다.

BJT 증폭기에서 입력 신호에 대한 출력 신호를 선형적으로 동작시키기 위해서는 [그림 2-42]와 같이 동작 점 Q가 선형 영역의 중앙 근처에 설정되어야 한다.

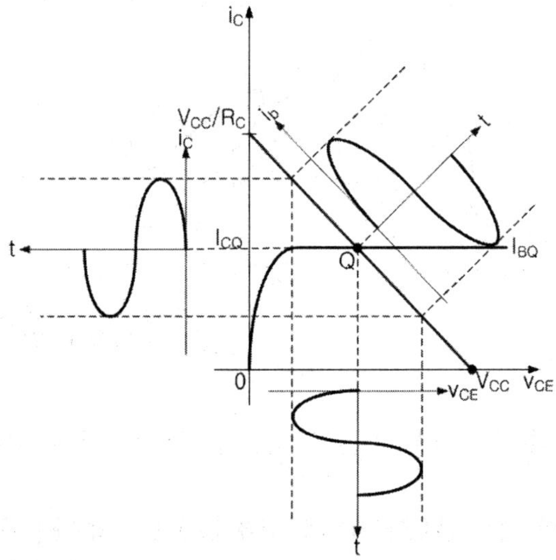

[그림 2-42] 동작 점이 선형 영역의 중앙 근처에 설정된 경우

[그림 2-42]에서와 같이 동작 점이 선형 영역의 중앙 근처에 설정된 경우에는 입력 신호인 베이스 전류 i_b가 차단 영역이나, 포화 영역으로 치우침 없이 모든 범위에서 선형 모드로 동작함을 알 수 있다.

(6) 바이어스

BJT 증폭기를 선형 영역에서 동작시키기 위해서는 DC 바이어스를 인가해서 동작 점(Q 포인트)을 잡아주는 것이 필요하다. 부연 설명하자면, 이렇게 DC 바이어스를 적절하게 인가하여 선형 영역의 중앙 근처에 동작 점을 형성한 후, 입력 신호인 AC 신호를 DC 바이어스 전압에 추가로 인가하여 동작 점을 중심으로 인가된 AC 입력 신호가 출력으로 증폭되도록 한다.

[그림 2-43]에 DC 바이어스 방법 중 하나인 고정 바이어스를 갖는 공통 이미터 증폭기를 보여주고 있다.

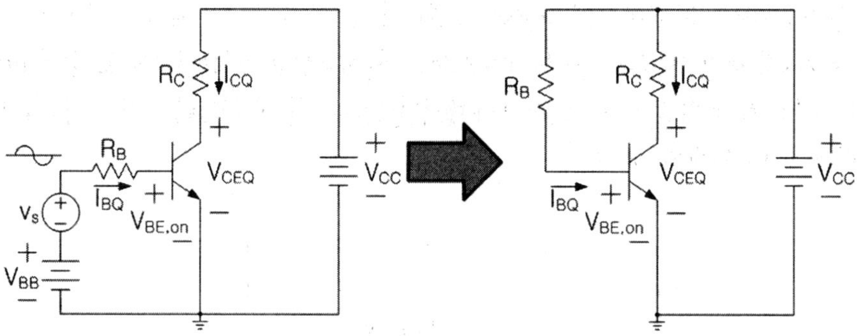

[그림 2-43] 고정 바이어스를 갖는 공통 이미터 증폭기

[그림 2-43]의 왼쪽 그림과 같이 입력 신호 v_s를 증폭시키기 위해서는 입력 DC 바이어스 전압 V_{BB}를 인가하고, 저항 R_B를 이용하여 DC 바이어스 전류 I_{BQ}를 생성한다. DC 바이어스 전류 I_{BQ}에 의해 BJT의 동작 점이 결정되고, 이 동작 점을 중심으로 입력 신호 v_s가 증폭되어 출력으로 나타나게 된다.

그런데 입력 DC 바이어스 전압을 인가하기 위해 독립적인 DC 전원인 V_{BB}를 따로 인가하게 되면 실제 회로를 구현하기도 어려워지고, 비효율적인 시스템이 될 수 있다. 따라서 독립적인 DC 바이어스 전원을 사용하지 않고, 하나의 DC 전원을 이용하기 위해 [그림 2-43]의 오른쪽과 같이 고정 바이어스를 갖는 증폭기를 생각할 수 있다.

[그림 2-43]의 오른쪽 그림과 같은 고정 바이어스를 갖는 이미터 증폭기에서 BJT의 입력 DC 바이어스 전류를 인가하기 위해 저항 R_B를 DC 전압원 V_{CC}와 BJT의 베이스 사이에 위치시켰다. BJT가 동작하기 위한 베이스-이미터 사이의 전압인 $V_{BE,on}$은 고정되어 있고, DC 전압원인 V_{CC} 전압도 고정되어 있으므로, BJT를 바이어스시키기 위한 전류 I_{BQ}는 저항 R_B에 의해서만 결정되게 된다.

[그림 2-44]에 DC 바이어스의 또 다른 방법인 전압 분배 바이어스를 갖는 공통 이미터 증폭기를 보여주고 있다.

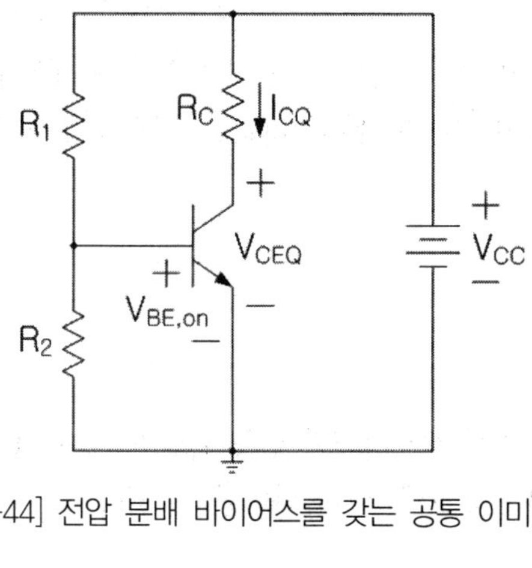

[그림 2-44] 전압 분배 바이어스를 갖는 공통 이미터 증폭기

[그림 2-44]의 입력 DC 바이어스 회로는 전원 전압 V_{CC}와 BJT의 베이스 사이에 저항 R_1을 위치시키고, BJT의 베이스와 Ground 사이에 저항 R_2를 위치시켰다. [그림 2-44]의 입력 DC 바이어스 회로를 테브닌 등가 회로 해석을 이용하여 테브닌 등가 저항 및 테브닌 등가 전압으로 나타내면 [그림 2-45]와 같이 나타낼 수 있다.

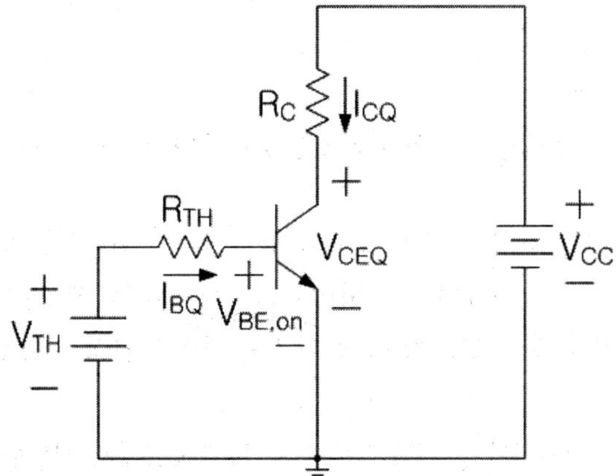

[그림 2–45] 전압 분배 바이어스를 갖는 공통 이미터 증폭기의 등가 회로

[그림 2-45]의 테브닌 등가 전압 V_{TH}와 [그림 2-44]의 전원 전압 V_{CC} 및 저항 R_1, R_2의 관계는 [식 2-8]과 같다.

$$V_{TH} = \frac{R_2}{R_1 + R_2} V_{CC} \qquad \text{[식 2–8]}$$

[그림 2-45]의 테브닌 등가 저항 R_{TH}와 [그림 2-44]의 저항 R_1, R_2의 관계는 [식 2-9]와 같다.

$$R_{TH} = R_1 // R_2 \qquad \text{[식 2–9]}$$

[그림 2-45]에서 입력 DC 바이어스 전류인 I_{BQ}를 [식 2-8]과 [식 2-9]에서 구한 테브닌 전압 V_{TH}, 테브닌 저항 R_{TH} 및 BJT의 베이스-이미터 사이의 전압 $V_{BE,on}$을 이용하여 구하면 [식 2-10]과 같이 나타낼 수 있다.

$$I_{BQ} = \frac{V_{TH} - V_{BE,on}}{R_{TH}} \qquad \text{[식 2–10]}$$

[그림 2-45]에서 BJT 컬렉터-이미터 사이의 전압 V_{CEQ}와 전원 전압 V_{CC}, 컬렉터 저항 R_C 및 컬렉터 전류 I_{CQ}의 관계는 [식 2-11]과 같이 나타낼 수 있다.

$$V_{CEQ} = V_{CC} - R_C I_{CQ} \qquad [식\ 2\text{–}11]$$

앞서 살펴본 바이어스 방법에 의해 BJT의 동작 점을 선형 영역의 중앙 근처에 설정하였더라도, 증폭기가 동작하면서 발생하는 열이나 다양한 외부 환경에 발생되는 열에 의해 온도가 변하게 되면 동작 점이 이동하게 된다. 이러한 온도 변화에 의한 동작 점 변화를 [그림 2-46]에 나타내었다.

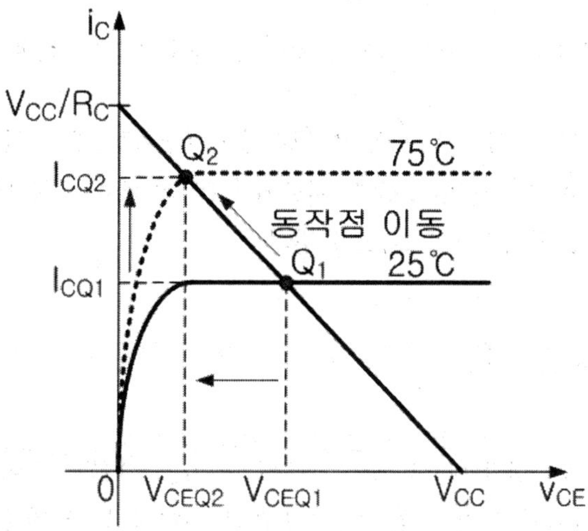

[그림 2–46] 온도 변화에 의한 동작 점 변화

온도의 변화는 BJT의 β_{DC}와 $V_{BE,on}$에 민감하게 영향을 주며, 트랜지스터별로 조금씩 차이가 있다. 따라서 온도나 트랜지스터 특성 변화 등에 영향을 받지 않도록 안정된 바이어스를 인가하는 것이 중요하다.

[그림 2-44]와 같은 이미터 공통 증폭기는 앞서 언급한 것처럼 온도의 변화에 의해 동작 점이 변할 수 있기 때문에 이러한 동작 점의 변화를 안정화시키기 위해 [그림 2-47]과 같은 자기 바이어스를 갖는 공통 이미터 증폭기를 사용한다.

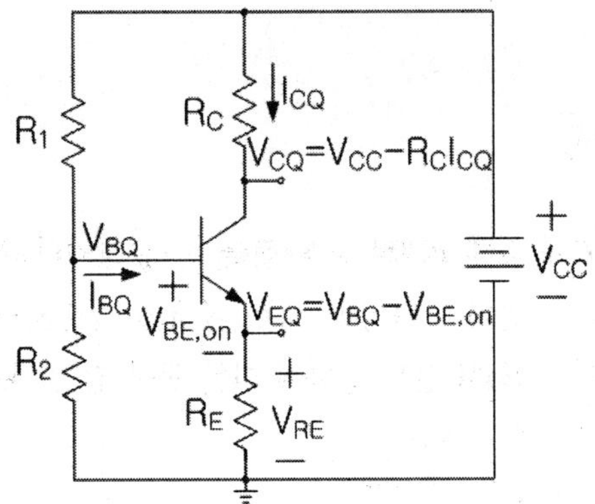

[그림 2-47] 자기 바이어스를 갖는 공통 이미터 증폭기

[그림 2-47]의 자기 바이어스를 갖는 공통 이미터 증폭기는 [그림 2-44]의 이미터 증폭기에 이미터 저항 R_E를 추가한 회로이다. [그림 2-47]의 회로에서 BJT의 베이스 쪽으로 연결된 회로에 대해 테브닌 등가 전압 V_{TH}를 구하면 [식 2-12]와 같다.

$$V_{TH} = R_{TH}I_{BQ} + V_{BE,on} + R_E I_{EQ} \qquad \text{[식 2-12]}$$

[식 2-12]에서 R_{TH}는 [식 2-9]의 테브닌 등가 저항이며, I_{BQ}는 BJT의 베이스 동작 전류, $V_{BE,on}$은 BJT의 베이스-이미터 사이의 동작 전압, I_{EQ}는 BJT의 이미터 동작 전류이다.

[식 2-12]의 테브닌 등가 전압 V_{TH}와 [식 2-9]의 테브닌 등가 저항 R_{TH}를 적용하여 [그림 2-47]의 회로를 테브닌 등가 회로를 적용하여 변환하면 [그림 2-48]과 같다.

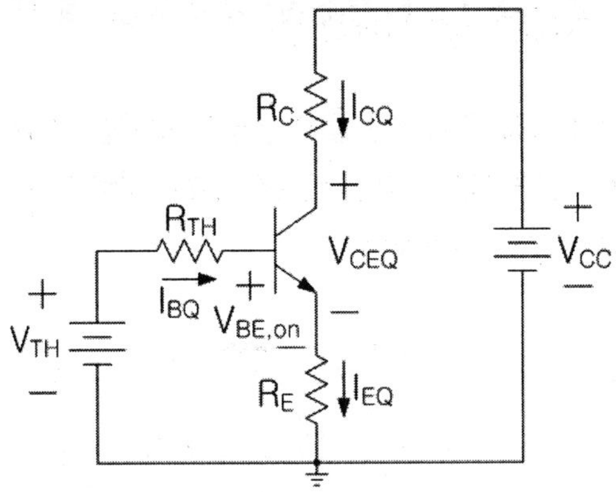

[그림 2-48] 자기 바이어스를 갖는 공통 이미터 증폭기의 등가 회로

[식 2-12]를 I_{BQ}에 대해서 정리하고, $I_{EQ} = (\beta_{DC}+1)I_{BQ}$를 적용하면 [식 2-13]과 같다.

$$I_{BQ} = \frac{V_{TH} - V_{BE,on}}{R_{TH} + (\beta_{DC} + 1)R_E} \qquad \text{[식 2-13]}$$

[식 2-13]의 I_{BQ}와 $I_{CQ} = \beta_{DC} I_{BQ}$의 관계를 이용하여 I_{CQ}를 나타내면 [식 2-14]와 같이 나타낼 수 있다.

$$I_{CQ} = \beta_{DC} I_{BQ} = \beta_{DC} \frac{V_{TH} - V_{BE,on}}{R_{TH} + (\beta_{DC} + 1)R_E} \qquad \text{[식 2-14]}$$

[식 2-14]에서 이미터 저항 R_E가 테브닌 등가 저항 R_{TH}보다 매우 크다고 가정하면 [식 2-14]는 [식 2-15]와 같이 간략화할 수 있다.

$$I_{CQ} = \frac{V_{TH} - V_{BE,on}}{R_E} \qquad \text{[식 2-15]}$$

[식 2-15]에서와 같이 컬렉터 동작 전류 I_{CQ}는 더 이상 β_{DC}와 관계없기 때문에 온도에 의해 β_{DC}가 변하더라도 I_{CQ}는 일정함을 알 수 있다. 이와 같이 공통 이미터 증폭기에 자기 바이어스 저항인 이미터 저항 R_E를 추가하게 되면 온도 변화에 대해 안정적인 동작 점을 갖는 증폭기 동작이 가능해진다.

[예제 2-4]

[그림 예 2-4] (a)의 공통이미터 증폭기 전압분배 바이어스 회로를 (b)회로로 변환하고자 할 때, (b)회로의 전압 V_{Th}와 저항 R_{Th}를 구하시오.

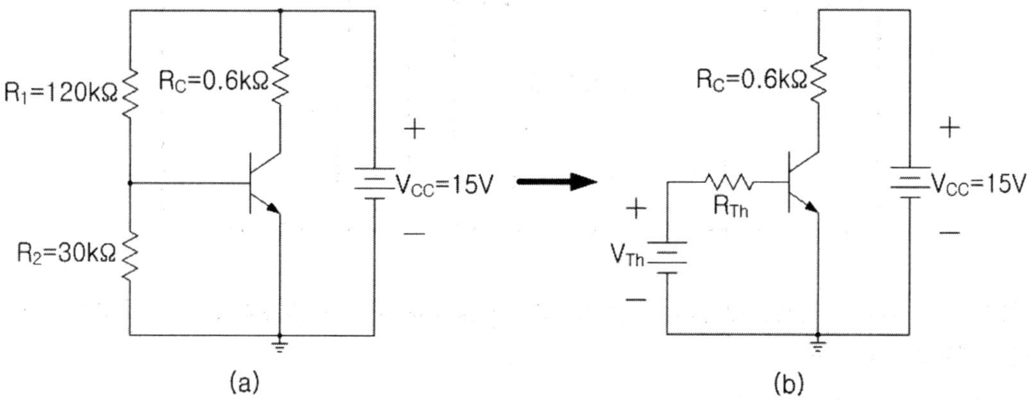

[그림 예 2-4]

[풀이]
주어진 회로에 테브닌 등가 정리를 적용하기 위해서 (a) 회로를 아래와 같이 변형한다. 변형된 회로는 (a) 회로와 같은 회로로 생각할 수 있다.

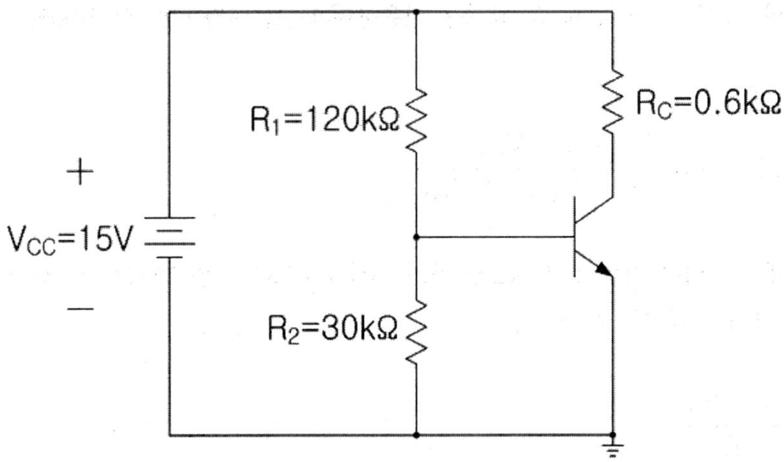

변형된 회로는 아래와 같이 테브닌 등가회로로 변환해야 하는 회로와 테브닌 등가회로에 연결된 부하 회로로 나누어 생각할 수 있다.

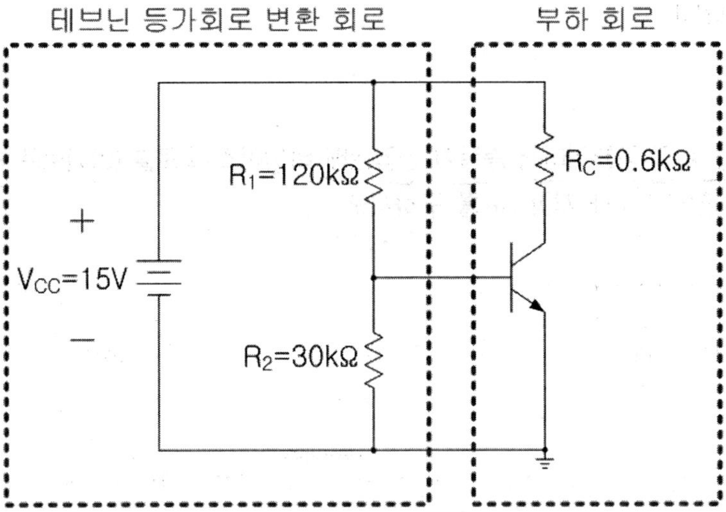

테브닌 등가 정리를 적용해서 부하 회로를 제거하고 부하 회로와 연결됐던 단자를 a, b로 표시하면 아래와 같은 회로로 나타낼 수 있다.

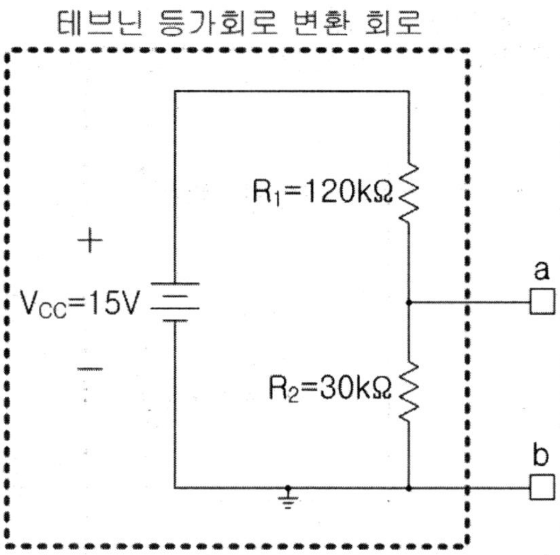

위에 회로에서 테브닌 등가 전압은 단자 a, b 사이에 걸리는 전압으로 생각할 수 있으므로 아래 회로와 같이 나타낼 수 있다.

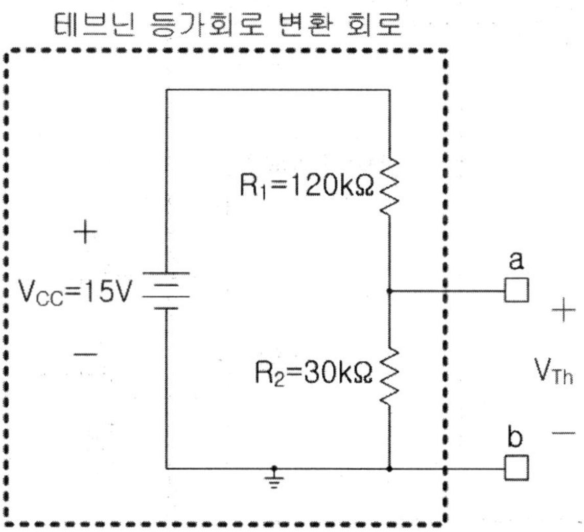

위의 회로는 V_{CC} 전압원과 R_1, R_2 저항이 직렬 연결되어 있고, 테브닌 등가 전압은 R_2 저항 사이에 걸리는 전압과 같으므로 테브닌 등가 전압 V_{Th}는 아래 식과 같이 나타낼 수 있다.

$$V_{Th} = V_{CC} \cdot \frac{R_2}{R_1 + R_2} = (15V) \cdot \frac{30k\Omega}{120k\Omega + 30k\Omega} = 3V$$

또한, 테브닌 등가 저항을 구하기 위해 전압원 V_{CC}를 제거하면 아래와 같은 회로로 변형할 수 있다.

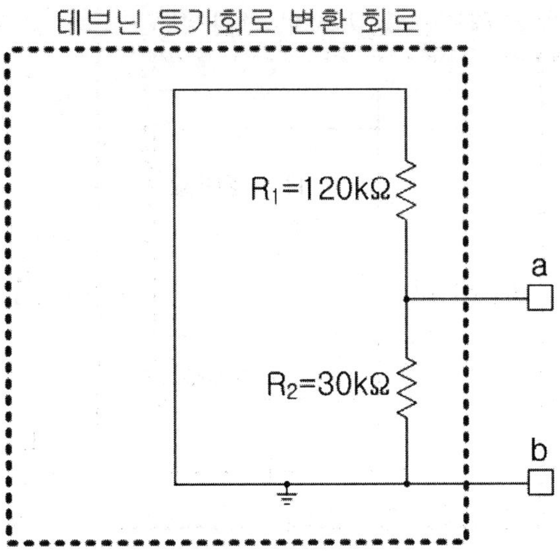

테브닌 등가 저항은 단자 a, b로 바라본 저항이므로 아래와 같이 생각할 수 있다.

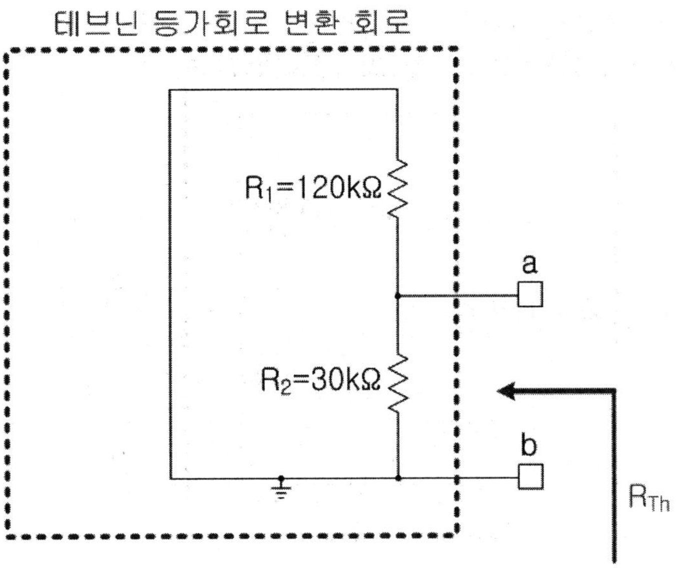

단자 a, b로 바라본 저항은 아래와 같이 R_1, R_2 저항이 병렬 연결된 회로로 생각할 수 있다.

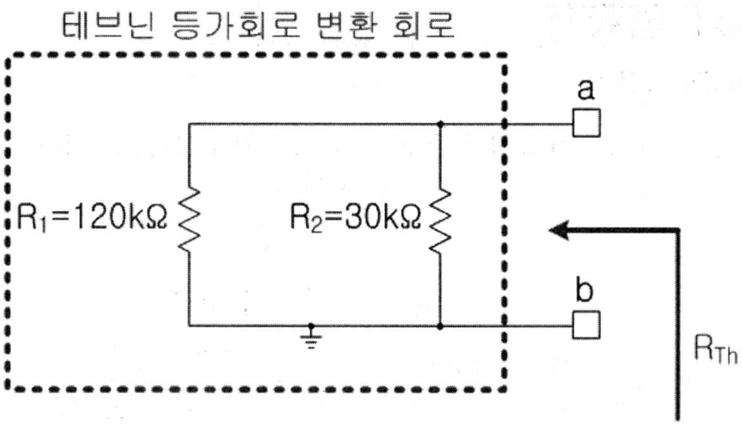

따라서, 아래 식과 같이 R_1, R_2 저항의 합성 저항을 구하면 테브닌 등가 저항 R_{Th}를 구할 수 있다.

$$R_{Th} = R_1 \parallel R_2 = \frac{R_1 \cdot R_2}{R_1 + R_2} = \frac{(120k\Omega) \cdot (30k\Omega)}{120k\Omega + 30k\Omega} = 24k\Omega$$

마지막으로, 앞서 구한 테브닌 등가 전압과 테브닌 등가 저항값을 적용해서 원본 회로를 테브닌 등가 회로로 변환 후 제거했던 부하 회로를 원복시키면 아래 회로와 같이 나타낼 수 있다.

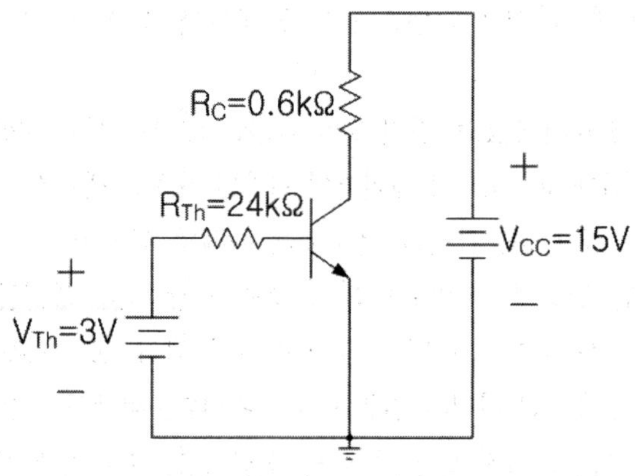

[답]

V_{Th}=3[V], R_{Th}=24[kΩ]

2.4 BJT 증폭기

(1) 공통 이미터 증폭기

[그림 2-49]는 입력 신호원이 포함된 공통 이미터 증폭기를 보여주고 있다.

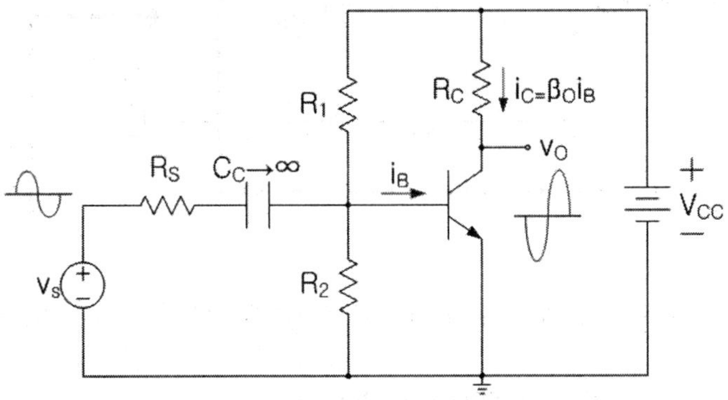

[그림 2-49] 공통 이미터 증폭기

[그림 2-49]에서 입력 신호 전압 원은 v_s이고, 입력 신호원의 입력 저항은 R_S이다. 교류 신호인 입력 신호는 커플링 커패시터 C_C에 의해 BJT의 베이스 쪽으로 전달된다.

커패시터의 임피던스는 $1/j\omega C$이므로 교류인 입력 신호의 주파수가 더 높거나 커패시터의 크기가 더 클수록 커플링 커패시터의 임피던스는 더욱 작아져 입력 신호를 BJT의 베이스 쪽으로 더 잘 전달하게 된다.

BJT의 베이스 쪽으로 전달된 신호는 전원 전압 V_{CC}와 DC 바이어스 저항 R_1, R_2에 의해 형성된 DC 동작 점에 중첩되어 인가된다. BJT의 베이스에 인가된 신호인 베이스 전류 i_B는 β_O만큼 증폭되어 컬렉터 전류 i_C를 흐르게 한다. 컬렉터 전류 i_C는 컬렉터 저항 R_C로 흐르게 되며, 전원 전압 V_{CC}에서 $i_C R_C$만큼의 전압 강하가 일어나게 되어 출력 전압 v_o를 생성한다.

따라서 신호원 전압 v_s가 증가하게 되면 그에 따라서 베이스로 흐르는 전류 i_B는 증가하게 되고, 베이스 전류 i_B가 증가하면 컬렉터 전류 i_C가 증가한다. 컬렉터 전류 i_C가 증가하면 컬렉터 저항에 의해 강하되는 전압이 커지고, 결국 출력 전압 v_o는 작아지게 된다. 신호원 전압 v_s가 감소할 때는 반대의 동작으로 출력 전압 v_o는 커지게 된다.

결과적으로 공통 이미터 증폭기의 입력 신호 v_s의 위상과 출력 신호 v_o의 위상은 반대로 동작하며, 작은 입력 신호가 β_O만큼 증폭되어 출력에 나타난다고 할 수 있다.

(2) 이미터 저항을 갖는 공통 이미터 증폭기

[그림 2-50]에는 이미터 저항을 갖는 공통 이미터 증폭기를 보여주고 있다.

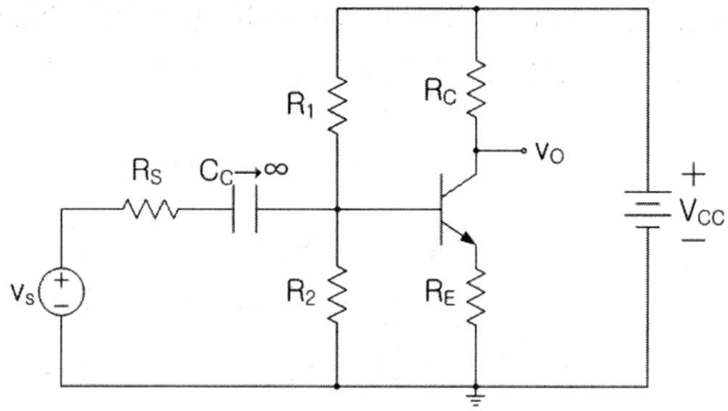

[그림 2-50] 이미터 저항을 갖는 공통 이미터 증폭기

[그림 2-50]의 이미터 저항을 갖는 공통 이미터 증폭기 회로는 [그림 2-49]의 공통 이미터 증폭기에서 BJT의 이미터 쪽에 이미터 저항 R_E를 추가한 형태이다.

앞서 설명했듯이 이미터 저항 R_E를 추가하면 온도 등의 외부 요인에 의한 전류 증폭율 β_O의 변화를 감소시켜 컬렉터 동작 전류 I_{CQ}의 변동을 작게 하여 동작 점이 안정화되는 효과를 얻을 수 있다.

이미터 저항 R_E가 전압 이득에 미치는 영향들은 아래와 같이 요약할 수 있다.

- 전압 이득의 근사값은 R_E와 부하저항 R_C의 비로 구할 수 있다.
- R_E는 온도나 트랜지스터 특성 편차 등의 요인들이 전압 이득에 미치는 영향을 감소시킨다.
- R_E는 공통 이미터 증폭기의 전압 이득을 감소시킨다.
- R_E에 의해 증폭기의 입력 저항이 커지며, 이는 전압 증폭기가 가져야 하는 바람직한 입력 저항 특성이다.

(3) 바이패스 커패시터의 역할

[그림 2-50]의 이미터 저항을 갖는 공통 이미터 증폭기 회로는 이미터 저항에 의해 동작 점이 안정화되어 안정적인 동작을 한다는 이점이 있으나, 앞서 언급한 것과 같이 공통 이미터 증폭기의 전압 이득을 감소시키는 단점이 있다. 이러한 이미터 저항을 갖는 공통 이미터 증폭기의 단점을 보완한 회로가 [그림 2-51]의 바이패스 커패시터 C_E를 갖는 공통 이미터 증폭기이다.

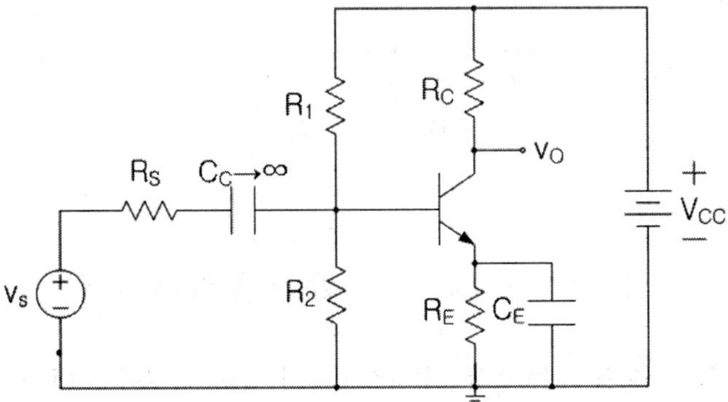

[그림 2–51] 바이패스 커패시터 C_E를 갖는 공통 이미터 증폭기

[그림 2-51]에서 DC 바이어스에 대해서 생각해보면, 바이패스 커패시터 C_E의 임피던스가 이미터 저항 R_E에 비해서 상당히 크기 때문에 커패시터 C_E가 없다고 생각할 수 있다. 따라서 커패시터 C_E는 DC 바이어스에 영향을 주지 않는다.

반대로 [그림 2-51]의 회로를 입력 신호인 교류 신호에 대해서 생각해보면, 교류 신호의 주파수가 상당히 높거나 바이패스 커패시터의 크기가 상당히 크다고 가정할 때 [그림 2-52]의 교류 등가 회로로 나타낼 수 있다.

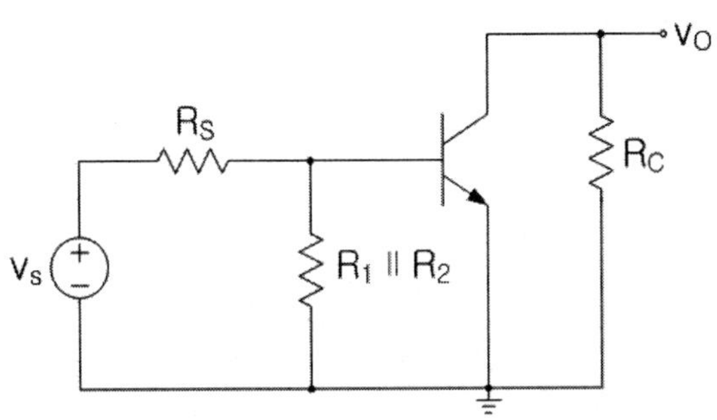

[그림 2–52] 바이패스 커패시터 C_E를 갖는 공통 이미터 증폭기의 교류 등가 회로

[그림 2-52]와 같이 교류 신호에 대해서는 바이패스 커패시터 C_E의 임피던스가 이미터 저항 R_E의 임피던스에 비해 상당히 작기 때문에 BJT의 이미터가 바이패스 커패시터를 통해서 Ground로

Short되어 있다고 생각할 수 있다. 결과적으로 교류에 대해서는 이미터 저항이 안 보이게 되고, 이미터 저항에 의한 전압 이득 감소도 일어나지 않게 된다.

요약하면, 공통 이미터 증폭기의 BJT 이미터에 이미터 저항을 추가하게 되면 증폭기의 동작점이 안정화되나 전압 이득이 감소되는 단점이 있으므로 이러한 단점을 보완하기 위해 이미터에 바이패스 커패시터를 추가하게 되면 전압 이득의 감소도 해결할 수 있게 된다.

(4) 공통 컬렉터 증폭기

[그림 2-53]에 공통 컬렉터 증폭기를 나타내고 있다.

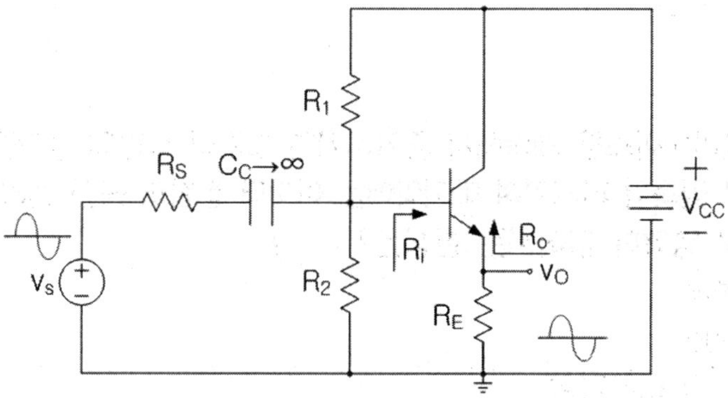

[그림 2–53] 공통 컬렉터 증폭기

[그림 2-53]에서 NPN BJT의 이미터 전압은 베이스 전압과 $V_{BE} \approx 0.7V$의 차를 유지하면서 베이스 전압을 따라간다. 이러한 공통 컬렉터 증폭기의 전압이득 $A_V \approx 1V/V$이며, 입력 전압과 출력 전압은 동일 위상을 갖는다. 이와 같은 특성 때문에 공통 컬렉터 증폭기를 이미터 팔로워(Emitter Follower)라고도 부른다.

연습문제

01. 다음 중 전도 대역의 전자와 가전자 대역의 정공이 가전자 상태에 있는 전자가 전도 대역으로 천이되었을 때 발생되는 현상은? (　)

① 전자 생성
② 정공 생성
③ 전자-정공 쌍생성
④ 전자-정공 재결합

02. 컬렉터의 역바이어스를 계속해서 증가시키면 컬렉터 접합의 공간전하층이 베이스 영역 안으로 깊숙이 퍼져가며 마지막에는 이미터 접합의 공간 전하층과 닿게 되어 베이스 중성 영역이 없어지는 현상은? (　)

① 열 폭주 현상
② 절연파괴 현상
③ 래치-업(latch-up) 현상
④ 펀치-쓰루(punch-through) 현상

03. 다음 중 NPN 바이폴라 트랜지스터의 3가지 영역을 불순물의 도핑 농도 크기가 큰 순서대로 나열한 것은? (　)

① 이미터 〉 베이스 〉 컬렉터
② 이미터 〉 컬렉터 〉 베이스
③ 컬렉터 〉 이미터 〉 베이스
④ 컬렉터 〉 베이스 〉 이미터

04. 트랜지스터에서 β는 다음 중 어느 조건에서 결정할 수 있겠는가? (　)

① I_E가 일정할 때 V_{CB}와 I_B의 변화
② I_E가 일정할 때 I_C와 I_B의 변화
③ V_{CE}가 일정할 때 V_{CB}와 I_B의 변화
④ V_{CE}가 일정할 때 I_C와 I_B의 변화

05. 다음 중 트랜지스터를 증폭기로 사용할 때의 동작 영역으로 옳은 것은? ( )

① 차단 영역
② 포화 영역
③ 활성 영역
④ 비포화 영역

06. 다음 중 BJT 회로에서 출력 전압과 입력 전압이 거의 동위상이 되어 이미터 팔로워 (emitter follower)라고도 부르는 회로는? ( )

① 이미터 공통 회로
② 베이스 공통 회로
③ 컬렉터 공통 회로
④ 게이트 공통 회로

07. 다음 중 쌍극성 접합 트랜지스터에 대한 설명으로 옳은 것은? ( )

① 컬렉터의 농도가 이미터, 베이스에 비해 높게 제작된다.
② 컬렉터 접합의 역방향 전압이 증가할수록 실효 베이스 폭은 증가한다.
③ 전자와 정공이 모두 이미터 전류 형성에 기여한다.
④ 이미터 전류에 의해 컬렉터 전류를 제어할 수 있다.

08. 바이폴라 트랜지스터에서 이미터 접합이 순바이어스, 컬렉터 접합이 역바이어스인 경우에 동작하는 영역은? ( )

① 활성 영역(active region)
② 차단 영역(cut–off region)
③ 포화 영역(saturation region)
④ 역활성 영역(reverse active region)

09. 다음 트랜지스터(BJT)의 동작점 중 증폭기로 동작하기 위한 영역은? ( )

① cutoff region
② saturation region
③ active region
④ breakdown region

10. 다음 중 트랜지스터(BJT) 회로를 증폭기로 사용하기 위해 바이어스를 설계 시 가장 적절한 것은? ( )

① 베이스-이미터 사이는 역방향, 컬렉터-베이스 사이도 역방향
② 베이스-이미터 사이는 역방향, 컬렉터-베이스 사이는 순방향
③ 베이스-이미터 사이는 순방향, 컬렉터-베이스 사이도 순방향
④ 베이스-이미터 사이는 순방향, 컬렉터-베이스 사이는 역방향

11. 다음 중 전압 증폭도가 항상 1보다 작은 증폭회로는? ( )

① 컬렉터 접지 증폭회로
② 이미터 접지 증폭회로
③ 베이스 접지 증폭회로
④ 게이트 접지 증폭회로

12. 다음 회로가 선형 영역에서 동작하면 아래에 표현한 식으로 <u>틀린</u> 것은? ( )

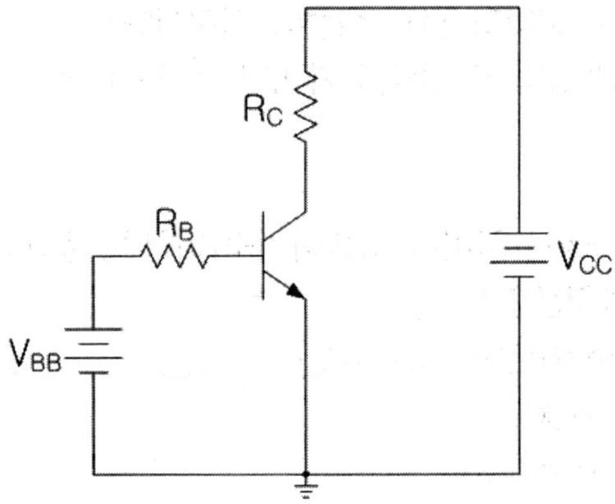

① $I_B = \frac{V_{BB} - 0.7}{R_B}$ ② $I_C = \beta_{DC} I_B$

③ $V_{RC} = V_{CC} - R_C I_C$ ④ $V_{CB} = V_{CE} - V_{BE}$

13. 바이어스된 NPN 트랜지스터의 베이스에 사인파 전압을 인가하였더니, 사인파 컬렉터 전압파형이 거의 0 [V] 부근에서 파형이 잘려 나타나지 않았을 때, 트랜지스터의 상태는? (   )

① 포화상태
② 차단상태
③ 선형증폭
④ 파괴상태

14. 다음 중 트랜지스터 증폭회로의 설명으로 틀린 것은? (   )

① 베이스 접지회로의 입력은 이미터이다.
② 이미터 접지회로의 출력은 베이스이다.
③ 컬렉터 접지회로의 입력은 베이스이다.
④ 컬렉터 접지회로의 출력은 이미터이다.

15. NPN 트랜지스터가 활성 영역에서 증폭기로 정상 동작하기 위한 바이어스 인가 방법은? (단, B, E, C는 각각 베이스, 이미터, 컬렉터이다.) (   )

① B에 대하여 E는 −, C는 +
② B에 대하여 E는 +, C는 −
③ E에 대하여 B는 −, C는 +
④ E에 대하여 B는 +, C는 −

16. 다음 중 이미터 팔로워 증폭기에 대한 설명으로 적합하지 <u>않은</u> 것은? (   )

① 전류 이득이 크다.
② 전압 이득이 1에 가깝다.
③ 입력 임피던스는 매우 높다.
④ 출력은 컬렉터 단자에서 얻는다.

17. 다음 중 베이스 접지(CB) 증폭회로에 대한 설명으로 적합하지 않은 것은? (   )

① 입력 임피던스가 낮다.
② 전류 이득은 1보다 훨씬 크다.
③ 입력에 대한 출력은 동상이다.
④ 높은 주파수를 다루는 응용분야에 주로 사용된다.

18. 다음 그림과 같이 이미터 저항을 갖는 증폭회로에서 이미터 저항 R_E의 가장 중요한 역할은? (　)

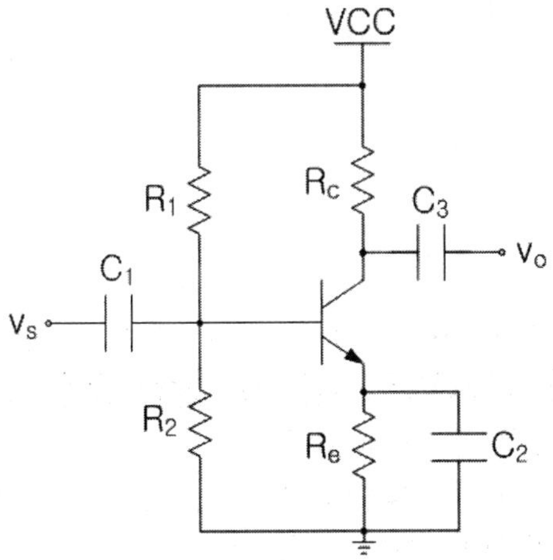

① 출력은 증가시킨다.　　② 노이즈를 증가시킨다.
③ 주파수 대역폭을 감소시킨다.　　④ 안정도를 개선시킨다.

19. 다음 회로에서 저항 R_e의 역할로서 가장 적합한 것은? (　)

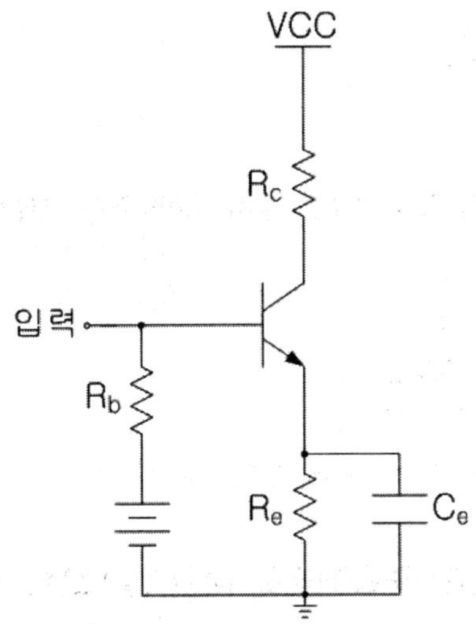

① 증폭도 증대　　② 주파수대역 증대
③ 바이어스전압 감소　　④ 동작점의 안정화

20. 어떤 Tr.이 $V_{CE}=6$ [V]로 동작된다. 이 Tr.의 최대 정격 전력이 250 [mW]라면, 견딜 수 있는 최대 컬렉터 전류는 약 몇 [mA]인가? (　)

① 20 [mA]
② 42 [mA]
③ 51 [mA]
④ 64 [mA]

21. 다음 중 증폭기 회로에서 이미터 저항 R_E를 사용하는 이유로 가장 적합한 것은? (　)

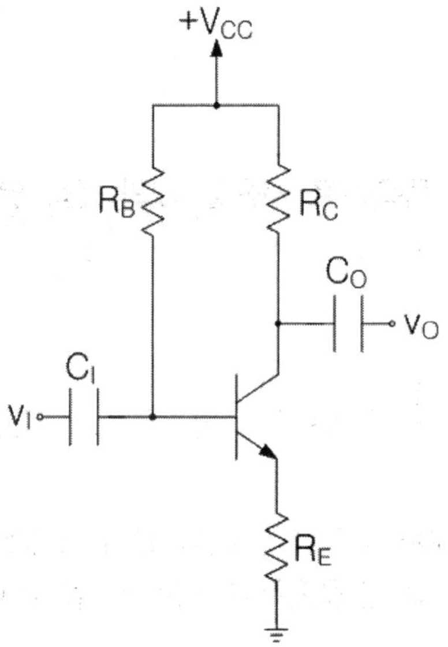

① 증폭도 증대　　② 주파수대역 증대
③ 바이어스전압 감소　　④ 동작점의 안정화

22. 다음 중 이미터 팔로워 증폭기의 입력 및 출력 임피던스에 대한 설명으로 가장 적합한 것은? (　)

① 입력 임피던스와 출력 임피던스는 거의 비슷하다.
② 입력 임피던스와 출력 임피던스는 모두 매우 낮다.
③ 입력 임피던스는 매우 높고, 출력 임피던스는 매우 낮다.
④ 입력 임피던스는 매우 낮고, 출력 임피던스는 매우 높다.

23. 다음 중 쌍극성 접합트랜지스터의 바람직한 구조적 요구 조건으로 옳은 것은? (　)

① 이미터 영역의 캐리어 밀도를 낮게 해야 한다.

② 컬렉터 영역의 캐리어 밀도를 높게 해야 한다.

③ 베이스 영역의 고유저항은 이미터 영역의 고유저항보다 훨씬 커야 한다.

④ 활성 영역의 동작을 위해서 이미터-베이스 접합은 역방향 바이어스를 가한다.

24. 다음 중 전압 증폭도가 항상 1보다 작은 증폭회로는? (　)

① 컬렉터 접지 증폭회로

② 이미터 접지 증폭회로

③ 베이스 접지 증폭회로

④ 게이트 접지 증폭회로

25. 다음 중 트랜지스터를 증폭기로 사용할 때의 동작 영역으로 옳은 것은? (　)

① 차단 영역

② 포화 영역

③ 활성 영역

④ 차단 영역 및 포화 영역

26. 이미터 공통 증폭회로에서 I_B가 10 [μA]일 때, I_C가 500 [μA]이다. 이것을 베이스 공통 증폭회로로 했을 때, 전류증폭률 α는 약 얼마인가? (　)

① 0.96

② 0.98

③ 1

④ 50

27. 다음 중 컬렉터 접지 증폭기에 대한 설명으로 적합하지 않은 것은? (　)

① 이미터 팔로워라고도 한다.

② 전압 이득을 크게 얻을 수 있다.

③ 입 · 출력 전압 위상은 동위상이다.

④ 출력 임피던스는 이미터 접지 증폭기보다 낮다.

28. 이미터 접지 트랜지스터 증폭회로에서 입력신호와 출력신호 간의 위상차는 얼마인가? ( )

① 0°
② 90°
③ 180°
④ 360°

29. 다음 증폭기 회로에서 이미터 저항 R_e를 사용하는 이유로 가장 적절한 것은? ( )

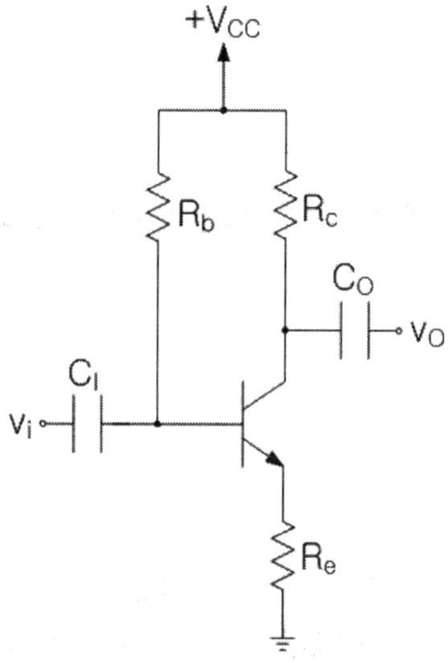

① 회로의 안정화
② 전압의 증폭도 증가
③ 주파수 대역폭의 감소
④ 전류 증폭도의 증가

30. 다음 중 이미터 팔로워 증폭기에 대한 설명으로 적합하지 않은 것은? ( )
① 전압이득은 1 이상이다.
② 출력 임피던스가 낮다.
③ 전력이득은 전류이득과 거의 같다.
④ Buffer로 많이 사용된다.

정답

01 ③	02 ④	03 ①	04 ④	05 ③	06 ③	07 ③	08 ①	09 ③	10 ④
11 ①	12 ③	13 ①	14 ②	15 ①	16 ④	17 ②	18 ④	19 ④	20 ②
21 ④	22 ③	23 ③	24 ①	25 ③	26 ②	27 ②	28 ③	29 ①	30 ①

CHAPTER 03

MOSFET

(Metal Oxide Silicon Field-Effect Transistor)

3.1 MOSFET의 물리적 구조

(1) MOSFET의 특징

MOSFET은 Metal-Oxide-Silicon Field-Effect Transistor의 약자로, 두 개의 터미널을 가진 다이오드와 달리 세 개의 터미널로 이루어져 있다. 세 개의 터미널 중 두 터미널 사이의 전압 차로 세 번째 터미널의 전류를 제어한다. 주요 용도로는 BJT와 마찬가지로 증폭기 또는 스위치로 사용할 수 있다.

동일하게 세 개의 터미널을 가지고 있는 BJT와 달리 MOSFET은 아래와 같은 장점들을 가지고 있다.

- 작은 chip size 구현이 용이함.
- 제작 공정이 상대적으로 단순함.
- 전력 소모가 적음.
- 고유한 회로 설계 기법을 적용할 수 있음.

MOSFET에는 N-Channel MOSFET과 P-Channel MOSFET의 두 가지 종류가 있는데, N-Channel MOSFET은 줄여서 NMOS, P-Channel MOSFET은 줄여서 PMOS라고 부른다. NMOS와 PMOS의 채널 형성 및 동작 특성에 대해서는 뒤에서 더 자세하게 다룰 예정이다.

(2) NMOS의 구조 및 회로 심볼

[그림 3-1]에 NMOS의 간단화된 물리적 구조에 대해서 나타내었다.

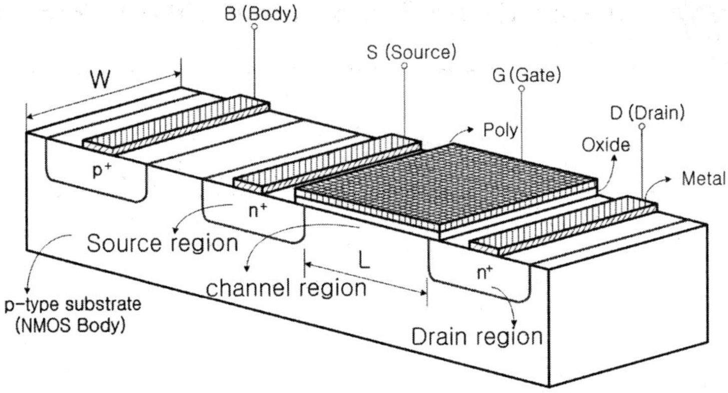

[그림 3-1] NMOS의 간단화된 물리적 구조

[그림 3-1]과 같이 실리콘 기판에 P형으로 약하게 도핑을 해서 전체적인 기판을 형성하는데, 이것을 p-type substrate라고 부른다. p-type substrate는 NMOS의 몸체를 형성하기 때문에 NMOS의 Body라고 부른다.

NMOS의 몸체인 NMOS Body의 전압을 형성해주기 위해서 [그림 3-1]과 같이 P형으로 강하게 도핑한 영역인 p^+ 영역을 형성하며, 이 영역을 Metal을 통해 외부에서 전압을 인가할 수 있도록 해준다. 이렇게 NMOS의 몸체인 p-type substrate의 전압을 형성하기 위해 전압을 인가할 수 있도록 형성해준 터미널을 Body 터미널 또는 Body 포트라고 하고 줄여서 B라고 표시한다.

p-type substrate 위에 전류가 흐를 수 있는 연결 부위이면서 캐리어가 이동할 수 있는 통로인 Source와 Drain 영역을 형성하기 위해 [그림 3-1]과 같이 N형으로 강하게 도핑한 영역인 n^+ 영역을 형성한다. 이렇게 형성한 n^+ 영역들에 외부에서 각각 전압을 인가해줄 수 있도록 Metal을 형성하며, 각각 Source 터미널 또는 Source 포트, Drain 터미널 또는 Drain 포트라고 부르고, S와 D로 표시한다.

[그림 3-1]과 같이 p-type substrate 위에 위치하면서 Source 영역과 Drain 영역 사이에 절연층인 Oxide 층을 만들고, Oxide 층 위에 Poly-Silicon을 형성하여 외부에서 전압을 인가해줄 수 있도록 한다. 이렇게 형성한 Oxide 층과 Poly-Silicon 층을 Gate 터미널 또는 Gate 포트라고 부르고, G로 표시한다.

그리고 [그림 3-1]에서 Source 영역과 Drain 영역 사이의 Gate가 위치해 있는 부분 중에서 n^+ 영역 사이의 거리를 channel length라고 부르고, L로 표시한다. 또한 channel length 부분과 직교를 이루며, Gate가 위치해 있는 부분 중에서 n^+ 영역의 너비 방향의 크기를 channel width라고 부르고, W로 표시한다.

마지막으로 [그림 3-1]에서 Gate 영역 밑에 Source 영역과 Drain 영역 사이를 채널이 형성되는 영역인 channel region이라고 한다.

[그림 3-1]의 NMOS의 물리적 구조를 수직 단면 구조로 나타낸 구조는 [그림 3-2]와 같다.

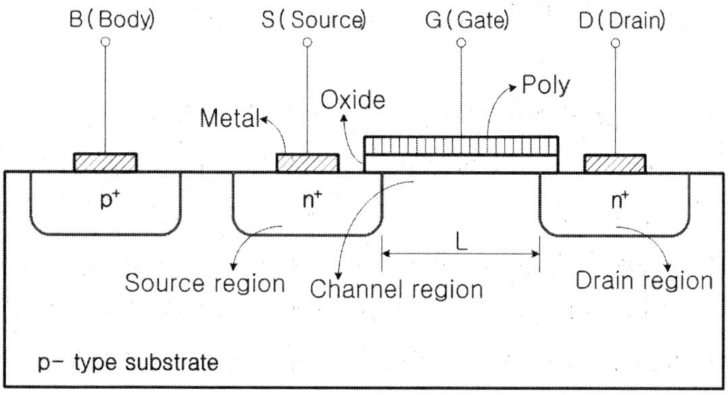

[그림 3-2] NMOS의 단면 구조

NMOS를 회로 심볼로 나타내는 방법은 여러 가지가 있는데, 그 중에서 대표적인 심볼을 [그림 3-3]에 나타냈다.

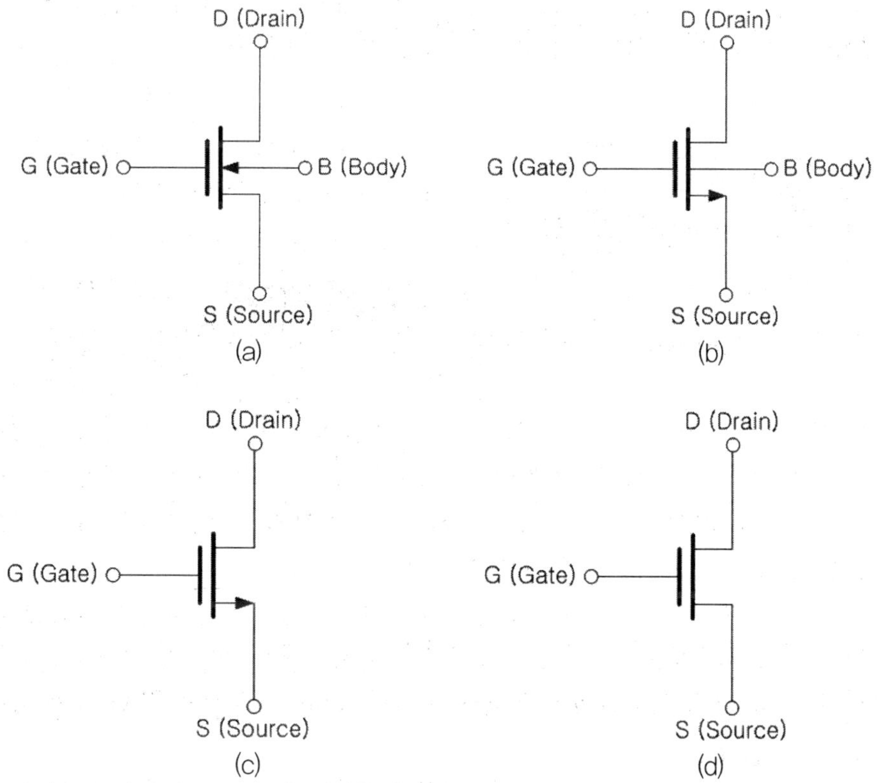

[그림 3-3] NMOS의 회로 심볼

[그림 3-3] (a)의 심볼은 가장 일반적인 심볼이며, NMOS의 Body 터미널에서 Gate 터미널 방향으로 화살표가 표시되어 있어 PMOS 심볼과 구분된다.

[그림 3-3] (b)의 심볼은 집적회로에서 가장 많이 사용되는 심볼이며 Source, Gate, Drain, Body의 네 개 터미널을 가지고 있고, Source 터미널 쪽에 Source 터미널 방향으로 나가는 화살표를 표시하여 PMOS와 구분되도록 하였다. Source 터미널에 표시된 화살표의 방향은 전류의 방향을 의미한다.

[그림 3-3] (c)의 심볼은 집적회로 중에서 NMOS의 Body 전압을 모두 공통으로 사용할 경우 많이 사용하는 심볼이며, Body 전압이 모두 공통으로 묶여져 있기 때문에 심볼에 따로 Body 터미널을 표시하지 않는다.

[그림 3-3] (d)의 심볼은 주로 logic 설계에 많이 사용되는 심볼이며, 전류의 흐름을 표시하기 위한 화살표나 Body 터미널이 따로 표시되어 있지 않다. PMOS와 구분 짓기 위해 NMOS에서는 Gate 터미널 쪽에 버블(Bubble) 표시가 없으며, 뒤에 설명할 PMOS의 logic 심볼에서는 Gate 터미널 쪽에 버블 표시가 있다.

(3) PMOS의 구조 및 회로 심볼

[그림 3-4]에 NMOS의 간단화된 물리적 구조와 PMOS의 간단화된 물리적 구조를 같이 나타내었다. 실제로 NMOS와 PMOS가 동일한 실리콘 기판 위에 제작될 때, 이것을 CMOS(Complementary Metal-Oxide-Semiconductor)라고 부르며, 상보형 MOS라고도 부른다.

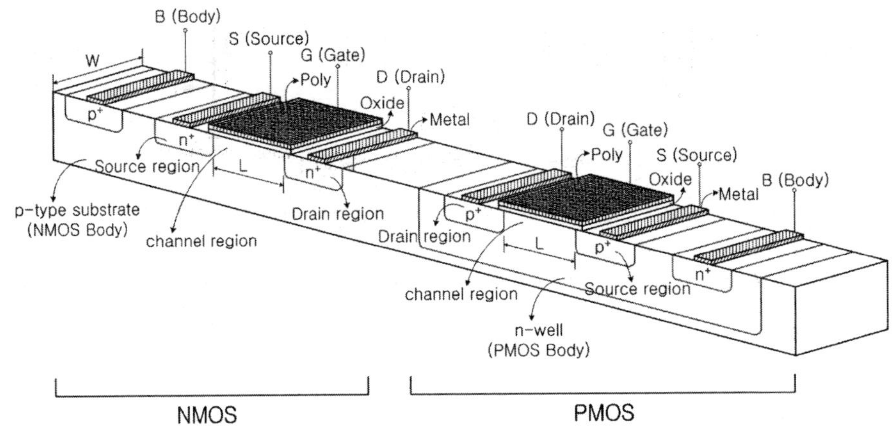

[그림 3-4] CMOS의 간단화된 물리적 구조

[그림 3-4]와 같이 실리콘 기판에 N형으로 약하게 도핑을 해서 PMOS의 몸체를 형성하는데, 이것을 n-well이라고 부른다. n-well은 PMOS의 몸체를 형성하기 때문에 PMOS의 Body라고도 부른다.

PMOS의 몸체인 PMOS Body의 전압을 형성해주기 위해서 [그림 3-4]와 같이 N형으로 강하게 도핑한 영역인 n^+ 영역을 형성하며, 이 영역을 Metal을 통해 외부에서 전압을 인가할 수 있도록 해준다. 이렇게 PMOS의 몸체인 n-well의 전압을 형성하기 위해 전압을 인가할 수 있도록 형성해 준 터미널을 Body 터미널 또는 Body 포트라고 하고, 줄여서 B라고 표시한다.

n-well 위에 전류가 흐를 수 있는 연결 부위이면서 캐리어가 이동할 수 있는 통로인 Source와 Drain 영역을 형성하기 위해 [그림 3-4]와 같이 P형으로 강하게 도핑한 영역인 p^+ 영역을 형성한다. 이렇게 형성한 p^+ 영역들에 외부에서 각각 전압을 인가해줄 수 있도록 Metal을 형성하며, 각각 Source 터미널 또는 Source 포트, Drain 터미널 또는 Drain 포트라고 부르고, S와 D로 표시한다.

[그림 3-4]와 같이 n-well 위에 위치하면서 Source 영역과 Drain 영역 사이에 절연 층인 Oxide 층을 만들고, Oxide 층 위에 Poly-Silicon을 형성하여 외부에서 전압을 인가해줄 수 있도록 한다. 이렇게 형성한 Oxide 층과 Poly-Silicon 층을 Gate 터미널 또는 Gate 포트라고 부르고, G로 표시한다.

그리고 [그림 3-4]에서 Source 영역과 Drain 영역 사이의 Gate가 위치해 있는 부분 중에서 p^+ 영역 사이의 거리를 channel length라고 부르고, L로 표시한다. 또한 channel length 부분과 직교를 이루며, Gate가 위치해 있는 부분 중에서 p^+ 영역의 너비 방향의 크기를 channel width라고 부르고, W로 표시한다.

마지막으로 [그림 3-4]에서 Gate 영역 밑에 Source 영역과 Drain 영역 사이를 채널이 형성되는 영역인 channel region이라고 한다.

[그림 3-4]의 CMOS의 물리적 구조를 수직 단면 구조로 나타낸 구조는 [그림 3-5]와 같다.

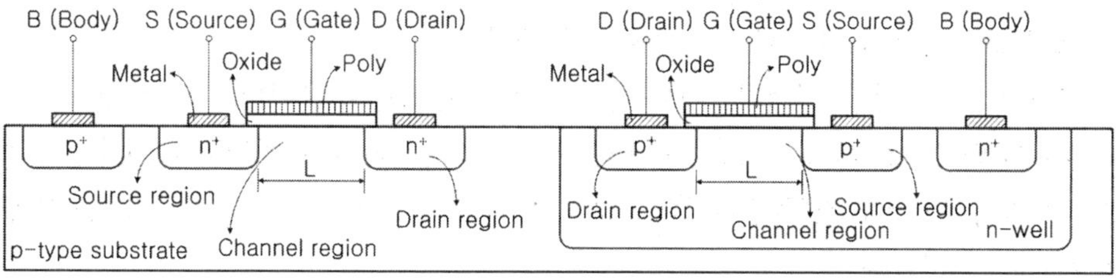

[그림 3-5] CMOS의 단면 구조

PMOS를 회로 심볼로 나타내는 방법은 여러 가지가 있는데, 그 중에서 대표적인 심볼을 [그림 3-6]에 나타냈다.

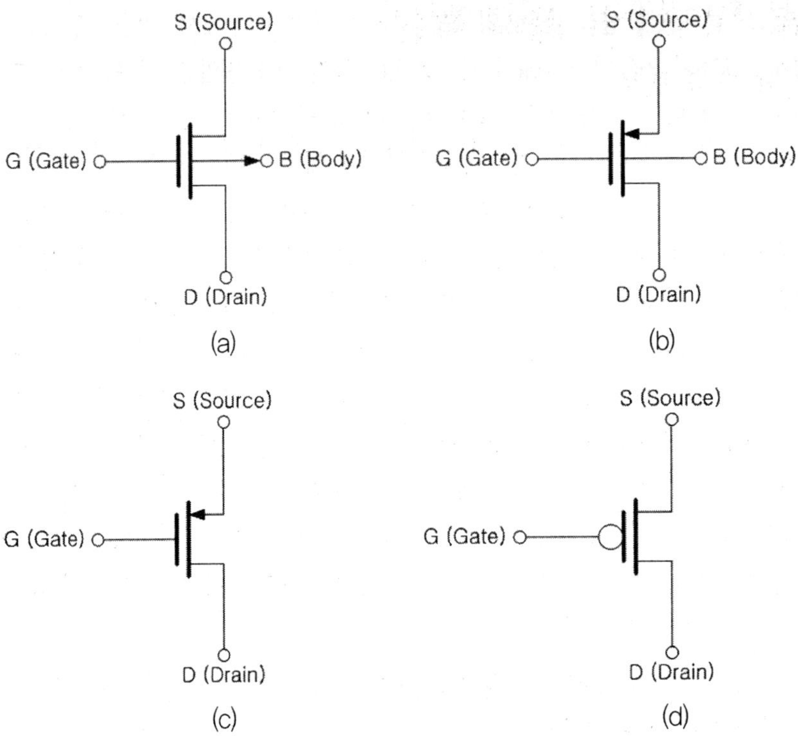

[그림 3-6] PMOS의 회로 심볼

[그림 3-6] (a)의 심볼이 가장 일반적인 심볼이며, PMOS의 Gate 터미널에서 Body 터미널 방향으로 화살표가 표시되어 있어 NMOS 심볼과 구분된다.

[그림 3-6] (b)의 심볼은 집적회로에서 가장 많이 사용되는 심볼이며, Source, Gate, Drain, Body의 네 개 터미널을 가지고 있고, Source 터미널 쪽에 Source 터미널로 들어가는 방향으로 화살표를 표시하여 NMOS와 구분되도록 하였다. 이때 Source 터미널에 표시된 화살표의 방향은 전류의 방향을 의미한다.

[그림 3-6] (c)의 심볼은 집적회로 중에서 PMOS의 Body 전압을 모두 공통으로 사용할 경우 많이 사용하는 심볼이며, Body 전압이 모두 공통으로 묶여있기 때문에 심볼에 따로 Body 터미널을 표시하지 않는다.

[그림 3-6] (d)의 심볼은 주로 logic 설계에 많이 사용되는 심볼이며, 전류의 흐름을 표시하기 위한 화살표나 Body 터미널이 따로 표시되어 있지 않다. NMOS와 구분 짓기 위해 PMOS에서는 Gate 터미널 쪽에 버블(Bubble) 표시가 있다.

3.2 MOSFET의 동작 특성

(1) NMOS의 동작 특성

[그림 3-7]은 NMOS의 각 터미널에 전압이 인가되지 않았을 때의 NMOS의 상태를 보여주고 있다.

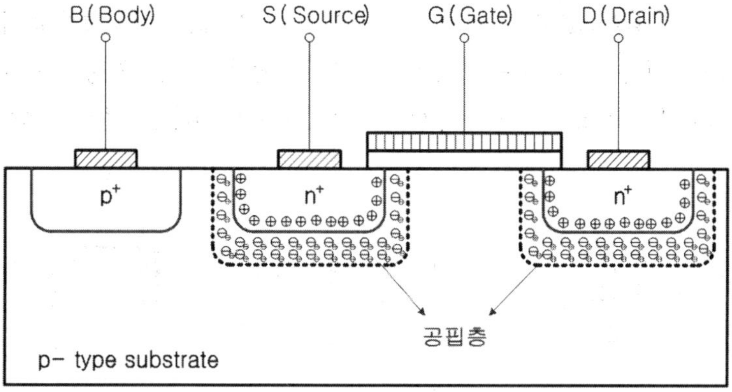

[그림 3-7] 각 터미널에 전압이 인가되지 않았을 때의 NMOS 상태

[그림 3-7]에서와 같이 NMOS의 Body인 p-type substrate는 P형으로 도핑되어 있고, Source와 Drain은 N형으로 도핑되어 있으므로 Source와 p-type substrate 사이와 Drain과 p-type substrate 사이에 각각 다이오드가 존재한다. 이렇게 형성된 각각의 다이오드는 각 터미널들에 전압이 인가되어 있지 않으므로 공핍층이 형성되어 있고, 전류의 흐름도 없다.

[그림 3-7]과 같은 상태의 NMOS에 채널을 형성하기 위해 각 터미널에 전압을 인가하면 [그림 3-8]과 같다.

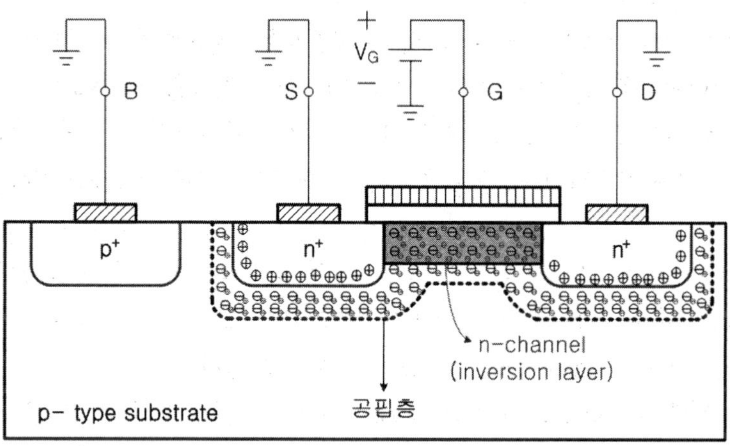

[그림 3-8] Gate에 Positive 전압이 인가되었을 때의 NMOS 상태

[그림 3-8]과 같이 Body 터미널에 Ground를 인가하고, Source와 Drain 터미널에도 Ground를 인가한 상태에서 Gate 터미널에 양(+)전압 V_G를 인가하였다. 이때 Gate에 인가된 전압인 V_G와 Source에 인가된 전압인 Ground 사이의 전압 차 V_{GS}가 문턱 전압(threshold voltage) V_{th}보다 높게 인가되면 전압 V_{GS}에 의한 전기장(Electric Field)의 영향으로 p-type substrate에 존재하는 자유전자가 Gate 밑으로 모여들어 n-channel을 형성하게 된다.

n-channel은 원래 p-type substrate 영역의 극성이 반전되어 나타나므로 inversion layer라고도 부른다. 이렇게 형성된 n-channel은 N형으로 도핑된 Source와 Drain 사이에 놓이게 되므로, 자유전자가 Source와 Drain 사이를 n-channel을 통하여 자유롭게 이동할 수 있도록 통로를 제공해주게 된다.

[그림 3-8]의 상태에서 Drain 터미널에 양(+)전압 V_D를 작게 인가했을 때의 상태를 [그림 3-9]에 나타내고 있다.

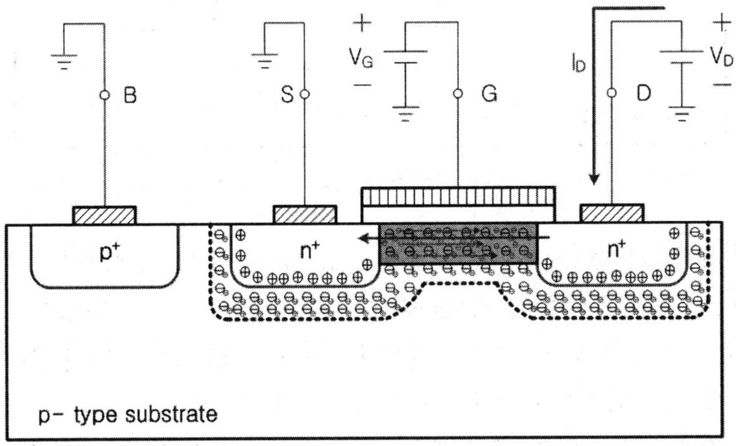

[그림 3-9] 선형(linear) 영역에서의 NMOS 상태

[그림 3-9]에서와 같이 Drain 터미널에 Source 전압 대비 높은 전압 V_{DS}를 작게 인가했을 때, 좀 더 정확히 말하자면 $V_{DS} < V_{GS} - V_{th}$의 조건을 만족할 때 V_{DS} 전압 차에 의해 Source 터미널에서 제공된 전자가 Source 영역 및 n-channel, Drain 영역을 차례로 통과하여 Drain 터미널 쪽으로 이동하게 된다. 전류는 전자의 이동 방향과 반대로 흐르기 때문에 이때의 전류는 Drain 터미널에서 Source 터미널 쪽으로 흐르게 된다. 이렇게 Drain 터미널에서 흐르는 전류를 Drain 전류 I_D라고 한다.

이렇게 Source 터미널과 Drain 터미널 사이의 전압 차인 V_{DS}가 작게 인가되었을 때는 V_{DS}를 증가시킴에 따라 그에 비례해서 Drain 전류 I_D가 선형적(linear)으로 증가하게 된다. 따라서 이러한 영역을 선형 영역(linear region) 또는 triode 영역이라고 한다.

[그림 3-9]의 상태에서 Source 터미널과 Drain 터미널 사이의 전압 차 V_{DS}를 점차 증가시켜 $V_{DS} \geq V_{GS} - V_{th}$의 조건이 되면 [그림 3-10]과 같은 상태로 변하게 된다.

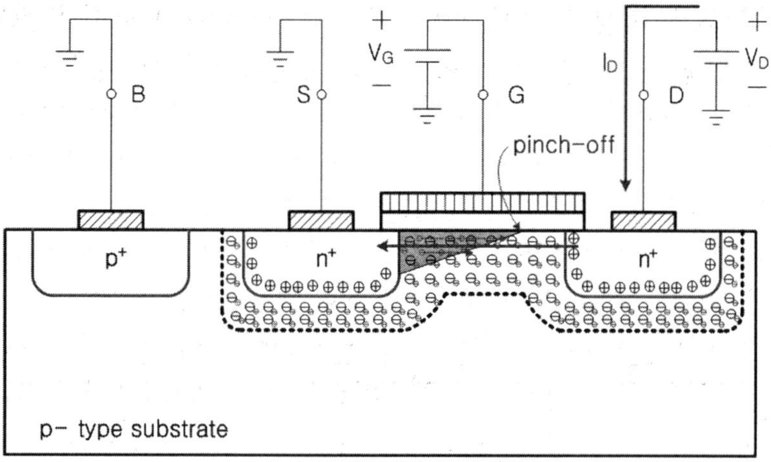

[그림 3-10] 포화(saturation) 영역에서의 NMOS 상태

앞서 설명한 선형 영역에서 인가했던 작은 V_{DS} 전압을 점차 증가시키게 되면 [그림 3-10]에서 Drain 영역인 n^+ 영역과 p-type substrate 영역 사이의 전압 차가 커지게 되고, 이것은 결국 Drain 영역과 p-type substrate 영역 사이에 형성되어 있는 다이오드의 역방향 바이어스를 증가시키는 것과 마찬가지이다. 이렇게 Drain 영역과 p-type substrate 영역 사이의 역방향 바이어스가 증가하게 되면 두 영역 사이에 존재하는 공핍층의 두께는 점점 더 넓어지게 되고, 결과적으로 Gate 밑에 균일하게 형성되어 있던 n-channel을 밀어내어 n-channel이 줄어들게 되고 모양이 왜곡된다.

이렇게 n-channel이 밀려져 채널이 끊겨지는 현상을 pinch-off라고 부른다. 증가된 V_{DS} 전압에 의해 채널이 끊겼다고 하더라도 Drain 전류 I_D가 흐르지 않는 것은 아니다. V_{DS} 전압 차에 의해 Source 터미널에서 제공된 전자는 Source 영역 및 n-channel을 통하여 이동하여 결국 pinch-off 지점까지 이동하는데, pinch-off 지점까지 이동한 전자는 Drain 영역과 pinch-off 지점 사이에 형성된 공핍층 내에 강한 전기장에 의해 Drain 영역으로 휩쓸려 이동하게 되고 최종적으로 Drain 터미널로 이동하게 된다.

그런데 이렇게 채널이 사라져 pinch-off가 되면 V_{DS} 전압을 계속 증가시켜도 더 이상 Drain 전류 I_D가 증가하지 않는데, 이러한 상태를 포화(saturation) 상태라고 하고, 이러한 영역을 포화 영역(saturation region)이라고 한다.

(2) PMOS의 동작 특성

[그림 3-11]에 PMOS의 각 터미널에 전압이 인가되지 않았을 때의 PMOS의 상태를 보여주고 있다.

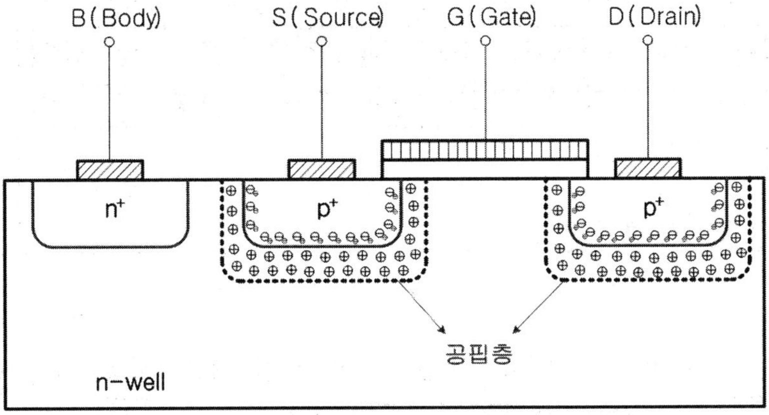

[그림 3-11] 각 터미널에 전압이 인가되지 않았을 때의 PMOS 상태

[그림 3-11]에서와 같이 PMOS의 Body인 n-well은 N형으로 도핑되어 있고, Source와 Drain은 P형으로 도핑되어 있으므로 Source와 n-well 사이와 Drain과 n-well 사이에 각각 다이오드가 존재한다. 이렇게 형성된 각각의 다이오드는 각 터미널들에 전압이 인가되어 있지 않으므로 공핍층이 형성되어 있고, 전류의 흐름도 없다.

[그림 3-11]과 같은 상태의 PMOS에 채널을 형성하기 위해 각 터미널에 전압을 인가하면 [그림 3-12]와 같다.

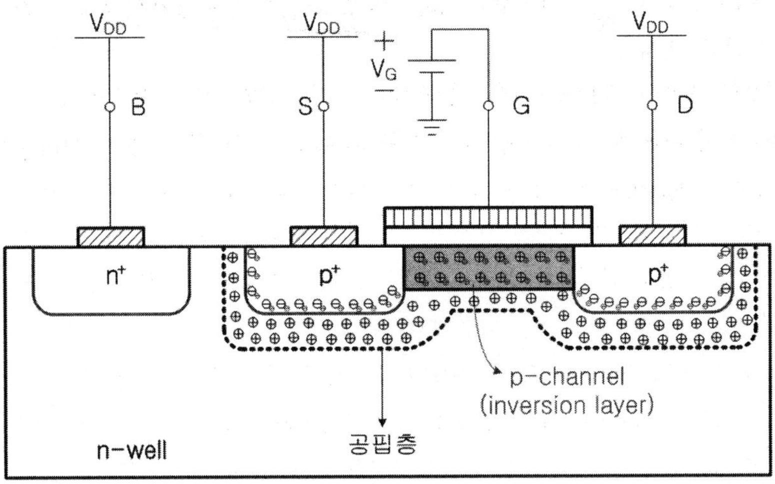

[그림 3-12] Gate에 V_{DD}보다 낮은 전압이 인가되었을 때의 PMOS 상태

[그림 3-12]와 같이 Body 터미널에 전원 전압인 V_{DD}를 인가하고, Source와 Drain 터미널에도 V_{DD}를 인가한 상태에서 Gate 터미널에 V_{DD}보다 낮은 전압 V_G를 인가하였다. 이때 Gate에 인가된 전압인 V_G와 Source에 인가된 전압인 V_{DD} 사이의 전압 차 V_{SG}가 문턱 전압(threshold voltage) V_{th}보다 높게 인가되면 전압 V_{SG}에 의한 전기장(Electric Field)의 영향으로 Gate 밑에 n-well에 존재하는 자유전자가 밀려나 p-channel을 형성하게 된다. p-channel은 원래 n-well 영역의 극성이 반전되어 나타나므로 inversion layer라고도 부른다. 이렇게 형성된 p-channel은 P형으로 도핑된 Source와 Drain 사이에 놓이게 되므로, 정공이 Source와 Drain 사이를 p-channel을 통하여 자유롭게 이동할 수 있도록 통로를 제공해준다.

[그림 3-12]의 상태에서 Drain 터미널에 전원 전압인 V_{DD}보다 낮은 전압 V_D를 V_{DD}보다 조금 낮게 인가했을 때의 상태를 [그림 3-13]에 나타내고 있다.

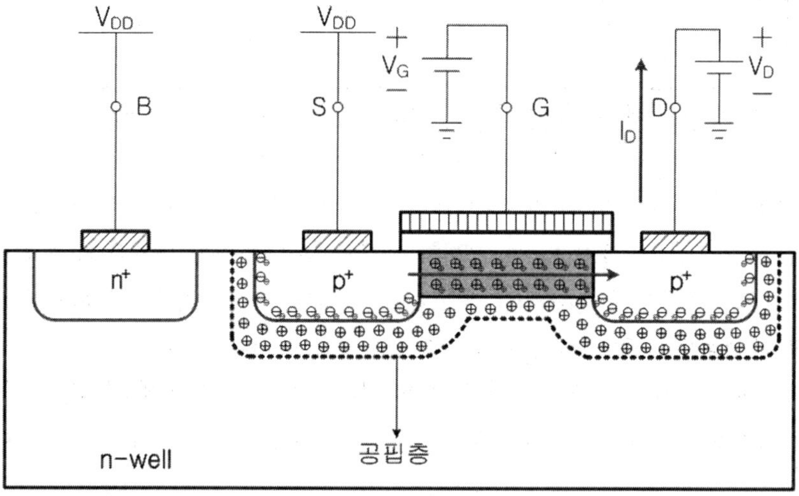

[그림 3–13] 선형(linear) 영역에서의 PMOS 상태

[그림 3-13]에서와 같이 Drain 터미널에 Source 전압 대비 낮은 전압 V_{SD}를 작게 인가했을 때, 좀 더 정확히 말하자면 $V_{SD} < V_{SG} - |V_{th}|$의 조건을 만족할 때 V_{SD} 전압 차에 의해 Source 터미널에서 제공된 정공이 Source 영역 및 p-channel, Drain 영역을 차례로 통과하여 Drain 터미널 쪽으로 이동하게 된다. 전류는 정공의 이동 방향과 동일한 방향으로 흐르기 때문에 이때의 전류는 Source 터미널에서 Drain 터미널 쪽으로 흐르게 된다. 이렇게 Drain 터미널에서 흐르는 전류를 Drain 전류 I_D라고 한다.

이렇게 Source 터미널과 Drain 터미널 사이의 전압 차인 V_{SD}가 작게 인가되었을 때는 V_{SD}를 증가시킴에 따라 그에 비례해서 Drain 전류 I_D가 선형적(linear)으로 증가하게 된다. 따라서 이러한 영역을 선형 영역(linear region) 또는 triode 영역이라고 한다.

[그림 3-13]의 상태에서 Source 터미널과 Drain 터미널 사이의 전압 차 V_{SD}를 점차 증가시켜 $V_{SD} \geq V_{SG} - |V_{th}|$의 조건이 되면 [그림 3-14]와 같은 상태로 변하게 된다.

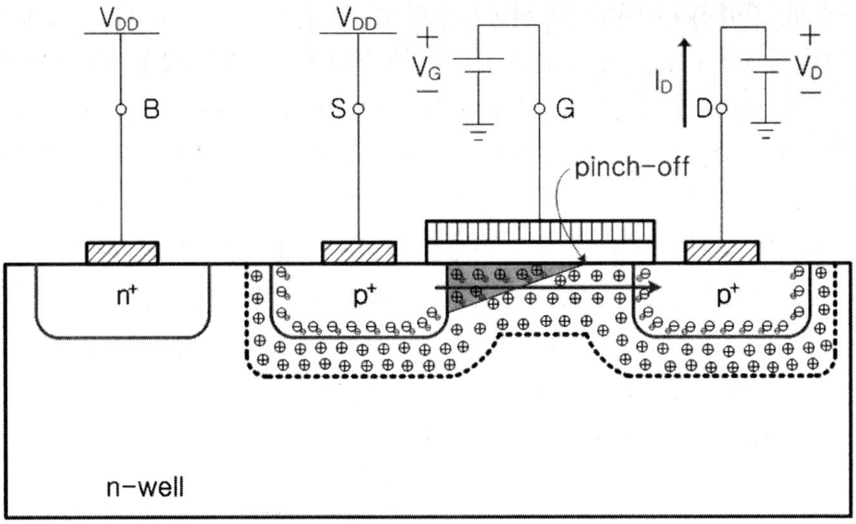

[그림 3-14] 포화(saturation) 영역에서의 PMOS 상태

앞서 설명한 선형 영역에서 인가했던 작은 V_{SD} 전압을 점차 증가시키게 되면 [그림 3-14]에서 Drain 영역인 p^+ 영역과 n-well 영역 사이의 전압 차가 커지게 되고, 이것은 결국 Drain 영역과 n-well 영역 사이에 형성되어 있는 다이오드의 역방향 바이어스를 증가시키는 것과 마찬가지이다. 이렇게 Drain 영역과 n-well 영역 사이의 역방향 바이어스가 증가하게 되면 두 영역 사이에 존재하는 공핍층의 두께는 점점 더 넓어지게 되고, 결과적으로 Gate 밑에 균일하게 형성되어 있던 p-channel을 밀어내어 p-channel이 줄어들게 되고 모양이 왜곡된다.

이렇게 p-channel이 밀려져 채널이 끊겨지는 현상을 pinch-off라고 부른다. 증가된 V_{SD} 전압에 의해 채널이 끊겼다고 하더라도 Drain 전류 I_D가 흐르지 않는 것은 아니다. V_{SD} 전압 차에 의해 Source 터미널에서 제공된 정공은 Source 영역 및 p-channel을 통하여 이동하여 결국 pinch-off 지점까지 이동하는데, pinch-off 지점까지 이동한 정공은 Drain 영역과 pinch-off 지점 사이에 형성된 공핍층 내에 강한 전기장에 의해 Drain 영역으로 휩쓸려 이동하게 되고 최종적으로 Drain 터미널로 이동하게 된다.

그런데 이렇게 채널이 사라져 pinch-off가 되면 V_{SD} 전압을 계속 증가시켜도 더 이상 Drain 전류 I_D가 증가하지 않는데, 이러한 상태를 포화(saturation) 상태라고 하고, 이러한 영역을 포화 영역(saturation region)이라고 한다.

3.3 MOSFET의 전류-전압 특성

(1) NMOS의 전류-전압 특성

[그림 3-15]는 NMOS의 Gate-Source 사이의 전압인 V_{GS}에 따라 Drain-Source 사이의 전압인 V_{DS}를 변화시킬 때, Drain 전류 I_D의 변화를 확인한 것이다. 그래프에서 V_t는 threshold 전압을 의미한다.

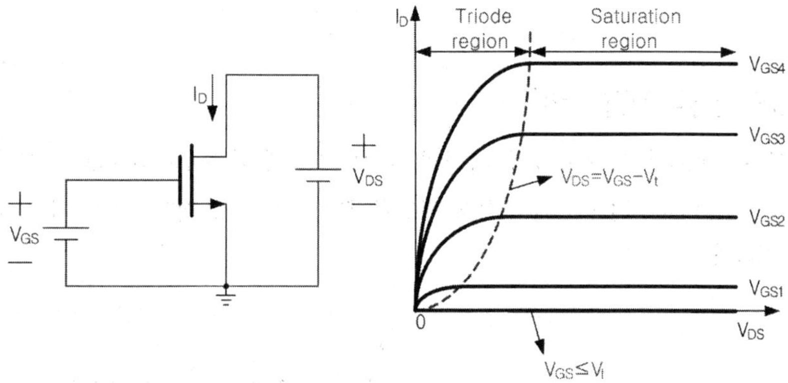

[그림 3-15] NMOS의 전류-전압 특성

[그림 3-15]에서와 같이 V_{DS} 〈 V_{GS} - V_t의 조건에서는 V_{DS}가 증가함에 따라 I_D가 선형적으로 증가하고, $V_{DS} \geq V_{GS} - V_t$의 조건에서는 V_{DS}가 증가해도 I_D가 더 이상 증가하지 않고, 일정함을 확인할 수 있다.

이렇게 V_{DS} 〈 V_{GS} - V_t의 조건에서 VDS가 증가함에 따라 I_D가 선형적으로 증가하는 영역을 선형 영역(linear region) 또는 triode 영역(triode region)이라고 하고, $V_{DS} \geq V_{GS} - V_t$의 조건에서 V_{DS}가 증가해도 I_D가 더 이상 증가하지 않는 영역을 포화 영역(saturation region)이라고 한다. 또한 $V_{DS} = V_{GS} - V_t$가 되는 지점을 특별히 pinch-off라고 한다.

V_{DS} 〈 V_{GS} - V_t의 조건인 선형 영역에서의 전류-전압 식을 [식 3-1]에 나타내었다.

$$I_D = k_n' \frac{W}{L}\left[(V_{GS} - V_t)V_{DS} - \frac{1}{2}V_{DS}^2\right] \qquad \text{[식 3-1]}$$

[식 3-1]에서 k_n'은 transconductance 파라미터라고 하며, $k_n' = \mu_n C_{ox}$의 관계가 있다. 여기서 μ_n은 NMOS의 캐리어인 전자의 이동도를 의미하며, C_{ox}는 Gate Oxide의 커패시턴스 크기를 의미한다. 또한 L은 NMOS의 channel length를 의미하며, W는 channel width를 의미한다.

[식 3-1]을 살펴보면 V_{DS}에 대한 1차 항인 V_{DS}와 2차 항인 V_{DS}^2으로 구분할 수 있는데, 1차 항이 2차 항에 비해 상당히 크다면 2차 항을 무시할 수 있다. 2차 항을 무시했을 때 V_{DS}와 I_D는

서로 선형 관계가 있음을 알 수 있다.

$V_{DS} \geq V_{GS} - V_t$의 조건인 포화 영역에서의 전류-전압 식을 [식 3-2]에 나타내었다.

$$I_D = \frac{1}{2}k_n'\frac{W}{L}(V_{GS} - V_t)^2 \qquad [식\ 3\text{–}2]$$

[식 3-2]를 살펴보면 V_{DS}에 대한 항이 없으므로, V_{DS}에 무관하게 I_D는 일정함을 알 수 있다.

(2) PMOS의 전류-전압 특성

[그림 3-16]은 PMOS의 Source-Gate 사이의 전압인 V_{SG}에 따라 Drain-Source 사이의 전압인 V_{SD}를 변화시킬 때, Drain 전류 I_D의 변화를 확인한 것이다. 그래프에서 $|V_t|$는 threshold 전압의 절댓값을 의미한다.

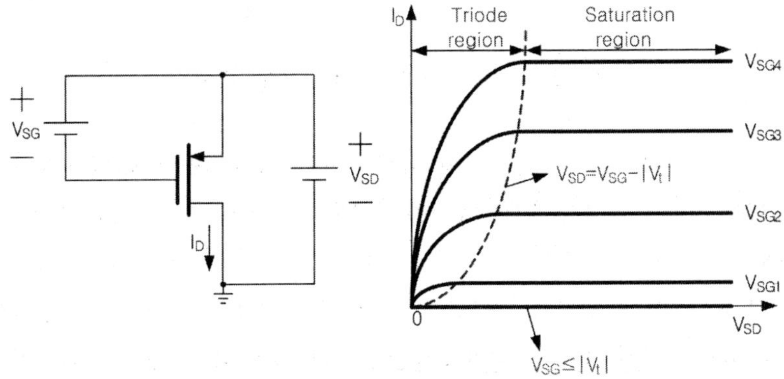

[그림 3–16] PMOS의 전류–전압 특성

[그림 3-16]에서와 같이 $V_{SD} < V_{SG} - |V_t|$의 조건에서는 V_{SD}가 증가함에 따라 I_D가 선형적으로 증가하고, $V_{SD} \geq V_{SG} - |V_t|$의 조건에서는 V_{SD}가 증가해도 I_D가 더 이상 증가하지 않고 일정함을 확인할 수 있다.

이렇게 $V_{SD} < V_{SG} - |V_t|$의 조건에서 V_{SD}가 증가함에 따라 I_D가 선형적으로 증가하는 영역을 선형 영역(linear region) 또는 triode 영역(triode region)이라고 하고, $V_{SD} \geq V_{SG} - |V_t|$의 조건에서 V_{SD}가 증가해도 I_D가 더 이상 증가하지 않는 영역을 포화 영역(saturation region)이라고 한다. 또한 $V_{SD} = V_{SG} - |V_t|$가 되는 지점을 특별히 pinch-off라고 한다.

$V_{SD} < V_{SG} - |Vt|$의 조건인 선형 영역에서의 전류-전압 식을 [식 3-3]에 나타내었다.

$$I_D = k_p' \frac{W}{L}\left[(V_{SG} - |V_t|)V_{SD} - \frac{1}{2}V_{SD}^2\right] \quad \text{[식 3-3]}$$

[식 3-3]에서 k_p'는 transconductance 파라미터라고 하며, $k_p' = \mu_p C_{ox}$의 관계가 있다. 여기서 μ_p는 PMOS의 캐리어인 정공의 이동도를 의미하며, C_{ox}는 Gate Oxide의 커패시턴스 크기를 의미한다. 또한 L은 PMOS의 channel length를 의미하며, W는 channel width를 의미한다.

[식 3-3]을 살펴보면 V_{SD}에 대한 1차 항인 V_{SD}와 2차 항인 V_{SD}^2 으로 구분할 수 있는데, 1차 항이 2차 항에 비해 상당히 크다면 2차 항을 무시할 수 있다. 2차 항을 무시했을 때 V_{SD}와 I_D는 서로 선형 관계가 있음을 알 수 있다.

$V_{SD} \geq V_{SG} - |V_t|$의 조건인 포화 영역에서의 전류-전압 식을 [식 3-4]에 나타내었다.

$$I_D = \frac{1}{2} k_p' \frac{W}{L}(V_{SG} - |V_t|)^2 \quad \text{[식 3-4]}$$

[식 3-4]를 살펴보면 V_{SD}에 대한 항이 없으므로, V_{SD}에 무관하게 I_D는 일정함을 알 수 있다.

[예제 3-1]

[그림 예 3-1]의 NMOS가 포화 영역에서 동작하고, $\mu_n C_{ox}$=100[μA/V^2], W=8[㎛], L=2[㎛], V_t=0.7[V], V_{GG}=1.2[V], V_{DD}=5.0[V], R_D=10kΩ일 때, NMOS의 드레인과 소스 사이의 전압 V_{DS}를 구하시오.

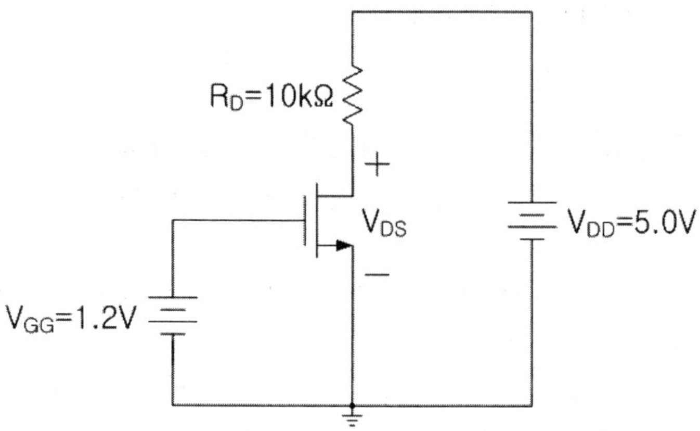

[그림 예 3-1]

[풀이]

NMOS가 포화 영역에서 동작하므로, 주어진 값들을 이용해서 NMOS 포화 영역 드레인 전류 I_D는 아래와 같이 구할 수 있다.

$$I_D = \frac{1}{2} \cdot \mu_n C_{ox} \cdot \frac{W}{L} \cdot (V_{GS} - V_t)^2 = \frac{1}{2} \cdot (100\mu A/V^2) \cdot \frac{8\mu m}{2\mu m} \cdot (1.2V - 0.7V)^2$$
$$= 50\mu A$$

위에서 구한 드레인 전류 I_D로 저항 R_D 사이에 전압 강하를 구하면 아래와 같다.

$$V_{R_D} = I_D \cdot R_D = (50\mu A) \cdot (10k\Omega) = 0.5V$$

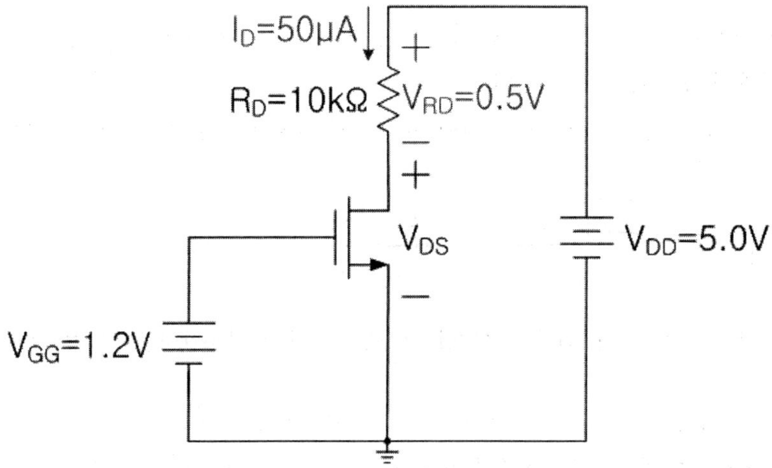

따라서, V_{DS}는 아래 식과 같이 구할 수 있다.

$$V_{DS} = V_{DD} - V_{R_D} = 5.0V - 0.5V = 4.5V$$

[답]

V_{DS}=4.5[V]

3.4 MOSFET의 바이어스

(1) 부하 선(Load Line)

[그림 3-17]에 NMOS를 사용한 공통 소스 증폭기를 나타내었다.

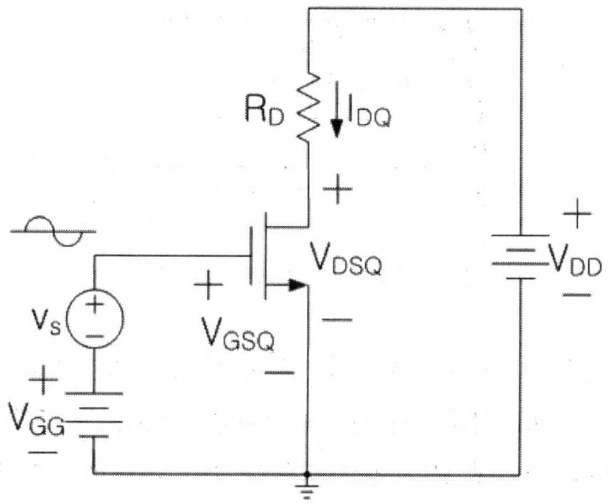

[그림 3–17] 동작 점을 표시한 공통 소스 증폭기

NMOS 드레인 쪽으로 인가된 전원 전압 V_{DD}와 드레인 쪽에 연결된 저항 R_D 그리고 R_D에 흐르는 전류 I_{DQ}와 NMOS 드레인-소스 사이의 전압 V_{DSQ}의 관계는 [식 3-5]와 같이 나타낼 수 있다.

$$V_{DSQ} = V_{DD} - R_D I_{DQ} \qquad \text{[식 3–5]}$$

[식 3-5]를 I_{DQ}에 대해서 정리하면 [식 3-6]과 같이 나타낼 수 있다.

$$I_{DQ} = -\frac{V_{DS}}{R_D} + \frac{V_{DD}}{R_D} \qquad \text{[식 3–6]}$$

[식 3-6]에서 드레인 전류인 I_{DQ}와 드레인-소스 사이의 전압인 V_{DS}의 관계 그리고 NMOS의 전류-전압 특성 관계를 같이 나타내면 [그림 3-18]과 같이 나타낼 수 있다.

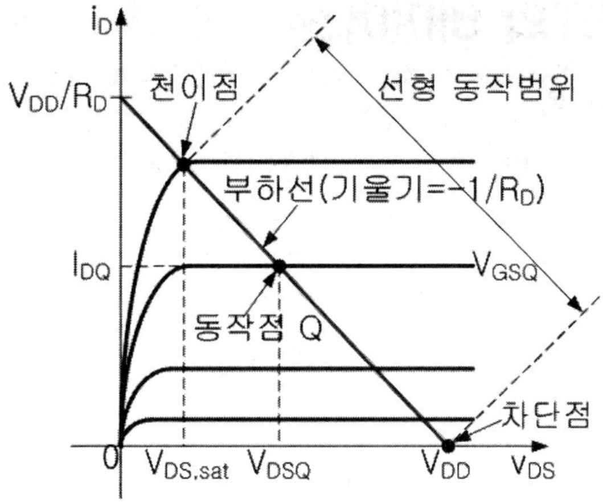

[그림 3–18] 직류 부하 선과 동작 점

[그림 3-18]에서 [식 3-6]에 해당되는 부분을 직류 부하 선이라 한다. [그림 3-17]의 NMOS가 동작할 때 동작 점(Q점)은 [그림 3-18]의 직류 부하 선상에 설정된다. NMOS를 증폭기로 사용하기 위해서는 [그림 3-18]에서 직류 부하 선상에 선형 동작 범위의 중앙 근처에 동작 점을 설정해야만 한다.

(2) 동작 점에 따른 입출력 파형의 왜곡

[그림 3-19]에 동작 점이 차단 점 근처로 치우친 경우에 출력 파형의 왜곡을 나타내었다.

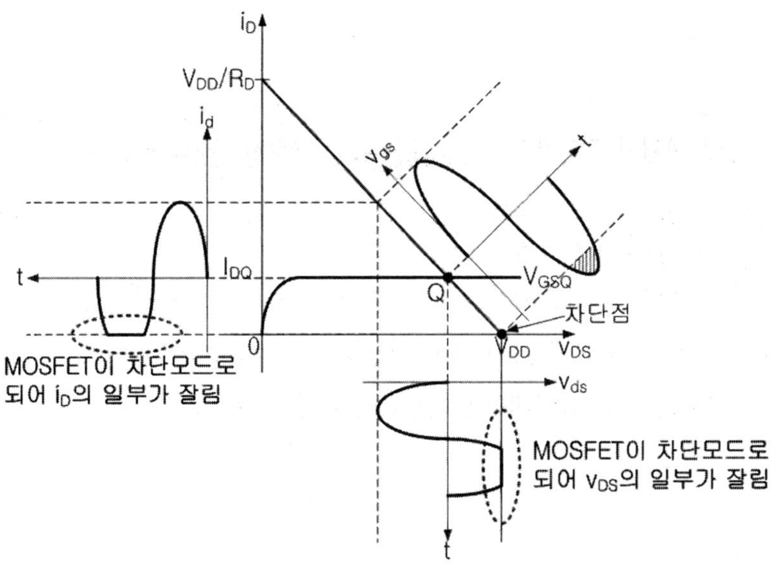

[그림 3–19] 동작 점이 차단 점 근처로 치우친 경우

[그림 3-19]에서와 같이 입력 신호인 게이트-소스 사이의 전압 v_{gs}의 음(-)의 반주기 중 일부가 NMOS의 차단 점 이하로 인가되면 드레인 전류 i_d가 0이 되는 부분이 발생한다. 이때 NMOS는 차단모드로 동작하여 드레인-소스 사이의 전압인 v_{DS}는 전원 전압인 V_{DD}가 되고, 출력 파형에 왜곡이 발생하게 된다.

[그림 3-20]는 동작 점이 선형 점 근처로 치우친 경우에 출력 파형의 왜곡을 나타내었다.

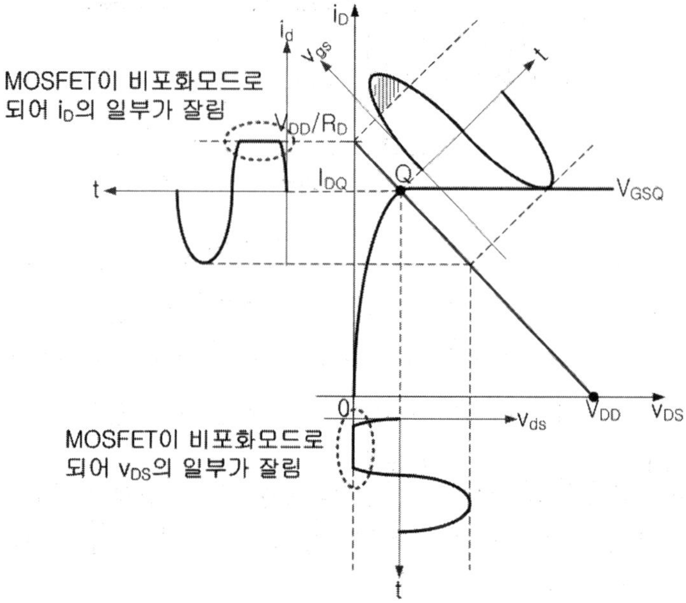

[그림 3-20] 동작 점이 선형 점 근처로 치우친 경우

[그림 3-20]에서와 같이 동작 점 Q가 선형 점 근처로 치우쳐 입력 신호인 게이트-소스 사이의 전압 v_{gs}의 양(+)의 반주기 중 일부가 NMOS의 선형 영역으로 진입하면 더 이상 증폭 작용이 일어나지 않게 된다. 결과적으로 드레인 전류 i_d와 드레인-소스 사이의 전압인 v_{DS}의 파형이 잘리게 되고, 출력 파형에 왜곡이 발생하게 된다.

NMOS 증폭기에서 입력 신호에 대한 출력 신호를 선형적으로 동작시키기 위해서는 [그림 3-21]과 같이 동작 점 Q가 포화 영역의 중앙 근처에 설정되어야 한다.

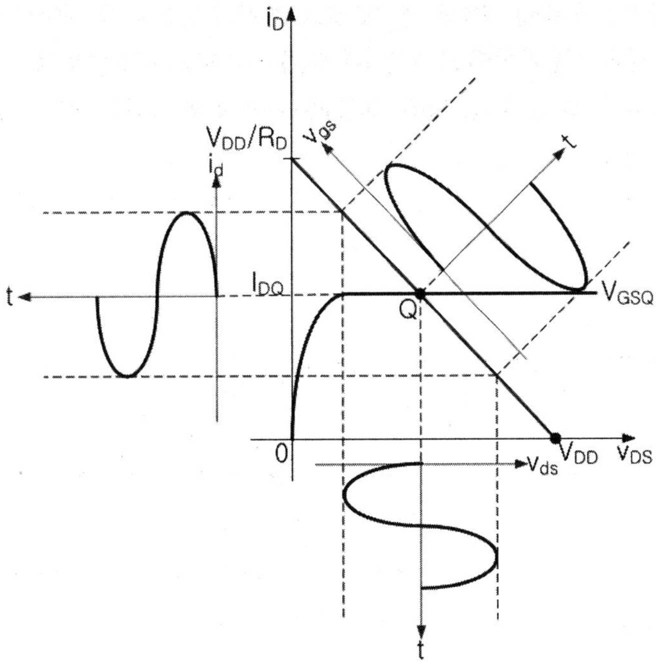

[그림 3-21] 동작 점이 포화 영역의 중앙 근처에 설정된 경우

[그림 3-21]에서와 같이 동작 점이 포화 영역의 중앙 근처에 설정된 경우에는 입력 신호인 게이트-소스 사이의 전압 v_{gs}가 차단 영역이나, 선형 영역으로 치우침 없이 모든 범위에서 포화 모드로 동작함을 알 수 있다.

(3) 전압 분배 바이어스

[그림 3-22]는 전압 분배 바이어스를 갖는 공통 소스 증폭기를 보여주고 있다.

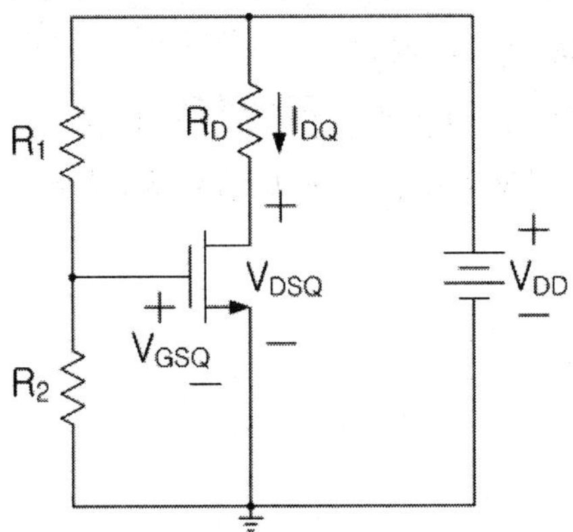

[그림 3-22] 전압 분배 바이어스를 갖는 공통 소스 증폭기

[그림 3-22]의 입력 DC 바이어스 회로는 전원 전압 V_{DD}와 NMOS의 게이트 사이에 저항 R_1을 위치시키고, NMOS의 게이트와 Ground 사이에 저항 R_2를 위치시켰다.

[그림 3-22]에서 입력 DC 바이어스 전압 V_{GSQ}를 저항 R_1과 R_2 그리고 전원 전압 V_{DD}로 나타내면 [식 3-7]과 같다.

$$V_{GSQ} = \frac{R_2}{R_1 + R_2} V_{DD} \quad \text{[식 3-7]}$$

[그림 3-22]에서 전류 I_D는 [식 3-2]를 이용하여 [식 3-8]과 같이 나타낼 수 있다.

$$I_{DQ} = \frac{1}{2} k_n' (V_{GSQ} - V_t)^2 \quad \text{[식 3-8]}$$

[그림 3-22]에서 드레인-소스 사이의 전압 V_{DSQ}와 전원 전압 V_{DD}, 드레인 저항 R_D 및 드레인 전류 I_{DQ}의 관계는 [식 3-9]와 같이 나타낼 수 있다.

$$V_{DSQ} = V_{DD} - R_D I_{DQ} \quad \text{[식 3-9]}$$

앞서 살펴본 바이어스 방법에 의해 NMOS의 동작 점을 포화 영역의 중앙 근처에 설정하였더라도 증폭기가 동작하면서 발생하는 열이나 다양한 외부 환경에 발생되는 열에 의해 온도가 변하게 된다. 이에 따라 동작 점이 이동하게 되므로 안정적인 바이어스를 위해 별도의 방법이 필요하다.

(4) 자기 바이어스

[그림 3-22]와 같은 공통 소스 증폭기는 앞서 언급한 것처럼 온도의 변화에 의해 동작 점이 변할 수 있다. 그렇기 때문에 이러한 동작 점의 변화를 안정화시키기 위해 [그림 3-23]과 같은 자기 바이어스를 갖는 공통 소스 증폭기를 사용한다.

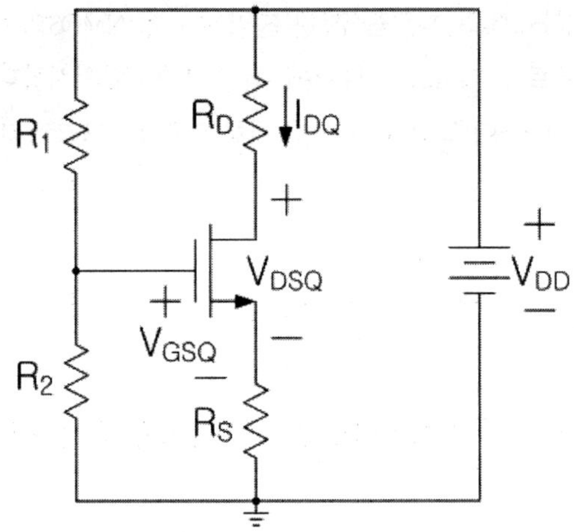

[그림 3–23] 자기 바이어스를 갖는 공통 소스 증폭기

[그림 3-23]의 자기 바이어스를 갖는 공통 소스 증폭기는 [그림 3-22]의 공통 소스 증폭기에 소스 저항 R_S를 추가한 회로이다.

[그림 3-23]의 회로에서 게이트와 Ground 사이의 전압 V_{GQ}를 저항 R_1, R_2, 전원 전압 V_{DD}에 대해서 구하면 [식 3-10]과 같다.

$$V_{GQ} = \left(\frac{R_2}{R_1 + R_2}\right) V_{DD} \qquad [식\ 3\text{–}10]$$

[그림 3-23]에서 NMOS의 게이트-소스 사이의 전압인 V_{GSQ}를 NMOS의 게이트 쪽에 인가된 전압인 V_{GQ} 및 소스 저항 R_S, 드레인 전류 I_{DQ}로 나타내면 [식 3-11]과 같다.

$$V_{GSQ} = V_{GQ} - R_S I_{DQ} \qquad [식\ 3\text{–}11]$$

[그림 3-23]에서 NMOS의 드레인-소스 사이의 전압 V_{DSQ}를 전원 전압 V_{DD}, 드레인 저항 R_D, 소스 저항 R_S 및 드레인 전류 I_{DQ}로 나타내면 [식 3-12]와 같다.

$$V_{DSQ} = V_{DD} - (R_D + R_S) I_{DQ} \qquad [식\ 3\text{–}12]$$

[식 3-12]를 I_{DQ}에 대해 정리하면 [식 3-13]과 같이 정리할 수 있다.

$$I_{DQ} = -\frac{V_{DS}}{R_D + R_S} + \frac{V_{DD}}{R_D + R_S} \qquad [식\ 3\text{–}13]$$

[식 3-13]과 NMOS의 특성 곡선을 이용하여 [그림 3-24]와 같이 직류 부하선과 동작 점을 나타낼 수 있다.

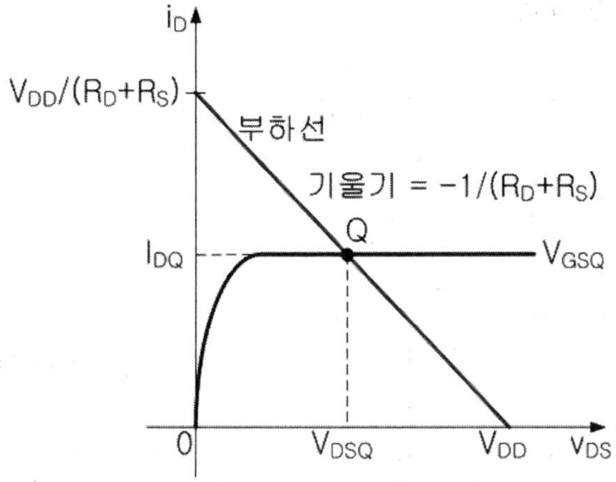

[그림 3–24] 직류 부하선 및 동작 점

그런데 [식 3-13]과 [그림 3-24]에서 알 수 있듯이 소스 저항 R_S가 클수록 부하선의 기울기는 작아지며 그에 따라 바이어스 전류 I_{DQ}는 작아지고 드레인-소스 전압 V_{DSQ}는 커지는 것을 확인할 수 있다. 이와 같은 관계를 그래프로 나타내면 [그림 3-25]와 같다.

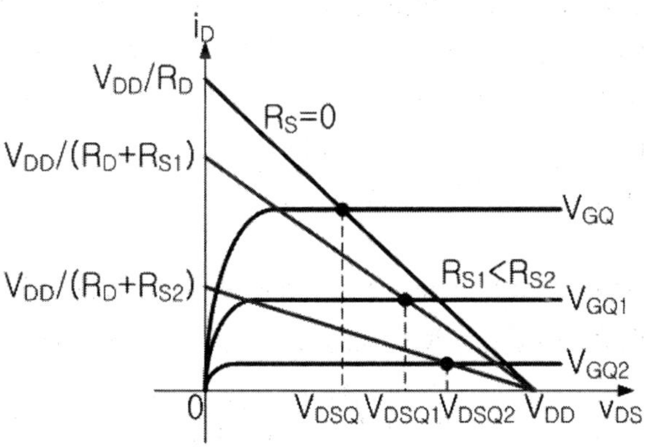

[그림 3–25] 소스 저항 R_S에 따른 부하 선과 동작 점의 변화

[예제 3-2]

[그림 예 3-2]의 PMOS가 포화 영역에서 동작하고, $\mu_p C_{ox}$=50[μA/V^2], W=8[μm], L=2[μm], $|V_t|$=0.7[V], V_{DD}=5.0[V], R_1=1[MΩ], R_2=4[MΩ], R_D=200[kΩ]일 때, PMOS의 소스와 드레인 사이의 전압 V_{SD}를 구하시오.

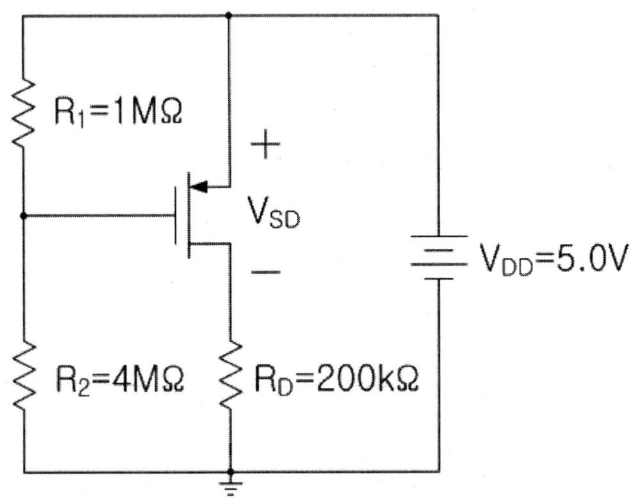

[그림 예 3-2]

[풀이]

주어진 회로에서 PMOS의 소스와 게이트 사이의 전압 V_{SG}는 R_1 저항 양단에 걸리는 전압과 같으므로 아래 식과 같이 구할 수 있다.

$$V_{SG} = V_{DD} \cdot \frac{R_1}{R_1 + R_2} = (5.0V) \cdot \frac{1M\Omega}{1M\Omega + 4M\Omega} = 1.0V$$

PMOS가 포화 영역에서 동작하므로 앞서 구한 V_{SG} 전압과 주어진 값들을 이용해서 PMOS의 포화 영역 드레인 전류 I_D는 아래와 같이 구할 수 있다.

$$I_D = \frac{1}{2} \cdot \mu_p C_{ox} \cdot \frac{W}{L} \cdot (V_{SG} - |V_t|)^2 = \frac{1}{2} \cdot (50\mu A/V^2) \cdot \frac{8\mu m}{2\mu m} \cdot (1.0V - 0.7V)^2$$
$$= 9\mu A$$

위에서 구한 드레인 전류 I_D로 저항 R_D 사이에 전압 강하를 구하면 아래와 같다.

$$V_{R_D} = I_D \cdot R_D = (9\mu A) \cdot (200k\Omega) = 1.8V$$

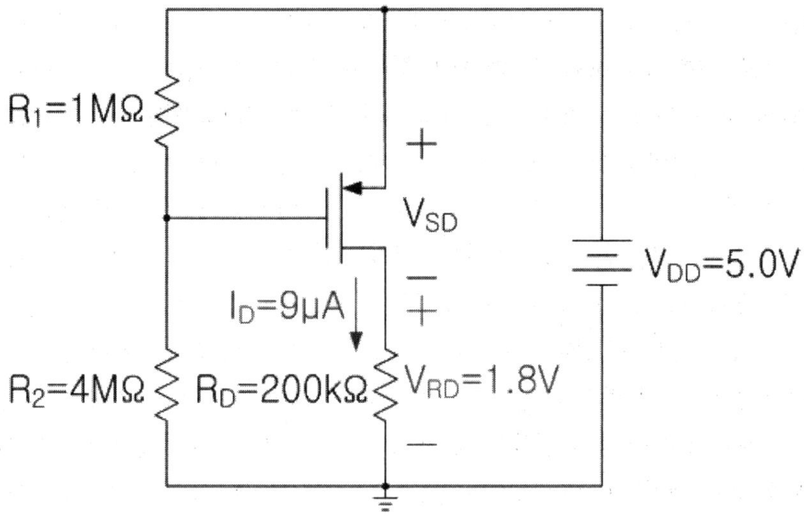

따라서, V_{SD}는 아래 식과 같이 구할 수 있다.

$$V_{SD} = V_{DD} - V_{R_D} = 5.0V - 1.8V = 3.2V$$

[답]

V_{SD}=3.2[V]

3.5 MOSFET 기본 증폭기 회로 해석

(1) MOSFET 증폭기의 기본 구조

MOSFET 증폭기는 [그림 3-26]과 같이 세 가지의 기본 구조를 가지고 있다.

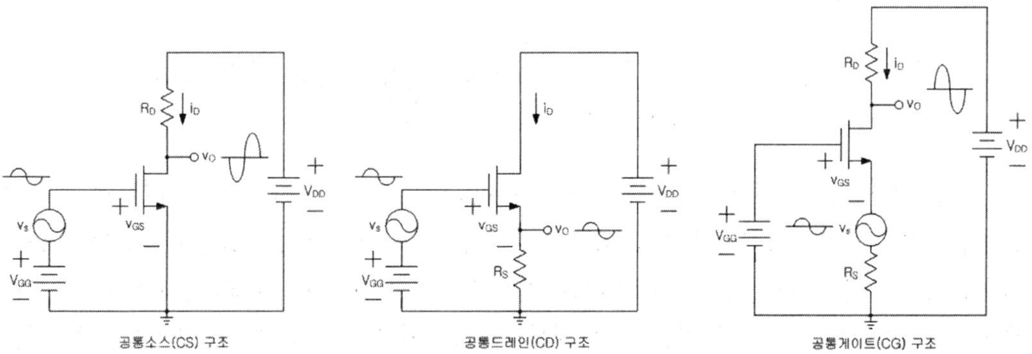

[그림 3-26] MOSFET 기본 증폭기 구조

먼저 [그림 3-26]에서 나타내고 있는 Ground는 교류(AC)에 대한 Ground이기 때문에 실제로 바이어스를 위한 직류(DC) 전압이 인가되고 있다고 생각할 수 있다.

[그림 3-26]의 공통 소스(Common Source) 증폭기 구조는 MOSFET의 소스 단자를 Ground로 인가하고, 신호 입력을 게이트 단자에 인가한 후 드레인 단자를 출력 단자로 사용한다. 즉, 게이트와 소스 사이의 전압 v_{gs}의 변화를 입력으로 사용하고, 그에 따른 드레인 전류 i_d의 변화에 따라 드레인과 소스 사이의 전압 v_{ds}가 변화할 때 변화하는 v_{ds} 전압을 출력 전압으로 사용하게 된다.

[그림 3-26]의 공통 드레인(Common Drain) 증폭기 구조는 MOSFET의 드레인 단자를 Ground로 인가하고, 신호 입력을 게이트 단자에 인가한 후 소스 단자를 출력 단자로 사용한다. 즉, 게이트와 드레인 사이의 전압 v_{gd}의 변화를 입력으로 사용하고, 그에 따른 소스 전류 i_s의 변화에 따라 소스와 드레인 사이의 전압 v_{sd}가 변화할 때, 변화하는 v_{sd} 전압을 출력 전압으로 사용하게 된다.

[그림 3-26]의 공통 게이트(Common Gate) 증폭기 구조는 MOSFET의 게이트 단자를 Ground로 인가하고, 신호 입력을 소스 단자에 인가한 후 드레인 단자를 출력 단자로 사용한다. 즉, 소스와 게이트 사이의 전압 v_{sg}의 변화를 입력으로 사용하고, 그에 따른 드레인 전류 i_d의 변화에 따라 드레인과 소스 사이의 전압 v_{ds}가 변화할 때, 변화하는 v_{ds} 전압을 출력 전압으로 사용하게 된다.

(2) 공통 소스 증폭기

[그림 3-27]은 공통 소스 증폭기의 일반적인 구조를 나타내고 있다.

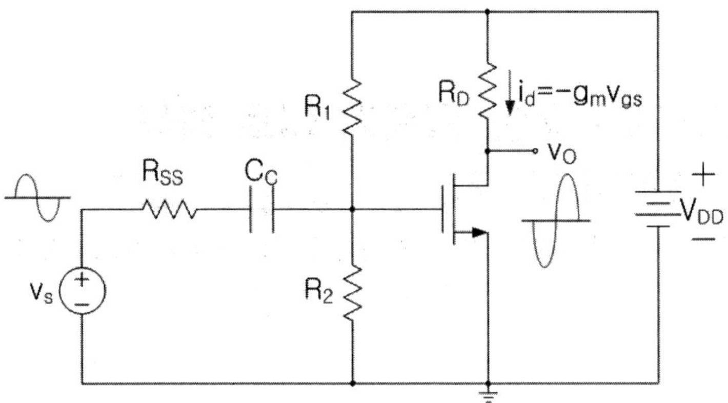

[그림 3-27] 공통 소스 증폭기

[그림 3-27]에서 v_S는 신호원 전압, R_{SS}는 신호원 전압이 갖는 저항이며, C_C는 교류(AC)인 신호원 전압을 증폭기로 전달하면서 동시에 입력 신호원과 증폭 단의 직류(DC)를 분리하는 커플링(coupling) 커패시터이다. 증폭 단의 구성으로는 증폭 소자로 사용되는 NMOS와 NMOS의 게이트 전압을 바이어스하는 데 사용되는 R_1, R_2 저항과 NMOS의 드레인 전류 i_d의 변화를 출력 전압 v_O의 형태로 변환시켜주는 드레인 저항 R_D 그리고 직류 전원 전압 V_{DD}로 이루어져 있다.

[그림 3-27]의 공통 소스 증폭기의 전체적인 동작을 살펴보면 다음과 같다. v_S 신호원에서 신호

전압이 발생하면 커플링 커패시터 C_C에 의해 신호가 NMOS의 게이트로 인가된다. NMOS의 게이트는 바이어스 저항 R_1과 R_2에 의해 DC 바이어스 되어있고, 바이어스 되어 있는 동작 점은 포화영역의 중앙에 설정되어 있다. DC 바이어스 동작 점 상에 신호 전압인 교류(AC) 전압 v_{gs}가 중첩되어 NMOS의 게이트에 인가되고, v_{gs} 전압은 transconductance gm만큼 증폭되어 드레인 전류 i_d로 나타난다. 마지막으로 드레인 전류 i_d와 드레인 저항 R_D에 의해 출력 전압 v_O가 얻어진다.

[그림 3-27]에서와 같이 입력 신호 전압 v_S가 증가하면 출력 전압 v_O가 감소하고, 입력 신호 전압 v_S가 감소하면 출력 전압 v_O가 증가하므로 입력 전압과 출력 전압이 반대 위상 관계가 있다고 볼 수 있다.

[그림 3-27]과 같은 공통 소스 증폭기는 아래와 같은 특성을 갖는다.

- 전압이득은 transconductance gm과 부하 저항 R_D의 곱으로 주어지며, 마이너스 부호는 입력 전압과 출력 전압의 위상이 반전 관계임을 의미한다.
- 입력 저항은 바이어스 저항 R_1, R_2에 의해 결정되며, 입력 저항 R_i는 $R_i = R_1 \,||\, R_2$의 관계를 갖는다.
- 출력 저항은 드레인 저항 R_D이다.

(3) 소스 저항을 갖는 공통 소스 증폭기

[그림 3-28]은 소스 저항을 갖는 공통 소스 증폭기를 나타내고 있다.

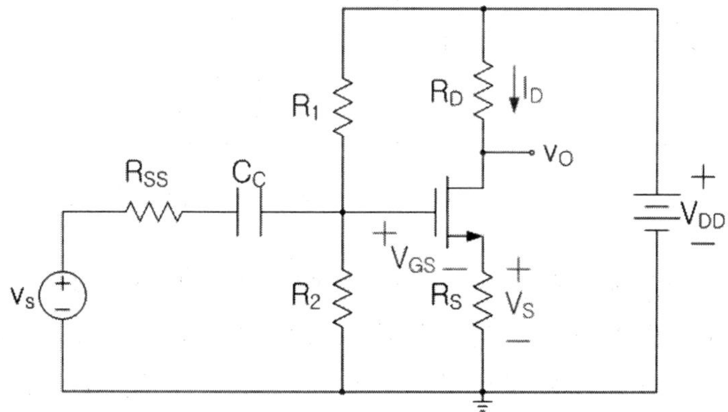

[그림 3–28] 소스 저항을 갖는 공통 소스 증폭기

[그림 3-28]의 회로에서 만약 온도 및 외부 환경에 의해 NMOS의 소스 전압이 낮아졌다고 가정하면, 결국 게이트-소스 사이의 전압인 V_{GS}가 증가한 것이므로, 드레인 전류 I_D가 증가하게 된다. 증가된 드레인 전류 I_D는 소스 저항 R_S를 통해 흐르게 되고, 결과적으로 R_S 저항 양단의 전압 차인 V_S가 증가하게 된다. 그런데 V_S는 NMOS의 소스 전압이므로, 감소되었던 소스 전압이 다시 높아지게 된다. 다시 말하면 온도 및 외부 환경에 의해 드레인 전류 I_D가 변할 때 소스 저항 R_S에 의해 바이어스 전류가 안정화되고, 결과적으로 동작 점이 안정화되는 효과를 나타낸다.

이와 같은 동작을 부궤환(negative feedback)이라고 하며, 자세한 내용은 5장에서 다룰 예정이다.

그런데 [그림 3-28]과 같이 소스 저항 R_S를 갖게 되면 전압 이득이 근사적으로 소스 저항 R_S와 부하 저항 R_D의 비로 결정되며, 이것은 소스 저항이 없는 공통 소스 증폭기보다 전압 이득이 낮아지는 효과이다.

요약하면 소스 저항을 갖는 공통 소스 증폭기는 소스 저항이 없는 공통 소스 증폭기에 비해 온도나 트랜지스터 편차 등의 영향이 감소하여 동작 점이 안정화되는 장점이 있지만, 전압 이득이 감소하는 단점이 수반되어 상호간에 교환 조건(trade-off)이 존재한다.

(4) 바이패스 커패시터의 역할

앞서 살펴본 소스 저항을 갖는 공통 소스 증폭기는 소스 저항에 의해 동작 점이 안정화되는 장점이 있지만, 전압 이득이 감소하는 단점이 수반된다. 이러한 단점을 보완하기 위한 방법으로 [그림 3-29]와 같이 소스 저항을 갖는 공통 소스 증폭기에 바이패스 커패시터를 추가한다.

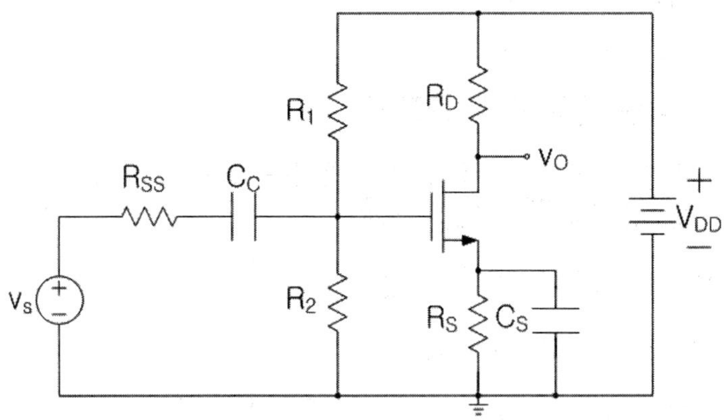

[그림 3–29] 바이패스 커패시터 C_S를 갖는 경우

[그림 3-29]와 같이 바이패스를 추가한 경우, 바이패스 커패시터 C_S의 크기가 상당히 크고 입력 신호 v_S의 주파수도 상당히 높다고 가정하면, 직류(DC)에 대해서는 바이패스 커패시터 C_S가 개방(open)된 것으로 생각할 수 있어 앞서 살펴본 소스 저항을 갖는 공통 소스 증폭기와 동일하게 동작한다. 그런데 동일한 조건하에서 교류(AC)에 대해서는 바이패스 커패시터 C_S는 단락(short)된 것으로 생각할 수 있으므로, 교류에 대한 등가회로를 나타내면 [그림 3-30]과 같다.

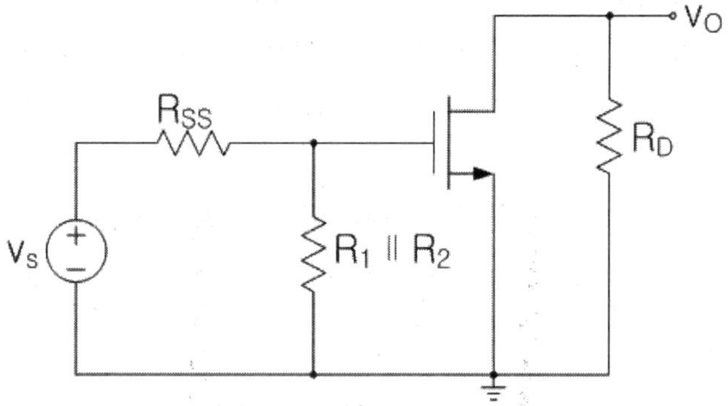

[그림 3-30] 교류 등가회로(C_S가 단락 회로로 취급됨)

[그림 3-30]에서와 같이 교류(AC)에 대해서는 커패시터 C_S가 ground로 단락(short)된 것처럼 동작하기 때문에 더 이상 소스 저항 R_S가 영향을 미치지 않고, 공통 소스 증폭기와 같이 동작하게 된다.

요약하면 직류(DC) 바이어스에 대해서는 소스 저항이 있는 공통 소스 증폭기와 같이 동작하기 때문에 동작 점이 안정화되고, 교류(AC) 신호에 대해서는 소스 저항이 없는 공통 소스 증폭기와 같이 동작하기 때문에 전압 이득의 감소 없이 큰 이득을 얻을 수 있게 된다.

3.6 FET의 다양한 특성들

(1) FET의 차단 주파수에 영향을 주는 요소들

FET의 차단 주파수에 영향을 주는 요소들은 아래와 같다.

- MOSFET의 채널길이
- 반도체 캐리어 밀도
- 이동도

(2) MOSFET 소자의 채널 폭과 길이가 짧아지면서 발생하는 단채널 효과들

MOSFET 소자의 채널 폭과 길이가 짧아지면서 발생하는 단채널 효과(short channel effect)들은 아래와 같다.

- 드레인 전압에 의한 문턱 전압 감소
- 속도 포화 현상
- 드레인 항복 전압 감소

(3) JFET

JFET은 Juction Field-Effect Transistor의 약자로, [그림 3-31]과 같이 게이트 전압에 의해 소스-드

레인 사이에 공핍층을 변화시켜 전류의 흐름을 조절하는 소자이다. JFET은 다수 운반자의 흐름으로 전류가 흐르게 된다.

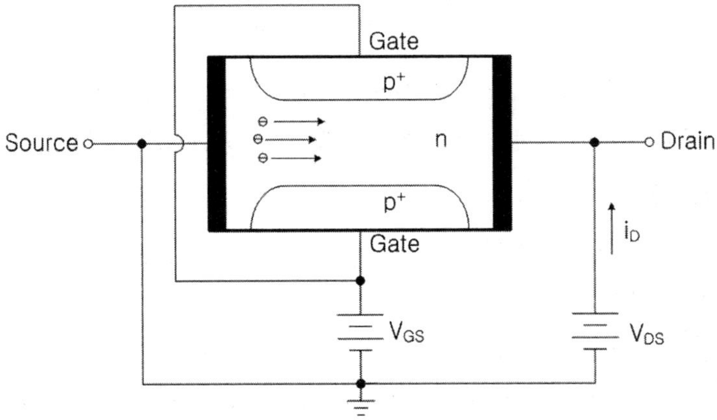

[그림 3-31] n-channel PN JFET

연습문제

01. P형 기판을 갖는 MOS 용량 구조에서 게이트 금속 극판의 전압 V_{GS}가 기판 전압 V_{BS}보다 큰 경우 VGS가 증가함에 따라 전계가 증가함으로써 실리콘 경계면에 전자가 모여 형성된 층은? (   )

① 축적층(accumulation layer)
② 공핍층(depletion layer)
③ 반전층(inversion layer)
④ 차단층(cut-off layer)

02. nMOS FET에서 게이트 전압을 높이면 드레인과 소스 사이에 전류 I_D가 흐르기 시작한다. 이 시점의 게이트 전압을 무엇이라고 하는가? (   )

① 문턱 전압
② 바이어스전압
③ 포화전압
④ 항복전압

03. 다음 중 FET의 차단 주파수에 영향을 주는 요소가 <u>아닌</u> 것은? (   )

① 채널 길이
② 채널 폭
③ 반도체 캐리어 밀도
④ 이동도

04. 접합형 전계효과 트랜지스터(JFET: Junction Field Effect Transistor)의 동작은? (   )

① 소수 운반자의 흐름에 의한다.
② 재결합에 의한다.
③ 부성 저항에 의한다.
④ 다수 운반자의 흐름에 의한다.

05. 다음 중 MOSFET의 설명으로 틀린 것은? ( )

① 게이트-소스 간에 전압 V_{GS}를 인가하면 드레인과 소스 사이에 채널이 형성된다.

② 드레인-소스 간에 역방향 전압 V_{DS}를 인가하면 드레인 전류 I_D가 흐른다.

③ V_{GS}를 증가시키면 채널의 폭이 두꺼워져 드레인 전류 I_D가 증가한다.

④ BJT에 비해 전력소모가 많은 트랜지스터이다.

06. 다음 중 MOS 집적회로 공정에서 가장 소형화하기 어려운 소자는? ( )

① 저항 ② 인덕터 ③ 커패시터 ④ 트랜지스터

07. 다음 중 MOSFET 소자의 채널 폭과 길이가 짧아지면서 발생하는 단채널 효과가 아닌 것은? ( )

① 드레인 전압에 의한 문턱 전압 감소

② 속도 포화 현상

③ 전류 포화 현상

④ 드레인 항복 전압 감소

08. 다음 중 디지털 집적회로에서 가장 일반적으로 사용되는 금속-절연체-반도체 구조를 갖는 트랜지스터는? ( )

① BJT ② JFET ③ UJT ④ MOSFET

09. 다음 중 FET의 특징으로 옳은 것은? ( )

① Ai(전류이득) = ∞

② 입력 저항이 10 ~ 100 Ω 정도로 작다.

③ 전압 제어 방식이다.

④ 이득 X 대역폭이 바이폴라(Bipolar)보다 크다.

10. 다음 중 일반적인 FET의 특징에 대한 설명으로 틀린 것은? ( )

① BJT보다 입력임피던스가 크다.

② BJT보다 열적으로 안정하다.

③ BJT보다 잡음특성이 좋다.

④ BJT보다 이득 대역폭 곱이 크다.

11. 다음 중 전계효과 트랜지스터(FET)에 대한 설명으로 적합하지 않은 것은?

① 전류제어형 소자이다.

② BJT보다 높은 입력저항을 갖는다.

③ BJT보다 이득대역폭 곱이 작다.

④ BJT보다 온도변화에 따른 안정성이 높다.

정답

01 ③	02 ①	03 ②	04 ④	05 ④	06 ②	07 ③	08 ④	09 ③	10 ④
11 ①									

CHAPTER 04

전원회로

4.1 정류회로

(1) 정류회로

다이오드나 트랜지스터 등과 같이 능동소자로 구성되는 전자회로에는 회로 바이어스용 직류와 능동소자 신호원인 교류 전원이 필요하다. 발전소에서 생산된 전기가 승압, 전송 및 감압 등의 경로를 거쳐 일반 가정이나, 산업용 전기로 사용되기까지는 일반적으로 교류의 형태로 전달된다. 가정에서 사용되는 220V 전기와 같이 교류의 형태로 전달된 전원 전압은 대부분의 전기기기에 바로 사용하기에는 여러 가지 문제점이 있다. 대표적인 이유로 BJT나 MOSFET 등의 소자가 포함된 전자회로에서는 안정적인 직류(DC) 바이어스가 필수적이기 때문에, 안정적인 직류 전원이 필수적이다. 앞서 언급한 여러 가지 이유 때문에 일반적으로 전자기기에는 교류 전원을 직류 전원으로 변화하는 전원회로가 존재한다.

[그림 4-1]는 전원회로의 구성도를 나타낸 것이다.

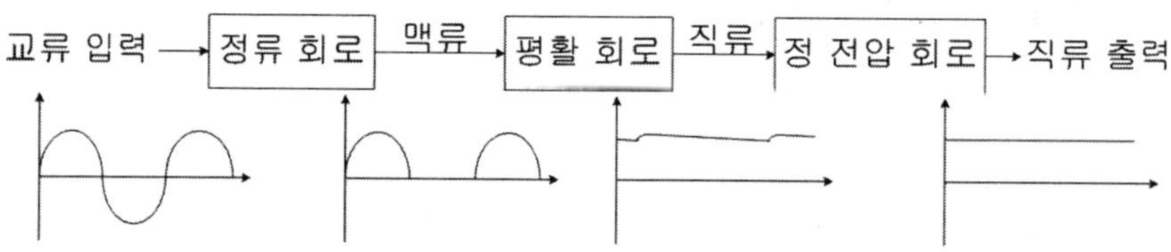

[그림 4-1] 전원회로 구성도

[그림 4-1]에서와 같이 전원회로에 교류 입력이 인가되면 정류 회로를 거쳐 맥류가 발생되고, 다시 평활 회로를 거쳐 직류의 형태로 변환한 후에 정 전압 회로를 거쳐 안정적인 직류 전원을 전자회로에 공급하게 된다.

4.2 반파정류기

(1) 반파정류기

[그림 4-2]에는 반파정류 회로를 보여주고 있다.

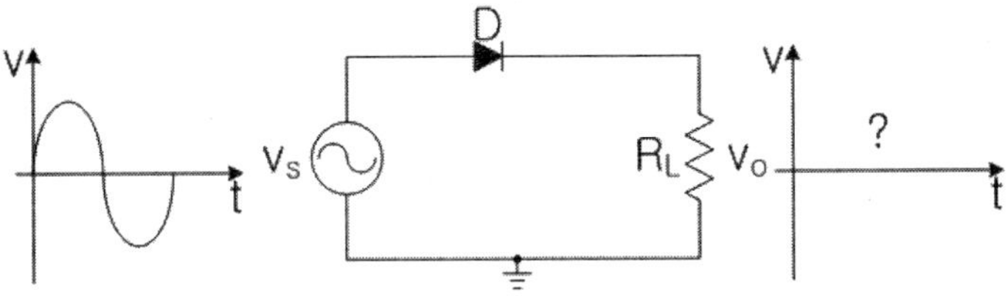

[그림 4–2] 반파정류 회로

[그림 4-2]에서와 같이 반파정류 회로는 다이오드의 Anode에 교류 신호 v_s가 인가되면 다이오드의 Cathode에 연결된 부하 저항 R_L의 양단 전압을 출력 전압 v_o로 사용하는 구조이다.

[그림 4-3]에는 입력 신호 v_s의 양(+)의 반주기 동안의 반파정류기 동작을 보여주고 있다.

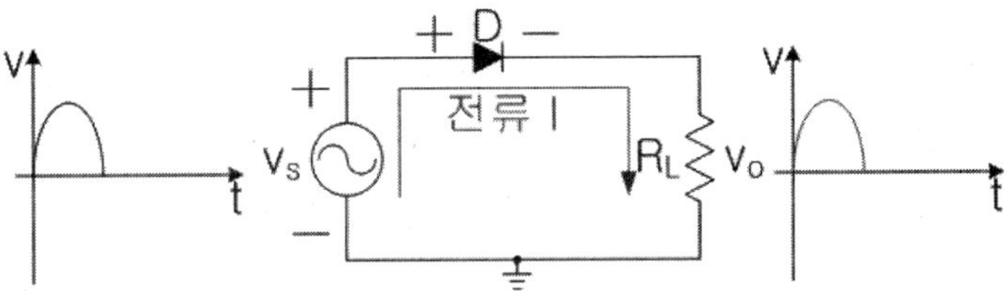

[그림 4–3] 입력 전압의 (+) 반주기 동안의 동작

[그림 4-3]에서와 같이 입력 신호 v_s의 양의 반주기 동안에는 다이오드 D의 Anode 전압이 Cathode 전압보다 높으므로 다이오드가 도통되어, 입력 신호 v_s에서 다이오드 D를 거쳐 부하 저항 R_L로 전류가 흐르게 된다.

이렇게 다이오드 D에서 부하 저항 R_L로 전류가 흐르게 되면, 부하 저항 R_L의 양단에는 출력 전압 v_o가 양의 방향으로 형성된다.

다음으로 [그림 4-4]에서는 입력 신호 v_s의 음(-)의 반주기 동안의 반파정류기 동작을 보여주고 있다.

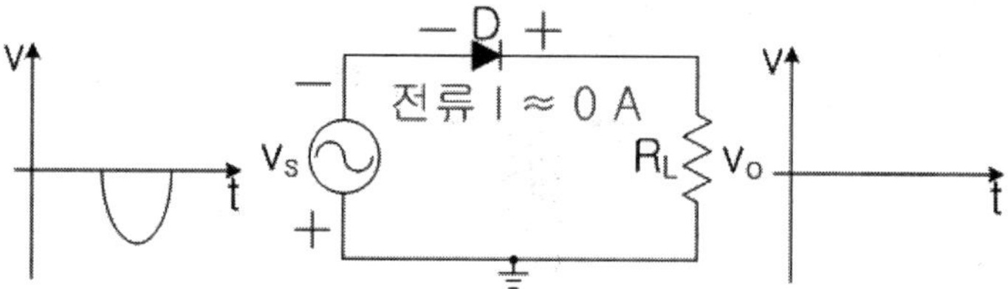

[그림 4-4] 입력 전압의 (–) 반주기 동안의 동작

[그림 4-4]에서와 같이 입력 신호의 음의 반주기 동안에는 다이오드 D의 Anode 전압이 Cathode 전압보다 낮으므로 다이오드가 OFF 상태가 되고, 다이오드 D 및 부하 저항 R_L에 전류가 흐르지 않는다. 이렇게 부하 저항 R_L에 전류가 흐르지 않으므로, 부하 저항 R_L의 양단에는 출력 전압이 나오지 않게 된다.

[그림 4-5]에는 앞서 살펴본 반파정류기의 입력 전압 v_s에 대한 출력 파형을 나타내고 있다.

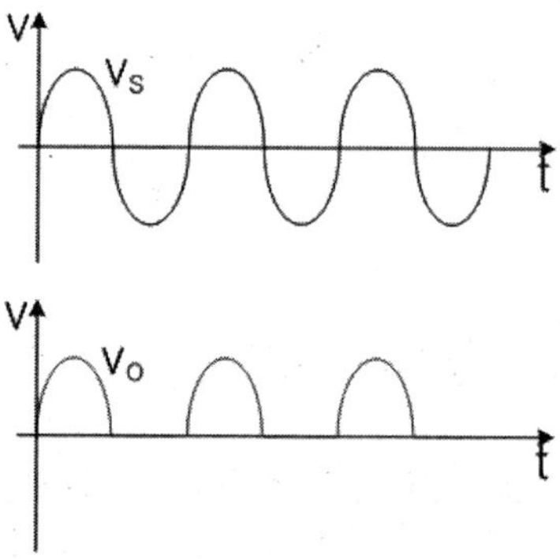

[그림 4-5] 입력 전압에 대한 반파 출력 전압 파형

[그림 4-5]에서와 같이 입력 전압 v_s가 양(+)의 반주기 동안에는 출력 전압 v_o가 동일하게 v_s를 따라가지만, 입력 전압 v_s가 음(-)의 반주기 동안에는 출력 전압 v_o가 나오지 않게 된다. 다시 말하면, 입력 전압의 반주기 동안만 출력 전압으로 나오게 되므로, 반파정류기라고 부른다.

(2) 변압기를 사용한 반파정류기

[그림 4-6]는 변압기를 사용한 반파정류기를 나타내고 있다.

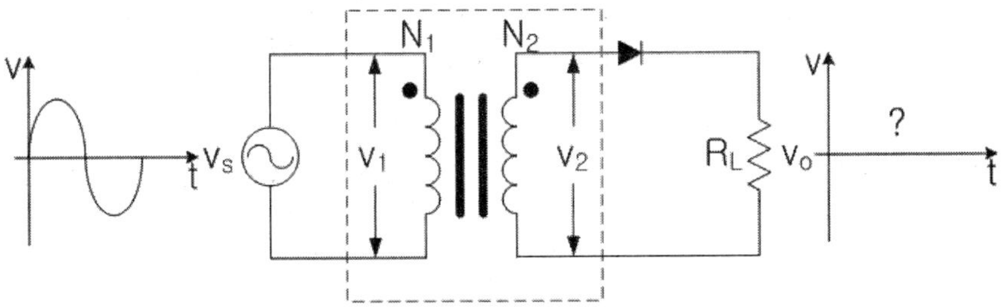

[그림 4-6] 변압기를 사용한 반파정류기

[그림 4-6]에서 점선으로 표시된 부분이 변압기의 심볼이며, 변압기의 1차측에 입력 신호 v_s가 인가되고, 변압기의 2차측에 다이오드 D와 부하 저항 R_L이 연결된 구조이다.

변압기는 전원 전압을 필요한 만큼 올리거나 낮출 수 있고, 교류 입력 신호를 정류회로로부터 전기적으로 분리시킬 수 있어 전기 충격에 의한 회로 손상을 방지할 수 있는 장점이 있다.

변압기의 1차측과 2차측 코일의 감은 수와 전압 관계는 [식 4-1]과 같다.

$$\frac{N_2}{N_1} = \frac{V_2}{V_1} \equiv V_2 = \left(\frac{N_2}{N_1}\right) V_1 \qquad [식\ 4\text{-}1]$$

[식 4-1]에서 N_1은 변압기의 1차측 코일의 감은 수, N_2는 변압기의 2차측 코일의 감은 수, V_1은 변압기의 1차측 전압, V_2는 변압기의 2차측 전압이다.

[그림 4-6]의 변압기 심볼에서 굵은 점으로 표시된 부분은 변압기의 1차측과 2차측 전압의 극성 관계를 나타낸다. 1차측의 v_1 전압이 1차측 점을 기준으로 (+) 극성이면, 2차측의 v_2 전압도 2차측 점을 기준으로 (+) 극성을 나타낸다. 반대로 1차측의 v_1 전압이 1차측 점을 기준으로 (-) 극성이면, 2차측의 v_2 전압도 2차측 점을 기준으로 (-) 극성을 나타낸다.

[그림 4-7]에는 입력 전압 v_s의 양(+)의 반주기 동안의 정류기 동작을 보여주고 있다.

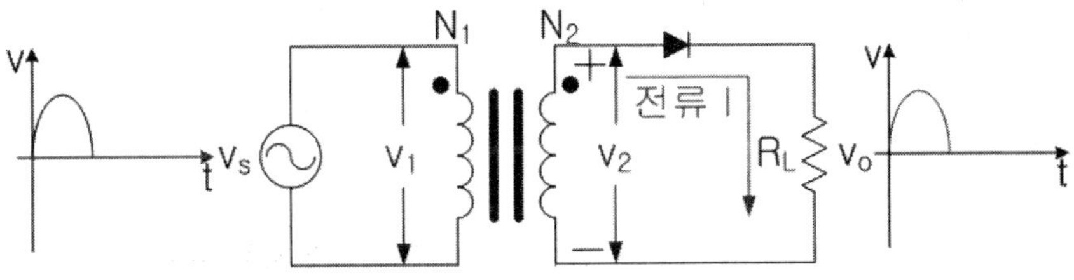

[그림 4-7] 변압기 입력 전압의 (+) 반주기 동안의 동작

[그림 4-7]에서와 같이 입력 전압 v_s가 (+) 반주기 동안 변압기의 1차측 점을 기준으로 (+)의 v_1 전압으로 인가되면, 변압기의 2차측에도 2차측 점을 기준으로 (+)의 v_2 전압이 생성된다. 이렇게 형성된 v_2 전압은 [그림 4-7]의 다이오드에서 Anode 전압을 Cathode 전압보다 높게 만들어 다이오드가 도통되게 한다. 도통된 다이오드를 통해서 전류가 흐르게 되며, 전류는 부하 저항 R_L을 통해 출력 전압 v_o를 생성한다. 이때 출력 전압 v_o는 입력 전압의 방향과 마찬가지로 양(+)의 방향이다.

[그림 4-8]에 변압기 입력 전압 v_s의 음(-)의 반주기 동안의 정류기 동작을 보여주고 있다.

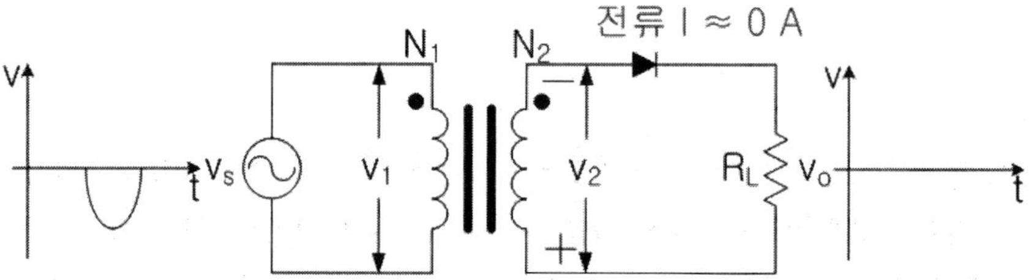

[그림 4-8] 변압기 입력 전압의 (–) 반주기 동안의 동작

[그림 4-8]에서와 같이 입력 전압 v_s가 (-) 반주기 동안 변압기의 1차측 점을 기준으로 (-)의 v_1 전압으로 인가되면, 변압기의 2차측에도 2차측 점을 기준으로 (-)의 v_2 전압이 생성된다. 이렇게 형성된 v_2 전압은 [그림 4-8]의 다이오드에서 Anode 전압을 Cathode 전압보다 낮게 만들어 다이오드가 OFF 되게 한다. 다이오드가 OFF 상태이므로 전류가 흐르지 않게 되며, 부하 저항 R_L을 통한 출력 전압 v_o는 생성되지 않는다.

[그림 4-9]에는 앞서 살펴본 변압기를 사용한 반파정류기의 입력 전압 v_s에 대한 출력 파형을 나타내고 있다.

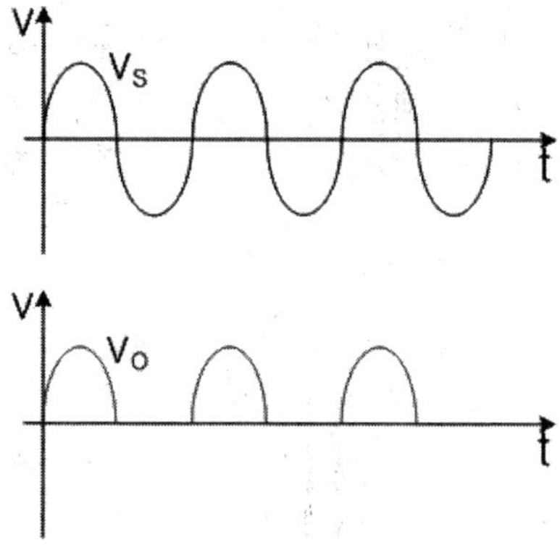

[그림 4-9] 변압기 입력 전압에 대한 반파 출력 전압 파형

[그림 4-9]에서와 같이 입력 전압 v_s가 양(+)의 반주기 동안에는 출력 전압 v_o가 동일하게 v_s를 따라가지만, 입력 전압 v_s가 음(-)의 반주기 동안에는 출력 전압 v_o가 나오지 않게 된다.

4.3 전파 정류기

(1) 전파 브릿지 정류기

[그림 4-10]에 전파 브릿지 정류기를 보여주고 있다.

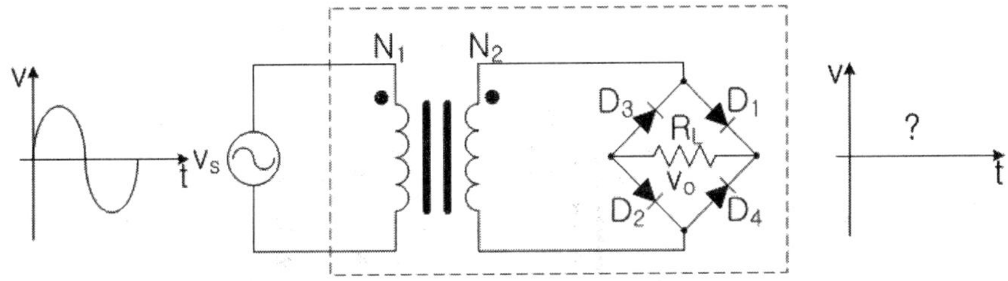

[그림 4-10] 전파 브릿지 정류기

[그림 4-10]에 나타낸 전파 브릿지 정류기의 전체적인 동작을 살펴보면, 변압기의 1차측에 입력 전압 v_s가 인가되고 변압기의 2차측에 코일의 감은 수의 비, 즉 권선 비 N_1 : N_2에 따라 2차측에 전압이 형성된다. 형성된 2차측 전압은 D_1, D_2, D_3, D_4 네 개의 다이오드 동작에 의해 부하 저항 R_L 양단에 출력 전압을 형성하게 된다.

[그림 4-11]에 전파 브릿지 정류기의 입력 전압 (+) 반주기 동안의 동작을 나타내었다.

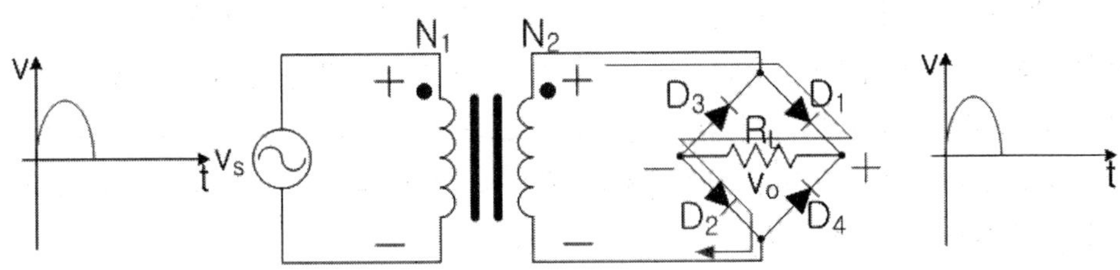

[그림 4-11] 전파 브릿지 정류기 입력 전압의 (+) 반주기 동안의 동작

[그림 4-11]에서와 같이 입력 전압 v_s가 (+) 반주기 동안 변압기의 1차측에 인가되면, 권선 비에 의해 2차측에 전압이 유도된다. 그런데 1차측에 인가된 전압이 변압기 심볼의 1차측 점을 기준으로 양(+)의 전압이 인가되었으므로, 2차측에도 변압기 심볼의 2차측 점을 기준으로 양(+)의 전압이 발생된다.

이렇게 변압기의 2차측 점을 기준으로 양(+)의 전압이 형성되면, D_1 다이오드의 Anode 전압이 Cathode 전압보다 높아져 순방향 상태가 되고 D_1 다이오드는 ON 상태가 된다. 마찬가지로 D_2

다이오드의 Cathode 전압이 Anode 전압보다 낮아지게 되어 순방향 상태가 되고 D_2 다이오드도 ON 상태가 된다. 그런데 D_3 다이오드는 Cathode 전압이 Anode 전압보다 높게 되어 역방향 바이어스가 되고 OFF 상태가 된다. 마찬가지로 D_4 다이오드도 Anode 전압이 Cathode 전압보다 낮게 되어 역방향 바이어스가 되고 OFF 상태가 된다.

결과적으로 변압기의 2차측에 유도된 전압에 의해 D_1, D_2 다이오드가 ON되고, D_3, D_4 다이오드가 OFF되어 전류는 [그림 4-11]에서와 같이 D_1, R_L, D_2의 경로로 흐르게 된다.

따라서 부하 저항 R_L 양단에는 출력 전압 v_o가 양(+)의 방향으로 나타나게 된다. 여기서 양(+)의 방향은 D_1의 Cathode쪽 전압이 D_3의 Anode쪽 전압보다 높을 때로 정의하였다.

[그림 4-12]에 전파 브릿지 정류기의 입력 전압 (-) 반주기 동안의 동작을 나타내었다.

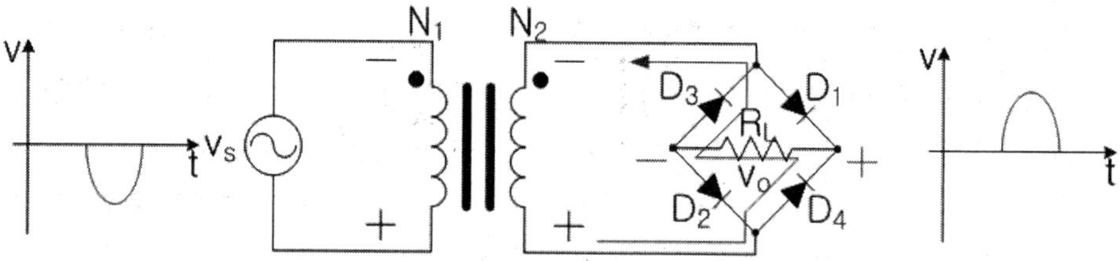

[그림 4-12] 전파 브릿지 정류기 입력 전압의 (-) 반주기 동안의 동작

[그림 4-12]에서와 같이 입력 전압 v_s가 (-) 반주기 동안 변압기의 1차측에 인가되면, 권선 비에 의해 2차측에 전압이 유도된다. 그런데 1차측에 인가된 전압이 변압기 심볼의 1차측 점을 기준으로 음(-)의 전압이 인가되었으므로, 2차측에도 변압기 심볼의 2차측 점을 기준으로 음(-)의 전압이 발생된다.

이렇게 변압기의 2차측 점을 기준으로 음(-)의 전압이 형성되면, D_1 다이오드의 Anode 전압이 Cathode 전압보다 낮아져 역방향 상태가 되고 D_1 다이오드는 OFF 상태가 된다. 마찬가지로 D_2 다이오드의 Cathode 전압이 Anode 전압보다 높아지게 되어 역방향 상태가 되고 D_2 다이오드도 OFF 상태가 된다. 그런데 D_3 다이오드는 Cathode 전압이 Anode 전압보다 낮게 되어 순방향 바이어스가 되고 ON 상태가 된다. 마찬가지로 D_4 다이오드도 Anode 전압이 Cathode 전압보다 높게 되어 순방향 바이어스가 되고 ON 상태가 된다.

결과적으로 변압기의 2차측에 유도된 전압에 의해 D_1, D_2 다이오드가 OFF되고, D_3, D_4 다이오드가 ON되어 전류는 [그림 4-12]에서와 같이 D_4, R_L, D_3의 경로로 흐르게 된다. 따라서 부하 저항 R_L 양단에는 출력 전압 v_o가 양(+)의 방향으로 나타나게 된다.

[그림 4-13]에 전파 브릿지 정류기의 입력 전압 v_s에 대한 출력 전압 v_o의 파형을 나타내었다.

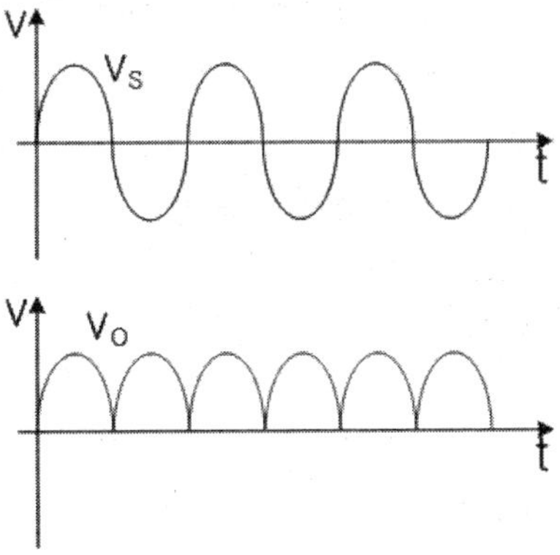

[그림 4-13] 전파 브릿지 정류기 입력 전압에 대한 출력 전압 파형

[그림 4-13]에서와 같이 입력 전압 v_s의 양(+)의 반주기, 음(-)의 반주기 각각에 대해서 출력 전압 v_o는 양(+)의 전압을 나타내고 있음을 알 수 있다. 이와 같이 입력 전압의 양(+), 음(-) 파형에 상관없이 전 파형에 대해서 양(+)의 전압을 출력하는 정류기를 전파 정류기(full-wave rectifier)라고 부르고, 특히 앞서 살펴본 회로는 다이오드 브릿지 회로 형태로 사용하였기 때문에 전파 브릿지 정류기라고 한다.

4.4 정류용 필터

(1) 정류용 필터

[그림 4-14]는 정류용 필터를 갖는 반파정류기 회로를 나타낸 것이다.

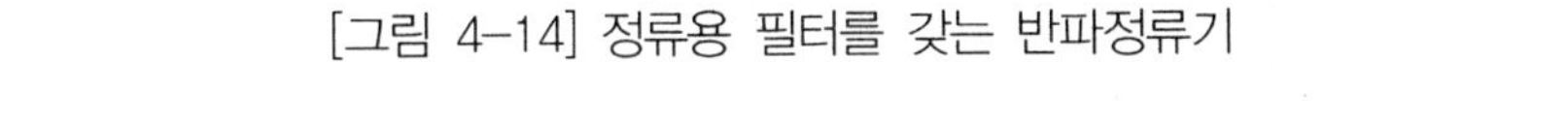

[그림 4-14] 정류용 필터를 갖는 반파정류기

[그림 4-14]에서와 같이 정류용 필터를 갖는 반파정류기는 앞서 살펴봤던 반파정류기에 부하 저항 R_L과 병렬로 커패시터 C를 추가한 형태이다.

커패시터 C는 정류용 필터로 사용하기 위해 추가한 것이며, 정류용 필터는 주파수 저역 통과 특성을 나타낸다. 정류용 필터를 추가하게 되면 반파 또는 전파 정류기의 출력 전압에 리플(ripple)을 감소시켜 거의 일정한 레벨의 직류전압을 만들어줄 수 있다.

[그림 4-15]에 정류용 필터를 갖는 반파정류기에서 커패시터 초기 충전 동작을 나타내었다.

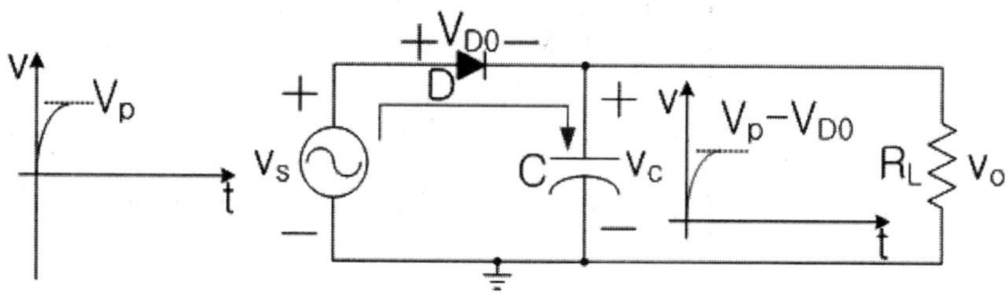

[그림 4-15] 정류용 필터를 갖는 반파정류기에서 커패시터 초기 충전 동작

[그림 4-15]에서와 같이 입력 전압 v_s가 최대 전압 값인 V_p까지 상승할 때, 초기 전압 값이 0V인 커패시터 C에 다이오드 D를 통하여 전류가 유입되면서 커패시터 전압 v_c는 상승한다. 커패시터 전압 v_c는 계속 상승하다가 입력 신호가 최대 전압 값인 V_p가 될 때, 다이오드 자체의 강하 전압인 V_{D0}만큼 줄어든 V_p-V_{D0} 전압까지 충전된다.

[그림 4-16]에 입력 전압 v_s의 최대 전압인 V_p 전압 이후의 동작을 나타내었다.

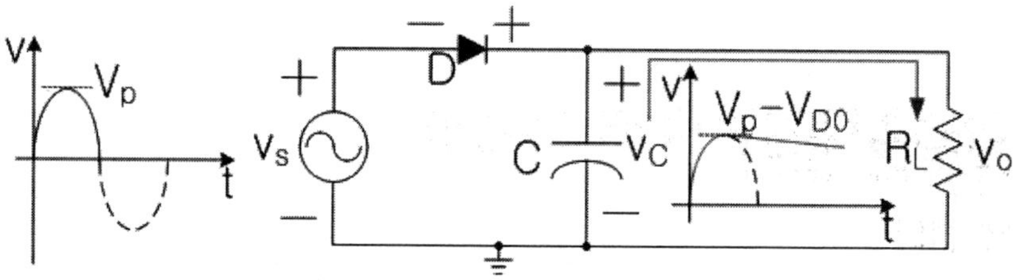

[그림 4-16] 정류용 필터를 갖는 반파정류기에서 R_L을 통한 방전 동작

[그림 4-16]에서와 같이 입력 전압 v_s가 최대 전압인 V_p에 도달한 후 다시 감소하게 되면, 다이오드 D의 Cathode 전압은 V_p-V_{D0}이고 Anode 전압인 v_s 전압은 더 낮은 전압이므로 다이오드는 OFF 상태가 된다. 이와 같이 다이오드가 OFF 상태가 되므로 더 이상 커패시터 C는 충전되지 않고, 반대로 부하 저항 R_L을 통해서 방전 동작이 일어나게 된다.

[그림 4-17]에 커패시터의 재충전 동작을 나타내었다.

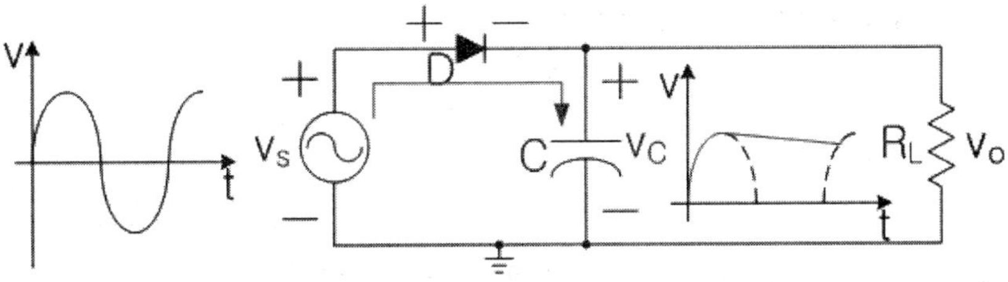

[그림 4–17] 정류용 필터를 갖는 반파정류기에서 입력 전압에 의한 재충전

[그림 4-17]에서와 같이 입력 전압 v_s가 다시 상승해서, 방전되고 있는 커패시터 전압 v_C보다 높아지는 경우에는 다이오드 D가 다시 도통되어 커패시터가 입력 전압 v_s에 의해 다시 충전된다.

이와 같은 동작이 커패시터 전압 v_C가 부하 저항 R_L에 의해 방전되는 것보다 빠르게 일어나면 출력 전압 v_o는 안정된 전압을 유지하게 되고, 근사적으로 직류(DC)와 같은 전압을 얻을 수 있게 된다. 따라서 정류기에 필터용 커패시터를 적용하게 되면 커패시터가 초기에 충전된 이후에는 안정적으로 직류와 같은 출력 전압 v_o를 공급할 수 있게 된다.

4.5 전원회로의 다양한 특성들

(1) 리플 전압

충전과 방전으로 인한 출력 전압의 변동을 리플(ripple)이라고 한다. 이러한 리플이 적을수록 필터 작용이 더 효율적이라고 할 수 있다.

[그림 4-18]는 반파 리플 파형을 나타내었고, [그림 4-19]는 전파 리플 파형을 나타내었다.

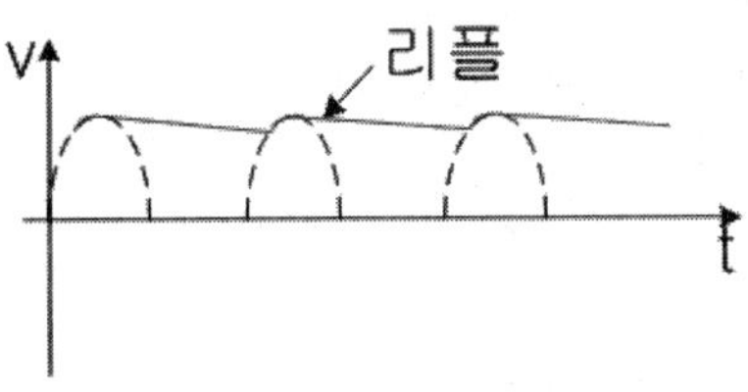

[그림 4–18] 반파 리플 파형

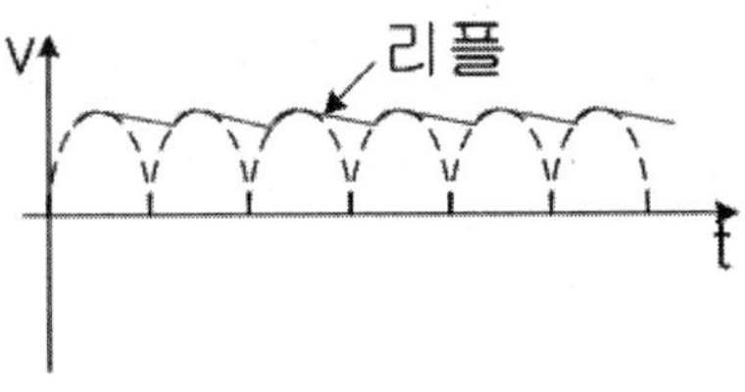

[그림 4–19] 전파 리플 파형

필터의 효율을 나타내기 위하여 맥동률을 사용하며, 맥동률 r은 [식 4-2]와 같이 정의한다.

$$r = \frac{V_r}{V_{dc}} \qquad \text{[식 4–2]}$$

[식 4-2]에서 V_r은 리플전압의 실효 값, V_{dc}는 필터 출력 전압의 직류(평균) 값을 의미한다.

또한, 기준 전압에 대한 변동 전압의 비를 백분율로 나타낸 것을 전압 변동률이라고 하며, 전압 변동률 ε는 [식 4-3]과 같이 정의한다.

$$\epsilon = \frac{V_o - V_n}{V_n} \cdot 100 \qquad \text{[식 4-3]}$$

[식 4-3]에서 V_o는 무부하 전압, V_n은 전부하 전압을 의미한다.

(2) 정류기에 사용되는 전력 소자의 필요조건

정류기에 사용되는 전력 소자는 아래와 같은 조건들을 필요로 한다.

- 순방향 전압 강하가 작을 것
- 내열성이 높을 것
- 방열 특성이 좋을 것
- 역내압 전압이 높고, 역방향 전류가 작을 것

(3) 양단 클리퍼 회로

[그림 4-20]은 전원 회로에 사용되는 양단 클리퍼 회로를 나타내고 있다.

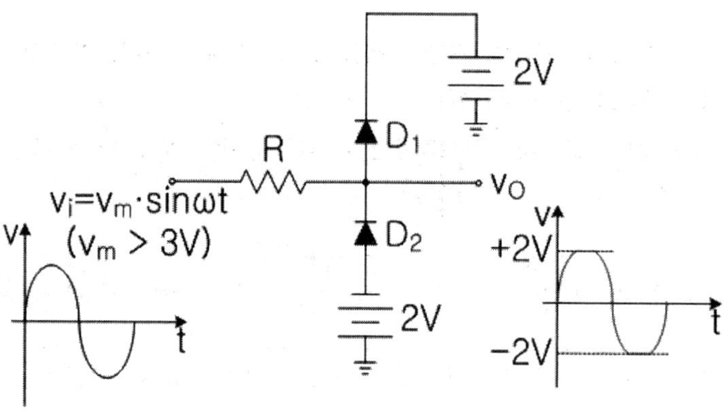

[그림 4-20] 양단 클리퍼 회로

[그림 4-20]에서와 같이 입력 전압 v_i가 양(+)의 방향으로 인가되었을 때, 다이오드 D_2는 Anode 전압인 -2V 대비 Cathode 전압이 항상 높으므로 OFF 상태이고, 다이오드 D_1은 Cathode 전압 2V에 비해 v_i가 높지 않을 때까지 OFF 상태를 유지한다. 그런데 입력 전압 v_i가 2V보다 커지게 되면, 다이오드 D_1은 도통되고 출력 전압 v_o는 전원 전압 2V로 고정된다.

반대로 입력 전압 v_i가 음(-)의 방향으로 인가되면, 다이오드 D_1은 Cathode 전압인 2V 대비

Anode 전압이 항상 낮으므로 OFF 상태이고, 다이오드 D_2는 Anode 전압 -2V에 비해 v_i가 낮지 않을 때까지 OFF 상태를 유지한다. 그런데 입력 전압 v_i가 -2V보다 작아지게 되면, 다이오드 D_2는 도통되고 출력 전압 v_o는 전원 전압 -2V로 고정된다.

결론적으로 입력 전압 v_i가 양(+)의 방향, 음(-)의 방향으로 움직일 때, 다이오드와 전원 전압들로 이루어진 클리퍼 회로는 출력 전압 v_o가 전원 전압 이상 출력되지 못하도록 고정시켜주는 회로이다.

(4) 반파 2배 전압 회로

[그림 4-21]은 반파 2배 전압 회로를 나타내고 있다. 반파 2배 전압 회로는 교류 입력 신호의 피크 전압을 피크 정류 전압의 배수로 증가시켜주는 회로이다.

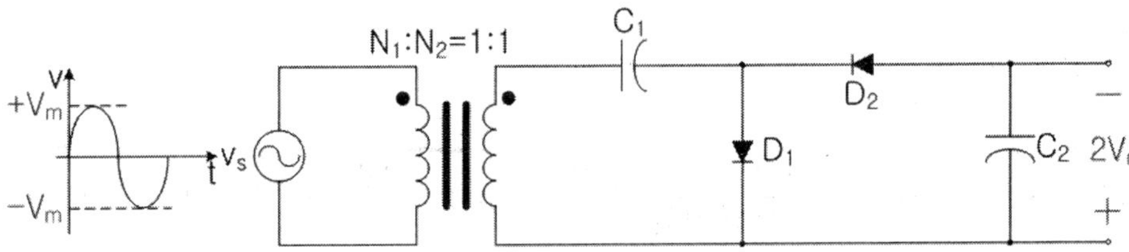

[그림 4-21] 반파 2배 전압 회로

[그림 4-22]는 입력 신호의 (+) 반주기 동안 반파 2배 전압 회로의 동작을 보여주고 있다. (+) 반주기 동안 다이오드 D_1은 ON, 다이오드 D_2는 OFF되므로, 커패시터 C_1은 V_m까지 충전된다.

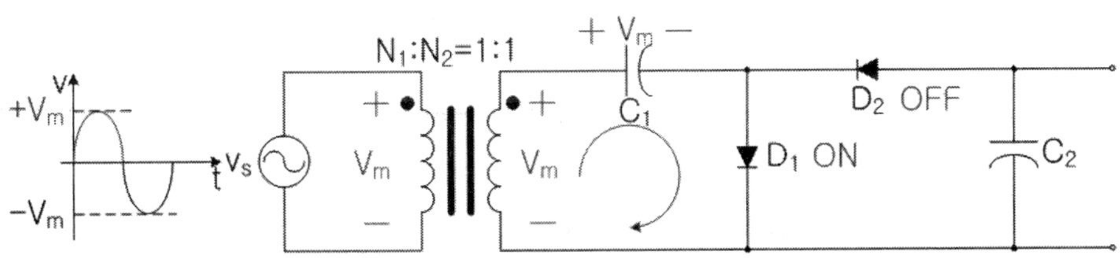

[그림 4-22] 반파 2배 전압 회로에서 입력 신호의 (+) 반주기 동작

[그림 4-23]은 입력 신호의 (-) 반주기 동안의 동작을 보여주고 있다. (-) 반주기 동안에는 다이오드 D_1이 OFF, 다이오드 D_2가 ON이므로 커패시터 C_1의 전압과 변압기의 전압에 의해 C_2는 $2V_m$까지 충전된다.

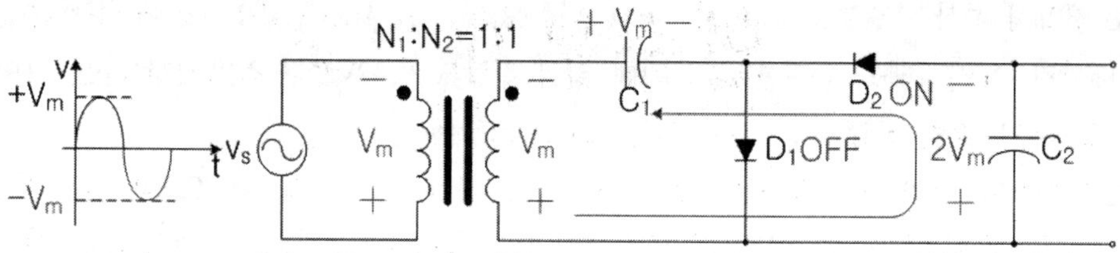

[그림 4-23] 반파 2배 전압 회로에서 입력 신호의 (-) 반주기 동작

[예제 4-1]

정류기의 직류 출력 전압이 무부하일 때 24[V], 전부하시 출력 전압이 20[V]라면, 전압 변동률은 몇 [%]인지 구하시오.

[풀이]

주어진 조건을 전압 변동률로 나타내면 아래 식과 같다.

$$\text{전압 변동률}(\%) = \frac{\text{무부하전압} - \text{전부하전압}}{\text{전부하전압}} \cdot 100 = \frac{24\text{V} - 20\text{V}}{20\text{V}} \cdot 100 = 20\%$$

[답]

20[%]

연습문제

01. 다음 중 전력 소자로서 쓰이는 정류기의 필요조건이 아닌 것은? (   )
① 순방향 전압 강하가 작을 것
② 내열성이 낮을 것
③ 방열 특성이 좋을 것
④ 역내압 전압이 높고, 역방향 전류가 작을 것

02. 다음 회로에 $V_i = V_m \sin\omega t$의 파형을 인가하였을 때, 출력 파형에 해당하는 회로는?
(단, V_m은 3V보다 크다.) (   )

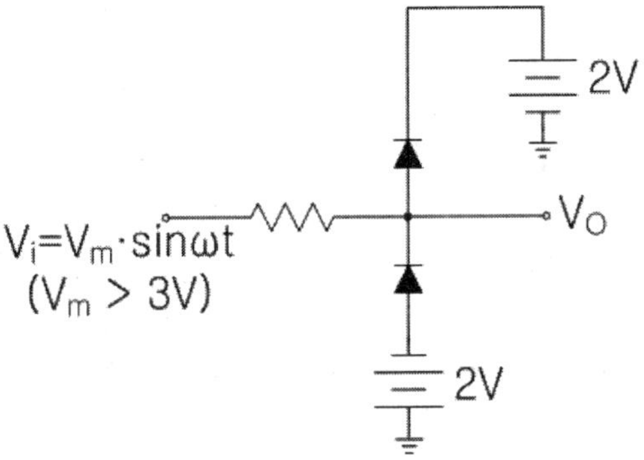

① 양단 클리퍼 회로
② 톱니파 발생 회로
③ 정현파 발생 회로
④ AND 게이트 회로

03. 정류회로의 직류 출력전압이 25 [V]이고, 리플전압이 100 [mV]일 때, 리플율은?
(   )
① 0.1 [%]
② 0.4 [%]
③ 1 [%]
④ 4 [%]

04. 다음 그림과 같이 1kΩ 저항과 다이오드의 직렬회로에서 전압(V_O)의 크기는 약 몇 V인가? (　)

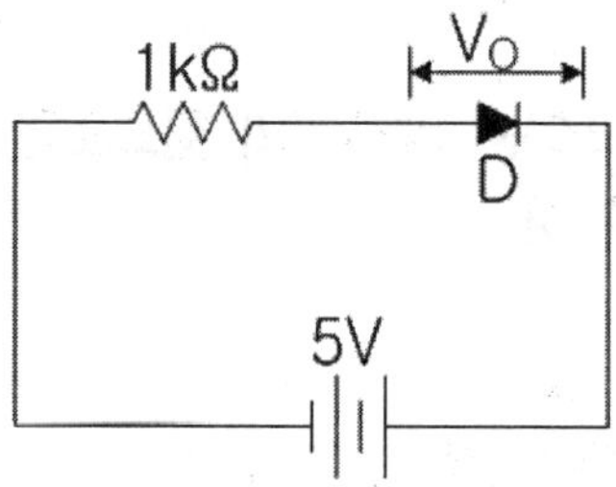

① 0　　② 0.1　　③ 0.1　　④ 5

05. 다음 그림과 같은 회로를 여파기로 사용하면 주파수 특성은? (　)

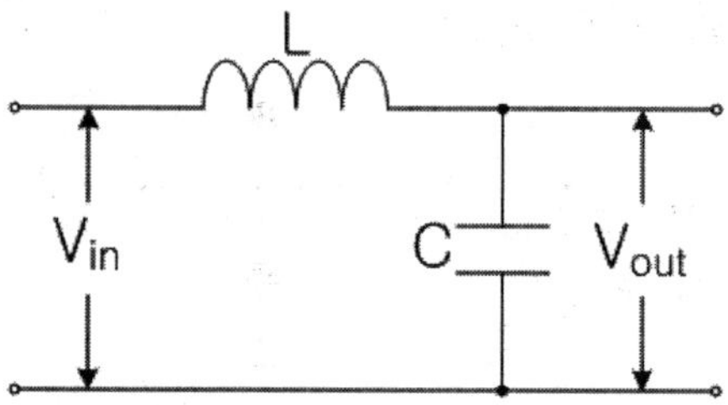

① 고역통과특성　　② 저역통과특성
③ 대역통과특성　　④ 대역저지특성

06. 무부하 출력전압이 24 [V]인 전원장치에 부하 연결 시 출력전압이 22 [V]이면, 전압 변동률은 약 몇 [%]인가? (　)

① 5 [%]
② 7 [%]
③ 9 [%]
④ 10 [%]

07. 정류전원의 구성 중 정류기 회로와 필터 사이에 나타나는 파형의 형태는?
(단, 입력전압은 사인과 교류전압이라 가정한다.) ( )

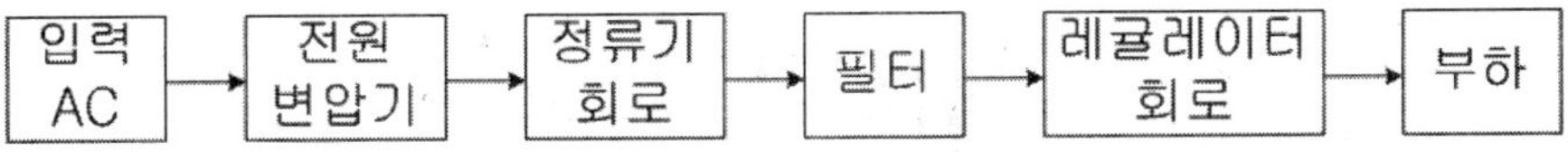

① 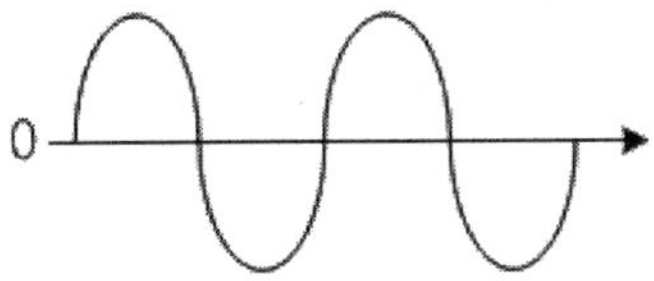

② 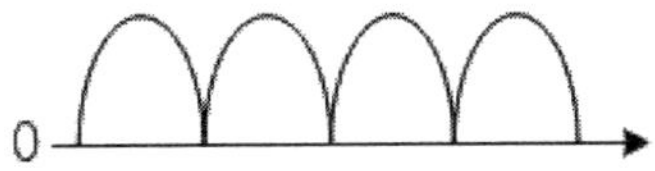

③ 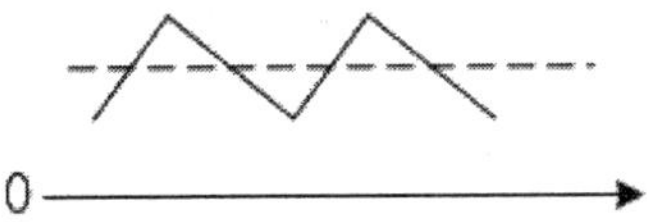

④ 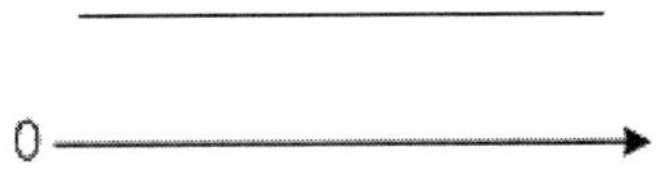

08. 다음 회로의 이름으로 옳은 것은? ( )

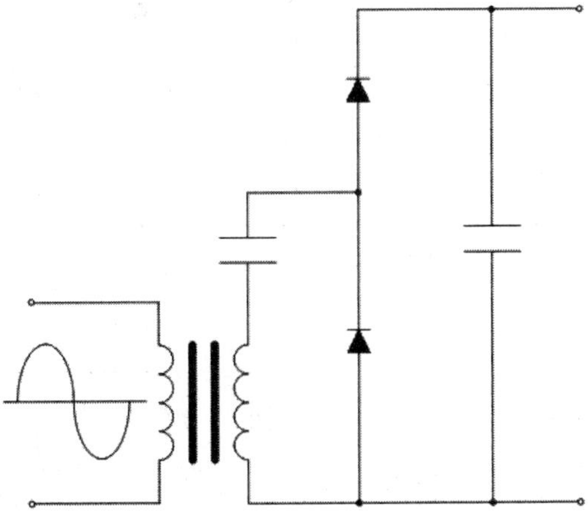

① 전파 정류회로
② 배전압 정류회로
③ 진폭제한회로
④ 위상반전회로

09. 다음 정류회로에서 다이오드에 걸리는 피크 역전압(PIV)은 몇 V인가? (　)
(단, 다이오드는 이상적인 소자이다.)

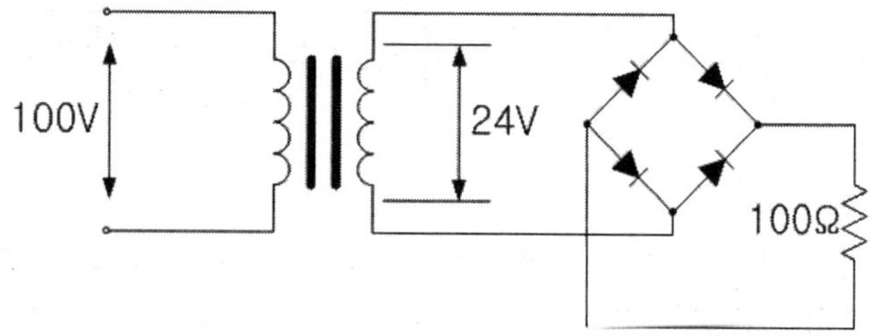

① 12　② 24　③ 48　④ 100

10. 다음 회로의 출력파형은 어느 것인가? (단, 다이오드는 이상적인 소자이다.) (　)

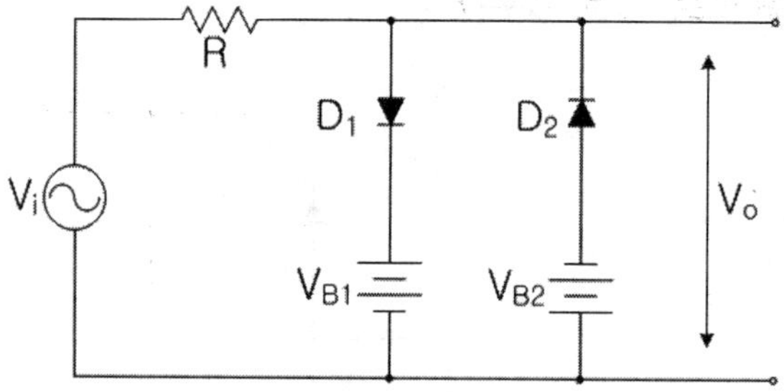

① 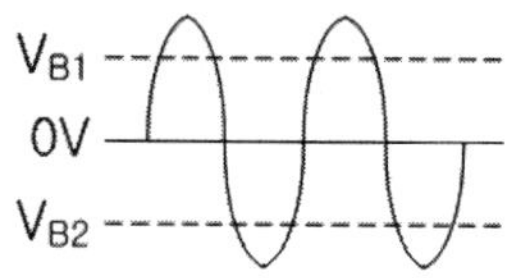

② 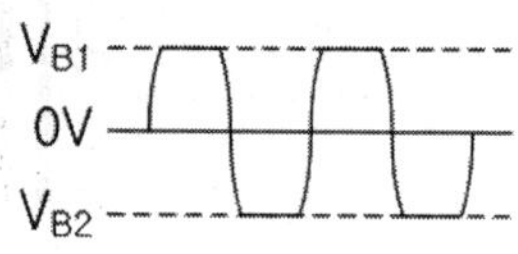

③ 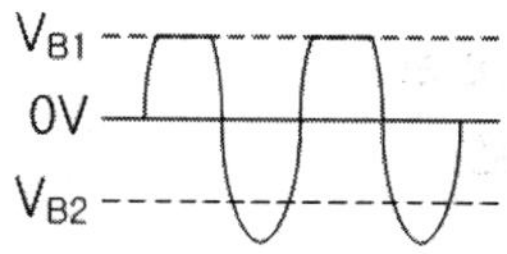

④ 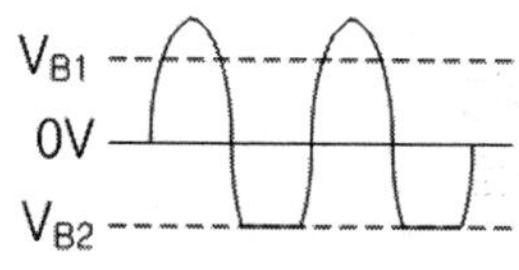

11. 반파정류기에 60 [Hz]의 정현파가 공급될 때 출력주파수는 몇 [Hz]인가? (　)

① 0
② 60
③ 120
④ 240

12. 무부하 출력전압이 24 [V]인 전원 장치에 부하 연결 시 출력전압이 22 [V]이면 전압변동률은 약 몇 [%]인가? (　)

① 5 [%]
② 7 [%]
③ 9 [%]
④ 10 [%]

13. 전원회로에서 무부하일 때 직류출력전압이 150 [V], 전부하일 때 출력전압이 120 [V]이었다면 전압변동률은? (　)

① 13 [%]
② 15 [%]
③ 20 [%]
④ 25 [%]

14. 정류기의 직류 출력전압이 무부하일 때 230 [V], 전부하시 출력전압이 200 [V]라면, 전압변동률은 약 [%]인가? (　)

① 10 [%]
② 15 [%]
③ 20 [%]
④ 26 [%]

정답

01 ②	02 ①	03 ②	04 ④	05 ②	06 ③	07 ②	08 ②	09 ②	10 ②
11 ②	12 ③	13 ④	14 ②						

CHAPTER 05

궤환

5.1 궤환의 개념

(1) 궤환의 개념

궤환(feedback)은 어떤 시스템의 출력 중 일부 또는 전부를 입력으로 되돌려 그 시스템의 특성을 변경시키거나 제어하는 과정이다. 궤환은 크게 정궤환(positive feedback)과 부궤환(negative feedback)으로 나뉜다.

정궤환은 입력으로 되돌아가는 출력신호(전류 또는 전압)의 위상이 외부에서 인가되는 입력신호(전류 또는 전압)의 위상과 동일하여 이들 두 신호가 증폭기의 입력 단에서 더해지는 궤환 시스템이다. 이러한 정궤환 시스템을 [그림 5-1]에 나타내었다.

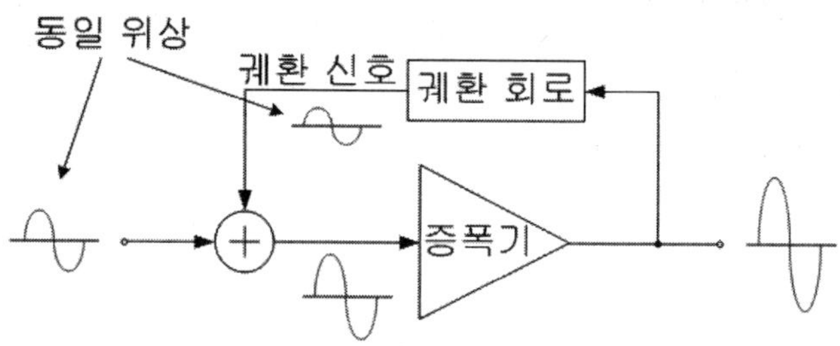

[그림 5-1] 정궤환

[그림 5-1]과 같은 정궤환 시스템은 슈미트 트리거(Schmitt Trigger), 발진기(Oscillator) 등의 회로에 사용된다. 부궤환은 입력으로 되돌아가는 출력신호(전류 또는 전압)의 위상이 외부에서 인가되는 입력신호의 위상과 반대가 되어 이들 두 신호의 차가 증폭되는 시스템이다. 이러한 부궤환 시스템을 [그림 5-2]에 나타내었다.

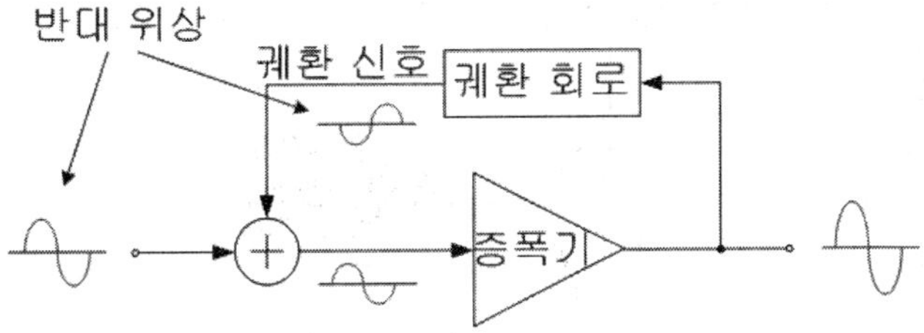

[그림 5-2] 부궤환

[그림 5-2]와 같은 부궤환 시스템은 증폭기 회로에서 동작 점의 안정화, 입력/출력 저항 조정, 주파수 특성 개선, 잡음의 영향 제거 등 증폭기의 특성을 개선하기 위해 사용된다.

(2) 궤환을 갖지 않는 공통 이미터 증폭기

[그림 5-3]은 궤환을 갖지 않는 공통 이미터 증폭기를 나타낸 것이다.

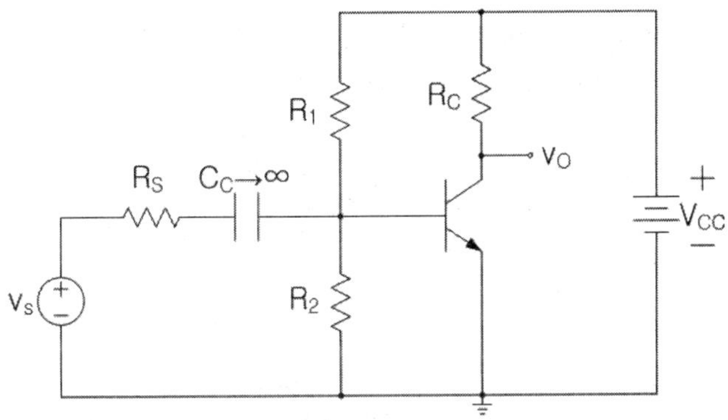

[그림 5-3] 궤환을 갖지 않는 공통 이미터 증폭기

[그림 5-3]과 같이 궤환을 갖지 않는 공통 이미터 증폭기는 동작 시 열이 발생하게 되면 베이스-이미터 접합의 커트-인 전압($V\gamma$)이라고 하는 특성이 감소하여 베이스 전류가 증가할 수 있다. 이렇게 베이스 전류가 증가하게 되면 [그림 5-4]와 같이 동작 점이 Q에서 Q_1으로 이동하게 된다.

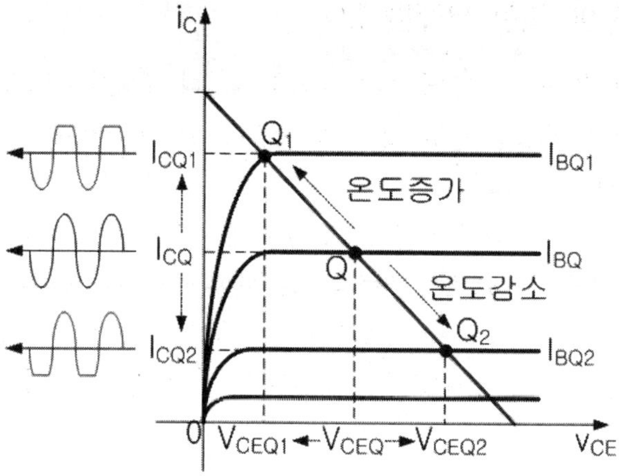

[그림 5-4] BJT의 온도 변화에 따른 동작 점 불안정

[그림 5-4]와 같이 온도 변화에 의해 BJT의 동작 점이 불안정하게 되면 증폭기의 출력 파형에 왜곡이 발생할 수 있다. 또한 [그림 5-3]과 같은 궤환을 갖지 않는 공통 이미터 증폭기는 정궤환 작용에 의해서 열 폭주(thermal runaway) 현상이 나타날 수 있다.

[그림 5-5]는 정궤환 작용에 의한 열 폭주 현상을 나타내었다.

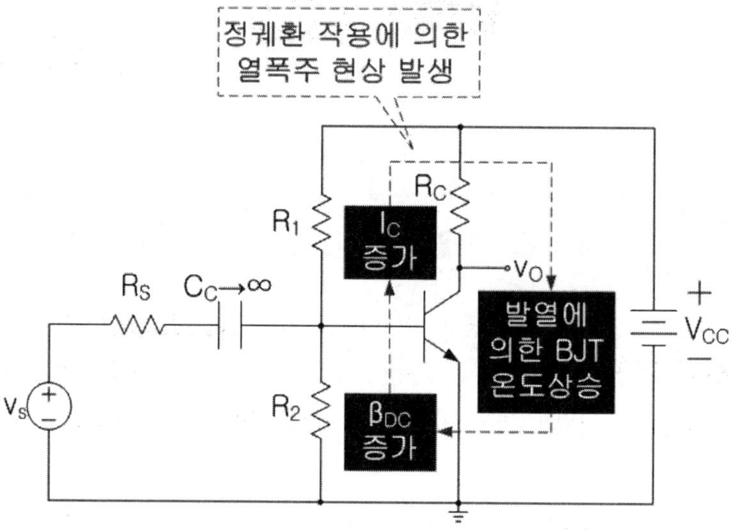

[그림 5-5] 정궤환 작용에 의한 열 폭주 현상

[그림 5-5]에서 BJT가 동작 중 발열에 의해 온도가 상승하게 되면, 커트-인 전압(V_γ)이 감소한다. 커트-인 전압이 감소하면 β_{DC}와 I_C는 증가하게 되고, I_C의 증가에 따라 전력 소모가 늘어나 발열은 더욱 증가하게 된다. 증가된 발열은 다시 커트-인 전압을 감소시키게 되고, β_{DC}와 I_C는 더욱 크게 증가한다. 이러한 과정이 반복, 지속되면 결국에는 발열에 의한 온도 상승에 의해 BJT 소자가 파괴될 수 있다. 이러한 과정을 정궤환 작용에 의한 열 폭주(thermal runaway) 현상이라고 한다.

(3) 이미터 저항 R_E에 의한 부궤환 작용

앞서 설명한 정궤환 작용에 의한 열 폭주 현상을 개선하기 위하여 [그림 5-6]과 같은 이미터 저항 R_E에 의한 부궤환을 적용한다. [그림 5-6]의 회로는 [그림 5-5] 회로의 NPN BJT 이미터에 저항 R_E를 추가한 형태이다.

[그림 5-6]의 회로에서 BJT가 동작 중 발열에 의해 온도가 상승하게 되면, 커트-인 전압(V_γ)이 감소한다. 커트-인 전압이 감소하면 β_{DC}와 I_C는 증가하게 되고, I_C의 증가에 따라 이미터 전류 I_E도 증가하게 된다. I_E가 증가하게 되면 이미터 저항 R_E의 양단 전압 V_{RE}도 증가하게 되고, 증가된 V_{RE}에 의해 NPN BJT의 V_{BE}는 감소하게 된다. 감소된 V_{BE}에 의해 I_C는 감소하게 되고, 마찬가지로 I_E도 감소하게 된다.

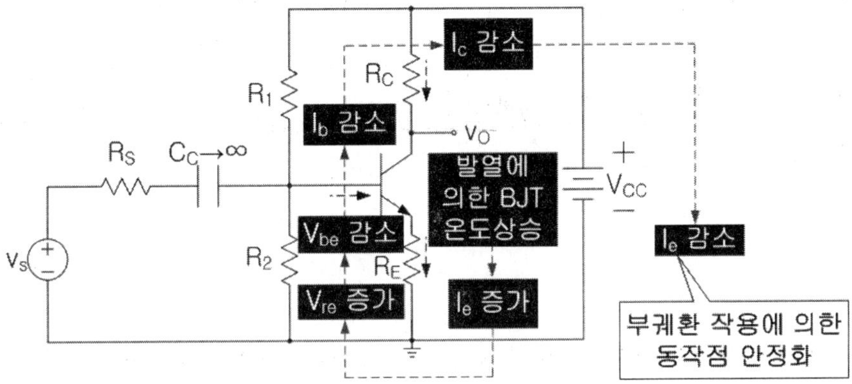

[그림 5-6] 이미터 저항 R_E에 의한 부궤환 작용

결과적으로 발열에 의해 I_C가 증가했을 때, 이미터 저항 R_E에 의해 I_C 및 I_E가 안정화되어 동작점이 안정화되는 부궤환 동작이 일어나게 된다.

(4) 궤환 증폭기의 해석 모델

[그림 5-7]은 궤환 증폭기의 일반적인 구조를 나타낸 것이다.

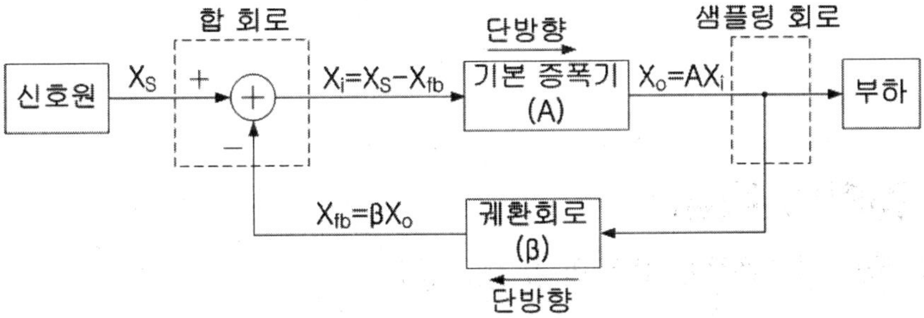

[그림 5-7] 궤환 증폭기의 일반적인 구조

[그림 5-7]에서와 같이 신호원 X_s가 궤환 증폭기에 입력되면, 합(合)회로에서 궤환 신호 X_{fb}와 더해진 신호 X_i가 출력된다. 합 회로에서 생성된 X_i는 기본 증폭기로 입력되고, 기본 증폭기에서 이득 A만큼 곱해져 기본 증폭기 출력 X_o로 나타나게 된다. 여기서 A를 개방루프 이득(open-loop gain)이라 부른다. 기본 증폭기의 출력 X_o는 샘플링 회로에 의해 추출되어 궤환 회로로 보내지게 되고, 궤환 회로에서는 궤환 이득 β만큼이 곱해진 신호 X_{fb}가 생성된다. 궤환 회로에서 생성된 Xfb는 다시 합 회로로 입력된다. 여기서 궤환 신호 X_{fb}가 합 회로로 (-)로 더해지면 부궤환(negative feedback), (+)로 더해지면 정궤환(positive feedback)이라고 한다.

[그림 5-7]의 궤환 증폭기 해석을 위한 가정은 다음과 같다.

- 기본 증폭기(궤환 회로가 포함되지 않은 증폭기)는 순방향(입력 → 출력)으로만 신호를 전달한다. 역방향(출력 → 입력)으로 전달되는 신호는 무시할 수 있을 정도로 작다.
- 궤환 회로는 역방향(출력 → 입력)으로만 신호를 전달한다. 순방향(입력 → 출력)으로 전달되는 신호는 무시할 수 있을 정도로 작다.

출력 신호 X_o와 궤환 신호 X_{fb}의 비(ratio)를 궤환율(feedback factor)이라고 하며, [식 5-1]과 같이 나타낸다.

$$\beta = \frac{X_{fb}}{X_o} \qquad [식\ 5\text{–}1]$$

[식 5-1]에서와 같이 β가 클수록 궤환이 많이 일어남을 알 수 있다. 궤환 증폭기 전체의 이득을 폐루프 이득(closed-loop gain)이라고 하며, [식 5-2]와 같이 나타낸다.

$$A_f = \frac{X_O}{X_S} = \frac{A}{1+A\beta} \qquad [식\ 5\text{–}2]$$

기본 증폭기 입력 X_i가 기본 증폭기와 궤환 회로로 구성되는 폐루프를 거치면서 얻는 이득 $A\beta$를 루프 이득(loop gain)이라고 하며, 루프 이득이 $A \gg 1$인 경우에 폐루프 이득은 근사적으로 [식 5-3]과 같이 나타낼 수 있다.

$$A_f \simeq \frac{1}{\beta} \qquad [식\ 5\text{–}3]$$

5.2 궤환의 특성

(1) 부궤환에 의한 폐루프 이득의 둔감도 증가

둔감도(Gain Desensitivity)는 소자의 특성, 온도 등의 변화에 영향을 받지 않는 정도를 나타낸다. β를 상수라고 가정하고, [식 5-2]의 양변을 미분한 뒤 다시 [식 5-2]로 나눠주면 [식 5-4]와 같다.

$$\frac{dA_f}{A_f} = \frac{1}{(1+A\beta)}\frac{dA}{A} \qquad \text{[식 5-4]}$$

[식 5-4]에서와 같이 A_f의 변화율이 A의 변화율보다 적으므로, 부궤환에 의해 이득의 둔감도가 커짐을 알 수 있다. 또한 [식 5-4]에서 알 수 있듯이, 궤환율 β가 커서 궤환이 많이 일어날수록 폐루프 이득의 둔감도는 증가한다.

[예제 5-1]

개방 루프 전압 이득이 100[V/V]인 증폭기에서 출력신호의 이득 둔감도가 10[%]일 때, 이를 1[%]로 개선하기 위해서 부궤환을 적용한다면 부궤환율(β)은 얼마로 해야 하는지 구하시오.

[풀이]
주어진 조건을 폐루프 이득의 둔감도 식으로 나타내면 아래 식과 같다.

$$\frac{dA_f}{A_f} = \frac{1}{(1+A\beta)} \cdot \frac{dA}{A} \Rightarrow 1[\%] = \frac{1}{(1+100 \cdot \beta)} \cdot 10[\%]$$

위의 식에서 β는 0.09로 구할 수 있다.

[답]
0.09

(2) 부궤환에 의한 대역폭의 증가

개방루프 이득의 주파수 특성은 [식 5-5]와 같다.

$$A(s) = \frac{A_0}{(1+s/\omega_h)} \qquad \text{[식 5-5]}$$

[식 5-5]에서 A_0은 개방루프의 중대역 이득이고, ω_h는 개방루프의 대역폭이다. [식 5-6]은 궤환 증폭기의 폐루프 이득에 대한 주파수 특성을 나타낸다.

$$A_f(s) = \frac{A(s)}{1+\beta A(s)} = \frac{A_0/(1+A_0\beta)}{1+s/[(1+A_0\beta)\omega_h]} = \frac{A_{f0}}{1+s/\omega_H} \qquad \text{[식 5-6]}$$

[식 5-6]에서 A_{f0}는 궤환 증폭기의 폐루프에 대한 중대역 이득을 나타내며, [식 5-7]과 같이 나타낼 수 있다.

$$A_{f0} = \frac{A_0}{1+A_0\beta} \qquad \text{[식 5–7]}$$

[식 5-7]과 같이 궤환 증폭기의 폐루프에 대한 중대역 이득 A_{f0}는 개방루프 중대역 이득 A_0보다 작아지는 것을 확인할 수 있다. 또한 [식 5-6]은 ω_H는 궤환 증폭기의 폐루프에 대한 대역폭을 나타내며, [식 5-8]과 같이 나타낼 수 있다.

$$\omega_H = (1+A_0\beta)\omega_h \qquad \text{[식 5–8]}$$

[식 5-8]과 같이 궤환 증폭기의 폐루프에 대한 대역폭 ω_H는 개방루프에 대한 대역폭 ω_h보다 커지는 것을 확인할 수 있다.

그런데 [식 5-7]과 [식 5-8]을 이용하여 폐루프 이득과 폐루프 대역폭의 곱을 구하면 [식 5-9]와 같이 개방루프 이득과 개방루프 대역폭을 곱한 것과 같다는 것을 확인할 수 있다.

$$A_{f0}\omega_H = A_0\omega_h \qquad \text{[식 5–9]}$$

[식 5-9]로부터 궤환 증폭기의 이득과 대역폭의 곱은 항상 일정하다는 것을 알 수 있고, 이것을 그림으로 나타내면 [그림 5-8]과 같다.

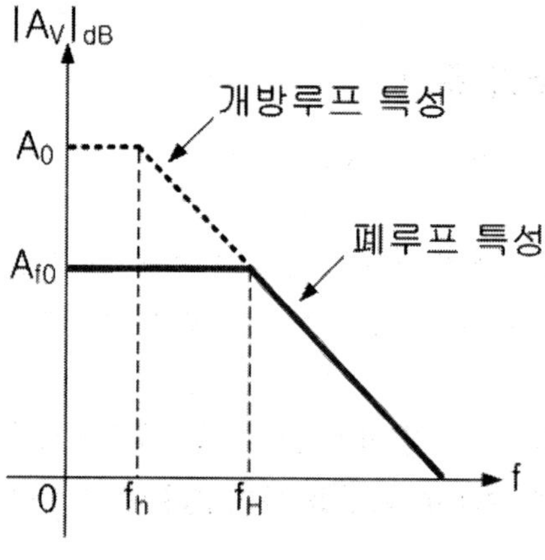

[그림 5–8] 개방루프와 폐루프 이득–대역폭의 관계

[그림 5-8]에서 알 수 있듯이, 궤환 증폭기의 폐루프 이득 A_{f0}와 대역폭 f_H 사이에는 교환 조건이 존재함을 확인할 수 있다.

[예제 5-2]

증폭기의 대역폭이 아래 증폭기 이득의 주파수 특성 식에서 $\omega=\omega_h$일 때라고 하면, 그때의 증폭기 이득은 중대역 이득 크기 $|A_0|$의 몇 %인지 구하시오.

$$A(j\omega)=\frac{A_0}{1+j\omega/\omega_h}$$

[풀이]

주어진 특성 식에 $\omega=\omega_h$를 대입한 후 정리하면 아래 식과 같다.

$$A(j\omega_h)=\frac{A_0}{1+j\omega_h/\omega_h}=\frac{A_0}{1+j}$$

위의 식에서 이득의 크기는 아래와 같이 구할 수 있다.

$$|A(j\omega_h)|=\frac{|A_0|}{|1+j|}=\frac{|A_0|}{\sqrt{2}}\simeq|A_0|\cdot 0.7$$

따라서, $\omega=\omega_h$일 때 이득의 크기는 중대역 이득 크기 $|A_0|$의 70%이다.

[답]

70[%]

[예제 5-3]

어떤 증폭기가 개방루프 전압 이득이 100[V/V]이고, 대역폭이 50[kHz]일 때, 궤환 회로를 적용 후 전압 이득이 40[V/V]가 되었다면, 변경된 대역폭은 몇 Hz인가?

[풀이]

궤환 회로 전후의 전압 이득과 대역폭의 곱은 일정하므로, 변경된 대역폭을 ω_H라고 하면 아래와 같이 구할 수 있다.

$$100[\mathrm{V/V}] \cdot 50[\mathrm{kHz}] = 40[\mathrm{V/V}] \cdot \omega_{\mathrm{H}}$$

$$\omega_H = \frac{100[V/V] \cdot 50[kHz]}{40[V/V]} = 125[kHz]$$

[답]

125[kHz]

(3) 부궤환에 의한 신호 대 잡음 비 개선

궤환을 갖지 않는 증폭기의 입력 v_s에 잡음 v_n이 존재하는 경우를 [그림 5-9]에 나타내었다.

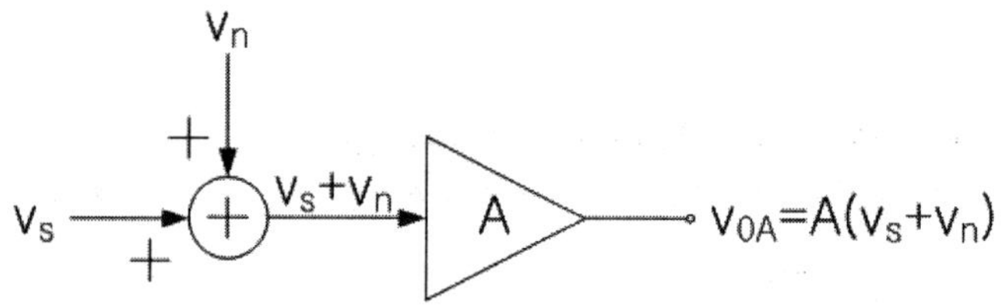

[그림 5-9] 궤환을 갖지 않는 경우의 신호 대 잡음 비

신호와 잡음이 존재하는 시스템에서 신호의 크기에 대한 잡음의 크기 비(ratio)를 S/N 비(ratio)라고 하는데, [그림 5-9]와 같이 궤환을 갖지 않는 경우의 S/N 비를 나타내면 [식 5-10]과 같다.

$$(S/N)_O = \frac{S_O}{N_O} = \frac{Av_s}{Av_n} = \frac{S_i}{N_i} \qquad \text{[식 5-10]}$$

[식 5-10]에서 S_o는 출력 신호의 크기, N_o는 출력 잡음의 크기, S_i는 입력 신호의 크기, N_i는 입력 잡음의 크기이다. [식 5-10]에서와 같이 출력 S/N 비는 입력 S/N 비와 같으므로, 궤환을 갖지 않는 증폭기에서는 입력 신호와 잡음이 동시에 증폭되어 S/N 비가 개선되지 않는다는 것을 알 수 있다.

[그림 5-10]에서는 부궤환을 갖는 2단 증폭기에서 1단 증폭기와 2단 증폭기 사이에 잡음이 존재하는 경우를 나타내고 있다.

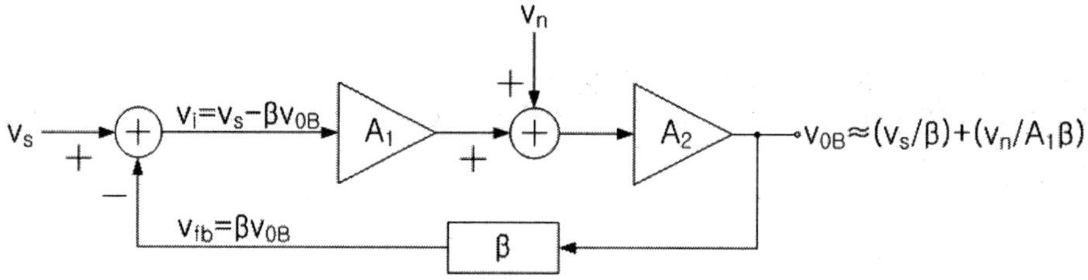

[그림 5-10] 부궤환에 의한 신호 대 잡음 비(S/N) 개선

[그림 5-10]과 같이 부궤환을 갖는 2단 증폭기에서 출력 전압 v_{OB}는 [식 5-11]과 같이 나타낼 수 있다.

$$v_{OB} = \frac{A_1A_2}{1+A_1A_2\beta}v_s + \frac{A_2}{1+A_1A_2\beta}v_n \simeq \frac{1}{\beta}v_s + \frac{1}{A_1\beta}v_n \qquad \text{[식 5-11]}$$

[식 5-11]의 출력 전압 및 출력 잡음 식을 이용해서 출력 S/N 비를 구하면 [식 5-12]와 같이 나타낼 수 있다.

$$(S/N)_O = \frac{S_O}{N_O} = \frac{\frac{1}{\beta}v_s}{\frac{1}{A_1\beta}v_n} = A_1\frac{v_s}{v_n} \qquad \text{[식 5-12]}$$

[식 5-12]에서와 같이 부궤환을 갖는 2단 증폭기 사이에 잡음이 존재하는 경우에는 S/N 비가 첫째 단 증폭기의 이득만큼 개선되는 것을 확인할 수 있다.

[예제 5-4]

1단 증폭기의 이득 A_1=20[V/V], 입력 신호 v_s=20[mV]이고, 유입되는 잡음 신호 v_n=100[μV]일 때, 이 증폭기의 입력에 A_2=10[V/V]의 이득을 갖는 증폭기를 추가하면 전체 증폭기의 출력 신호 대 잡음 비를 구하시오. 단, 추가되는 증폭기의 입력 신호는 v_s와 같으며, 전체 증폭기에 유입되는 잡음 신호의 크기 v_n도 같다고 가정한다.

[풀이]

1단 증폭기로만 구성되었을 때 출력 신호의 크기를 S_{O1}, 출력에 나타나는 잡음의 크기를 N_{O1}이라고 하면, 출력 신호 대 잡음 비는 아래와 같이 구할 수 있다.

$$(S/N)_{O1} = \frac{S_{O1}}{N_{O1}} = \frac{A_1 \cdot v_s}{A_1 \cdot v_n} = \frac{20[V/V] \cdot 20[mV]}{20[V/V] \cdot 100[\mu V]} = 200$$

증폭기가 추가된 후에 전체 증폭기의 출력 신호 대 잡음 비를 $(S/N)_O$라고 하면 아래와 같이 구할 수 있다.

$$(S/N)_O = A_1\frac{v_s}{v_n} = 20[V/V] \cdot 200 = 4000$$

[답]

4000

(4) 부궤환에 의한 비선형 왜곡 감소

앞서 살펴본 것과 같이 증폭기에 부궤환을 적용하면 둔감도가 증가한다. 둔감도가 증가하면 증폭기가 선형으로 동작하는 범위가 확대되어 비선형 왜곡이 감소한다. 이와 같이 부궤환에 의한 비선형 왜곡 감소의 예를 [그림 5-11]에 나타내었다.

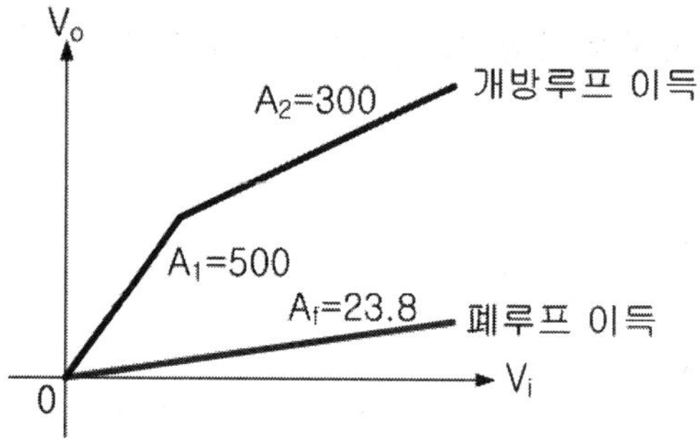

[그림 5-11] 부궤환에 의한 비선형 왜곡의 감소 (β =0.04인 경우)

[그림 5-11]에서와 같이 궤환이득 β는 0.04이고, 개방루프 이득 A_1은 500일 때, 폐루프 이득 A_f를 구하기 위해 [식 5-2]를 적용하면 A_f는 약 23.8이다. 동일한 방법으로 개방루프 이득 A_2가 300일 때 폐루프 이득 A_f를 구해보면 약 23.1이 된다.

이와 같이 증폭기에 부궤환을 적용하게 되면 개방루프보다 이득의 비선형 왜곡이 감소하는 것을 확인할 수 있다.

(5) 부궤환에 의한 증폭기 이득의 감소

앞서 살펴본 것과 같이 부궤환에 의한 폐루프 이득은 [식 5-2]와 같다. [식 5-2]를 살펴보면 폐루프 이득이 개방루프 이득에 비해 감소하는 것을 쉽게 확인할 수 있다. 이러한 이득의 감소는 궤환율 β가 커질수록 더 심해진다.

이와 같이 부궤환에 의해 둔감도 증가, 대역폭 증가, 신호 대 잡음 비 개선, 비선형 왜곡 감소와 같은 장점을 얻을 수 있는 반면, 증폭기의 이득 감소라는 단점이 있어 서로 교환 조건(trade-off)이 존재함을 알 수 있다.

[예제 5-5]

개방루프 전압 이득이 1,000[V/V]인 증폭기에 궤환율 0.1의 부궤환을 걸었을 때 전압 이득은 얼마인가?

[풀이]

궤환 후의 이득을 A_f, 개방루프 전압 이득을 A_0, 궤환율을 β라고 하면, 궤환 후의 전압 이득은 아래와 같이 구할 수 있다.

$$A_f = \frac{A_0}{1 + A_0 \cdot \beta} = \frac{1,000}{1 + (1,000) \cdot (0.1)} \simeq 9.9$$

[답]

9.9[V/V]

연습문제

01. 다음 중 부궤환 증폭기의 일반적인 특징에 대한 설명으로 <u>틀린</u> 것은? (   )

① 왜곡의 감소
② 잡음의 감소
③ 대역폭의 증가
④ 안정도의 감소

02. 다음 중 증폭기의 대역폭 정의로 맞는 것은? (   )

① 중간영역전압이득의 100%가 시작되는 주파수에서 끝나는 주파수 사이
② 중간영역전압이득의 약 90%가 시작되는 주파수에서 끝나는 주파수 사이
③ 중간영역전압이득의 약 70%가 시작되는 주파수에서 끝나는 주파수 사이
④ 중간영역전압이득의 약 50%가 시작되는 주파수에서 끝나는 주파수 사이

03. 어떤 증폭기가 전압 이득(A_v)이 50이고, 차단주파수(f_c)가 20Hz일 때, 궤환 시 전압 이득이 40이 되었다면, 변경된 차단주파수는 몇 Hz인가? (   )

① 8　　② 16　　③ 20　　④ 25

**04. 다단(3단) 증폭기의 전체 전압 이득은 약 몇 dB인가? (   )
(단, 각 단의 전압 이득 $A_{v1} = 10$, $A_{v2} = 15$, $A_{v3} = 20$이고, $\log 3 \simeq 0.5$이다.)**

① 45　　② 70　　③ 90　　④ 100

05. 다음 중 궤환 증폭기에 대한 설명으로 옳은 것은? (   )

① 부궤환은 증폭회로에 정궤환은 발진회로에 응용된다.
② 부궤환의 경우 입력신호와 궤환신호의 위상은 같다.
③ 부궤환의 경우 이득이 증가하며, 안정된 이득을 얻을 수 있다.
④ 부궤환의 경우 이득은 증가하는 반면, 대역폭은 좁아진다.

06. 다음 그림과 같은 궤환 증폭기에서 A_v는 '부의 실수', β는 '정의 실수'라고 한다. 궤환이 없을 때와 비교한 설명으로 <u>틀린</u> 것은? ( )

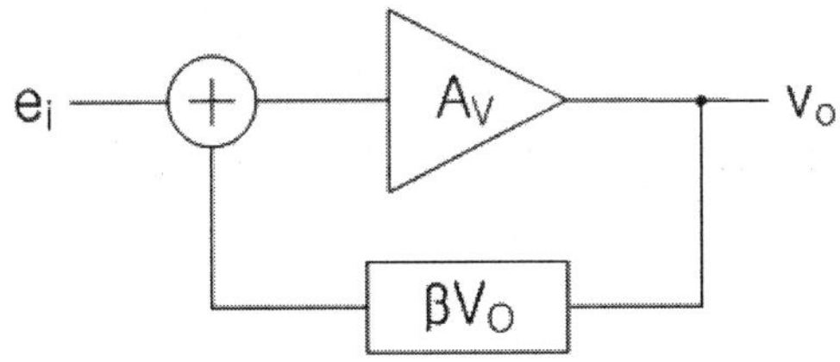

① 찌그러짐이 적어진다.
② 입력 임피던스가 증가한다.
③ 대역폭이 좁아진다.
④ 출력 임피던스가 감소한다.

07. 다음 중 부궤환 증폭회로에서 거의 변화되지 않는 것은? ( )

① 잡음
② 비선형 일그러짐
③ 이득과 대역폭 곱
④ 입, 출력 임피던스

08. 다음 중 부궤환(Negative Feedback) 증폭기의 특징이 <u>아닌</u> 것은? ( )

① 잡음이 감소된다.
② 대역폭이 감소된다.
③ 주파수 특성이 개선된다.
④ 비선형 왜곡이 감소된다.

09. 다음 중 부궤환 증폭회로의 특징으로 옳지 <u>않은</u> 것은? ( )

① 이득이 증가한다.
② 잡음이 감소한다.
③ 대역폭이 넓어진다.
④ 주파수 특성이 좋아진다.

10. 무궤환 증폭도를 A, 궤환시 증폭도를 A_f, 궤환율을 β라고 할 때, A가 대단히 크면 A_f는 주로 무엇에 의해서 결정되는가? (   )

① A
② $1/\beta$
③ $1/\beta$ A
④ A/(1+A)

11. RC 결합 증폭기에서 주파수 대역폭을 1/4로 줄이면 증폭이득은 약 얼마나 증가하는가? (   )

① 8 [dB]
② 10 [dB]
③ 12 [dB]
④ 14 [dB]

12. 무궤환 시 전압이득이 100인 증폭기에서 궤환률 0.09의 부궤환을 걸었을 때 전압이득은? (   )

① 1
② 9
③ 10
④ 50

13. 다음 중 부궤환 회로의 특징으로 옳은 것은? (   )

① 궤환 시 이득이 감소한다.
② 주파수 대역폭이 좁아진다.
③ 궤환 시 왜율이 증가한다.
④ 궤환 시 잡음이 증가한다.

14. 전압이득이 40 [dB]인 저주파 증폭기에서 출력신호의 왜율이 10 [%]일 때, 이를 1 [%]로 개선하기 위해서는 부궤환율(β)은 얼마로 해야 하는가? (   )

① 0.01
② 0.03
③ 0.05
④ 0.09

15. 다음 회로에서 $R_1 = 200\,[k\Omega]$, $R_2 = 20\,[k\Omega]$일 때, 부궤환율(β)은? ( )

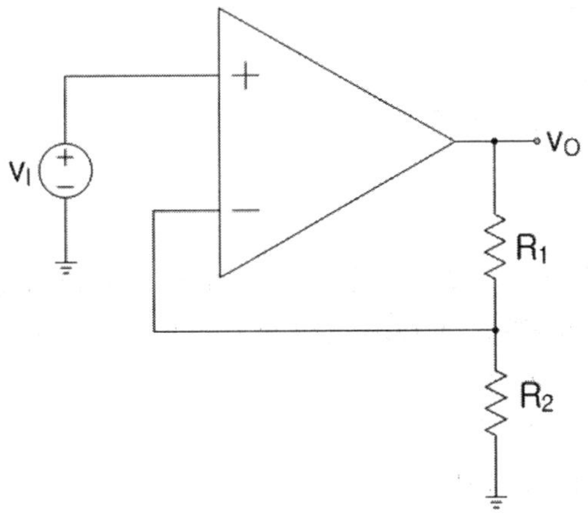

① 약 0.012
② 약 0.023
③ 약 0.091
④ 약 0.91

16. 전압이득이 1000, 왜율이 10 [%]인 무궤환 증폭기에 궤환율 β = 0.01의 부궤환을 걸었을 때, 왜율은 약 몇 [%]인가? ( )

① 0.1 [%]
② 0.91 [%]
③ 1.0 [%]
④ 5.12 [%]

17. 부궤환 증폭기에서 무궤환 시 증폭도를 A, 궤환 시 증폭도를 A_f, 궤환율을 β라고 할 때, A가 대단히 크다고 하면, A_f는 주로 무엇에 의해서 결정되는가? ( )

① A
② $1/\beta$ A
③ A/(1+A)
④ $1/\beta$

18. 다음 중 직렬 전압 부궤환 회로의 특징으로 적합하지 않은 것은? (　)

① 전압 이득의 감소
② 주파수 대역폭의 증가
③ 비직선 일그러짐의 감소
④ 입력 및 출력 임피던스의 증가

19. 전압이득이 40 [dB]인 증폭기가 5%의 왜율을 가지고 있을 때, 왜율을 0.5%로 하기 위한 방법으로 가장 적합한 것은? (　)

① 전압증폭율을 15% 높인다.
② 증폭도를 10 [dB] 낮게 한다.
③ 20 [dB]의 부궤환을 걸어준다.
④ 전압증폭율을 5% 줄인다.

20. 부궤환 증폭기에서 궤환이 없는 경우의 전압이득이 1000, 입력 측에 궤환되는 출력 전압의 비율이 0.01일 때, 이 증폭기의 이득은 약 몇 [dB]인가? (　)

① 10
② 20
③ 30
④ 40

21. 다음 중 부궤환 증폭기의 특징이 아닌 것은? (　)

① 이득의 증가
② 잡음의 감소
③ 주파수 특성 개선
④ 비직선 일그러짐의 감소

22. R_C 결합 증폭회로에서 증폭 대역폭을 2배로 하려면, 증폭 이득을 약 몇 [dB] 감소시켜야 하는가? (　)

① 2
② 4
③ 6
④ 12

23. 다음 중 직렬 전압 궤환의 특징이 아닌 것은? (   )

① 입력 및 출력 임피던스의 증가
② 주파수 대역폭의 증가
③ 비직선 일그러짐의 감소
④ 전압 이득의 안정

24. 전압 이득이 80dB인 증폭기에 궤환율이 0.01인 부궤환을 걸었을 때, 증폭기의 이득은 약 얼마인가? (   )

① 20dB
② 30dB
③ 40dB
④ 60dB

정답

01 ④	02 ③	03 ④	04 ②	05 ①	06 ③	07 ③	08 ②	09 ①	10 ②
11 ③	12 ③	13 ①	14 ④	15 ③	16 ②	17 ④	18 ④	19 ③	20 ④
21 ①	22 ③	23 ①	24 ③						

CHAPTER 06

연산증폭기

6.1 연산증폭기의 개념 및 특성

(1) 연산증폭기의 개념

연산증폭기는 직류/교류 신호 증폭기, 임피던스 매칭용 버퍼, 전류-전압 변환기, 적분기, 정밀 정류기, 아날로그 필터, 발진기 등 다양한 선형 및 비선형 아날로그 회로에 폭넓게 사용되는 소자이다.

연산증폭기의 기호 및 단자를 [그림 6-1]에 나타냈다.

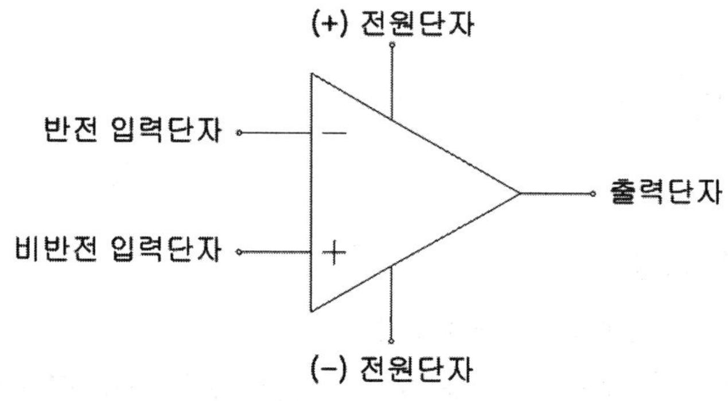

[그림 6-1] 연산증폭기의 기호 및 단자

연산증폭기의 입/출력 단자를 살펴보면 아래와 같다.

- 반전(inverting) 입력단자 : 입력신호와 출력신호가 반전 위상을 가짐.
- 비반전(non-inverting) 입력단자 : 입력신호와 출력신호가 동일 위상을 가짐.
- 출력단자 : 출력신호가 나오는 단자.

- 오프셋 제거(offset nulling) 단자와 주파수 보상을 위한 단자.
- 전원단자 : (+)전원과 (-)전원이 인가되는 단자.

연산증폭기의 기능은 두 입력 단자인 반전 입력단자와 비반전 입력단자로 인가된 신호의 차이를 연산증폭기의 자체 이득인 개방루프 이득만큼 증폭한 후, 단일 신호로 출력하는 것이다.

[그림 6-2]는 연산증폭기의 기능에 대해서 나타낸 것이다.

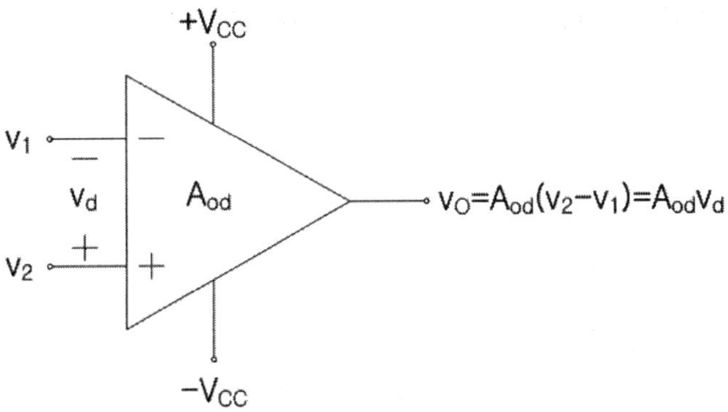

[그림 6–2] 연산증폭기의 기능

[그림 6-2]에서와 같이 비반전 입력 단자로 입력되는 신호 v_2에서 반전 입력 단자로 입력되는 신호 v_1을 뺀 v_d에 연산증폭기의 자체 이득인 개방루프 이득 A_{od}를 곱한 값인 v_o가 출력되고 있음을 확인할 수 있다.

앞서 설명한 동작을 수식으로 나타내면 [식 6-1]과 같다.

$$v_o = A_{od}(v_2 - v_1) = A_{od}v_d \qquad \text{[식 6–1]}$$

(2) 연산증폭기의 특성

연산증폭기의 특성 파라미터는 아래와 같다.

- 개방루프 전압이득(open-loop voltage gain) : 연산증폭기 자체의 이득이며, 매우 큰 값을 가진다.
- 입력저항 : 두 입력 단자에서 본 연산 증폭기의 입력 저항은 큰 값을 가진다. FET 입력단을 갖는 연산증폭기는 무한대에 가까운 입력 저항을 갖는다.
- 입력 바이어스 전류 : 두 입력 단자로 흐르는 바이어스 전류는 매우 작은 값을 갖는다.
- 입력 오프셋(offset) 전압 : 출력 DC 전압을 0V로 만들기 위해 개방루프 연산증폭기의 두

입력단자에 인가되는 DC 전압이며, 수십 μV ~ 수 mV 범위의 매우 작은 값을 갖는다.

- 출력 저항 : 출력 단자에서 본 연산증폭기의 출력 저항은 매우 작은 값을 갖는다.
- 공통 모드 제거비(CMRR) : Common Mode Rejection Ratio이며, 두 입력 단자에 인가되는 신호의 공통 성분을 제거하는 성능으로 100dB 정도의 매우 큰 값을 갖는다.
- 슬루율 : 연산증폭기 출력전압의 시간당 최대 변화율이며, 대신호(large-signal) 응답특성에 영향을 준다.
- 단위이득 대역폭 : 연산증폭기의 이득이 1(0dB)이 될 때의 주파수이다.

[그림 6-3]은 이상적인 연산증폭기의 등가회로를 나타낸 것이다.

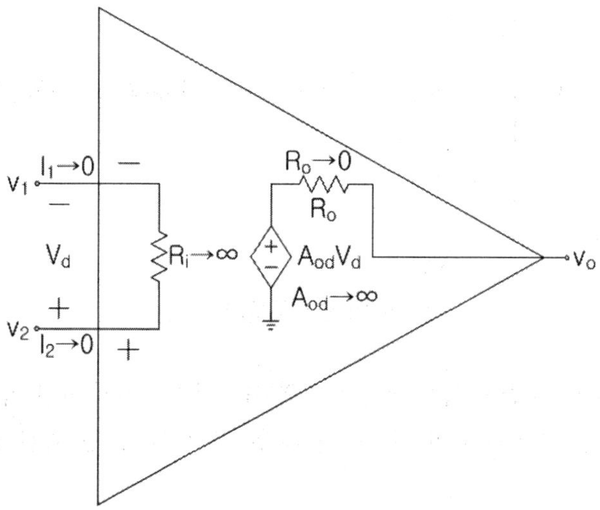

[그림 6-3] 이상적인 연산증폭기의 등가회로

[그림 6-3]에서와 같이 이상적인 연산증폭기는 개방루프 이득 A_{od}가 매우 커서 거의 무한대(∞)이며, 두 입력 단자로 바라본 입력 저항 R_i도 매우 커서 거의 무한대의 값을 갖는다. 또한 두 입력 단자로 흐르는 입력 바이어스 전류 I_1, I_2는 매우 작아서 거의 0A이며, 출력 저항 R_o도 매우 작아서 거의 0Ω이다. 마지막으로 공통모드 제거비(CMRR)도 매우 커서 거의 무한대의 값을 갖는다.

(3) 가상단락과 가상접지

연산증폭기에서 가상단락은 두 입력단자 사이의 전압이 0V에 가깝게 매우 작아서 두 단자가 단락(short)된 것처럼 보이지만, 두 단자의 전류가 0A인 특성이다. 가상단락 특성은 연산증폭기의 개방루프 전압이득과 입력저항이 무한대에 가깝게 큰 값을 갖는 특성에서 기인한다.

예를 들어, 연산증폭기의 개방이득이 $A_{od} = 100{,}000$이고 출력 전압이 $v_o = 5V$인 경우에 두 입력 단자의 전압 차는 $v_d = 5/100{,}000 = 50\mu V$가 되며, 이상적인 연산증폭기의 입력 저항은 무한대이므로, 두 입력 단자로 흐르는 전류는 0A가 된다.

따라서 [식 6-2]에 나타낸 것과 같이 출력 전압 v_o가 유한한 값을 가질 때, 연산증폭기의 개방이득 A_{od}가 매우 커서 거의 무한대의 값을 갖는다면, 두 입력 전압 차 v_d는 거의 0V가 되어 두 입력 단자가 단락된 것으로 생각할 수 있다.

$$v_d = \frac{v_o}{A_{od}} \rightarrow 0 \qquad \text{[식 6–2]}$$

앞에서 설명한 연산증폭기의 가상단락의 개념을 요약하면 [그림 6-4]와 같다.

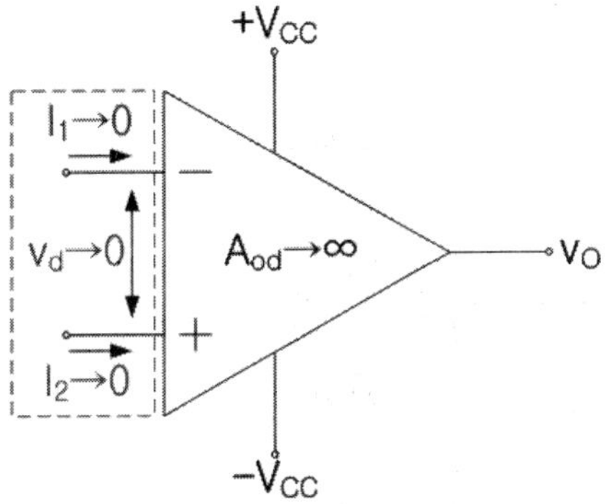

[그림 6–4] 연산증폭기의 가상단락 개념

또한 연산증폭기에서 가상접지는 연산증폭기에 부궤환을 적용하여 비반전 단자를 접지시키면 연산증폭기 입력단자 사이의 가상단락 현상에 의해 반전 단자가 접지된 것처럼 보이는 특성이다. 가상접지의 개념을 요약하면 [그림 6-5]와 같다.

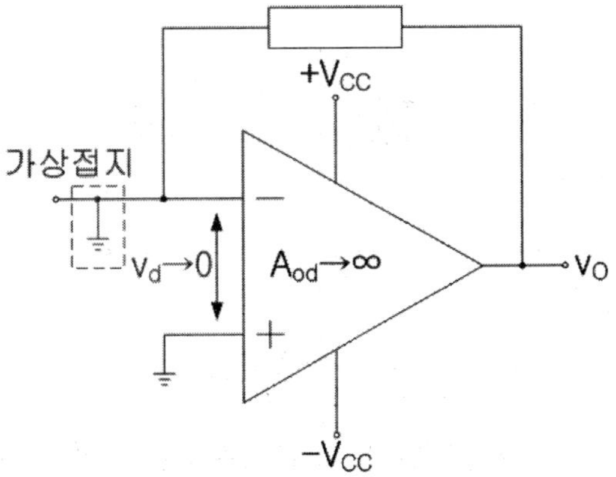

[그림 6–5] 연산증폭기의 가상접지 개념

(4) 연산증폭기의 개방루프 사용

개방루프 이득이 A_{od} = 100,000인 연산 증폭기에 두 입력 단자의 전압 차 v_d = 1mV가 인가되면, 출력 전압의 크기는 $v_o = A_{od} \cdot v_d$ = 100V가 된다. 그런데 실제 연산증폭기의 최대 출력 전압 값은 전원 전압 $\pm V_{CC}$보다 2V ~ 4V 작은 값을 갖는다. 즉, 실제 연산증폭기는 전원 전압 내에서 동작하기 때문에 출력이 $\pm V_{CC}$보다 2V ~ 4V 낮은 $+V_{max}$ 또는 $-V_{max}$로 포화된 값을 갖는다.

앞서 설명한 것과 같이 연산증폭기가 개방루프로 동작할 때는 두 입력 단자의 전압 차가 수 mV만 되어도 출력은 $+V_{max}$ 또는 $-V_{max}$로 포화된 값이 되기 때문에 기준 전압과 입력 전압을 비교하는 비교기(comparator)로 사용할 수 있다. 이와 같은 연산증폭기의 개방루프를 이용한 비교기를 [그림 6-6]에 나타내었다.

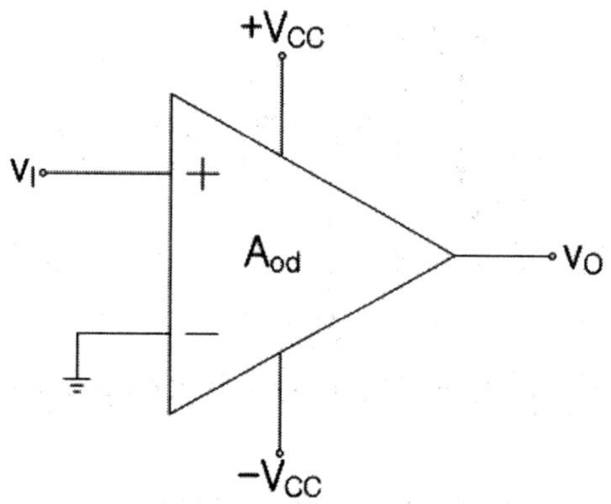

[그림 6–6] 연산증폭기의 개방루프를 이용한 비교기

[그림 6-7]은 [그림 6-6]의 비교기에서 개방루프 출력의 파형을 나타내었다.

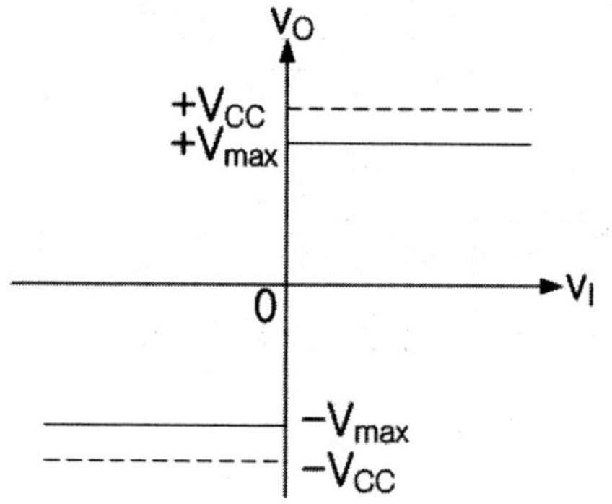

[그림 6–7] 연산증폭기의 개방루프를 이용한 비교기 출력

[그림 6-7]에서와 같이 입력 전압이 기준 전압인 0V보다 커지면 출력은 전원 전압 $+V_{CC}$보다 낮은 $+V_{max}$로 포화되고, 입력 전압이 기준 전압인 0V보다 작아지면 출력은 전원 전압 $-V_{CC}$보다 높은 $-V_{max}$로 포화된다.

(5) 연산증폭기가 부궤환을 갖는 경우

연산증폭기는 일반적으로 [그림 6-8]과 같이 연산증폭기의 출력에서 반전단자로 저항, 커패시터, 인덕터, 다이오드, 트랜지스터 등의 소자가 연결된 부궤환을 이용해서 사용한다.

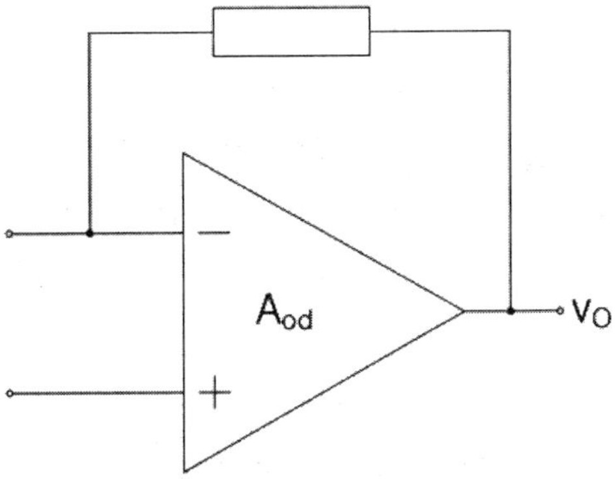

[그림 6–8] 부궤환을 갖는 연산증폭기

[그림 6-8]과 같이 부궤환을 이용하면 앞서 5단원에서 살펴본 것과 같이 폐루프(closed-loop) 이득이 작아지는 대신에 선형동작 범위가 넓어져 출력이 포화되지 않고 선형적으로 동작하게 된다. 이러한 부궤환을 갖는 연산증폭기의 입출력 전달 특성을 [그림 6-9]에 나타내었다.

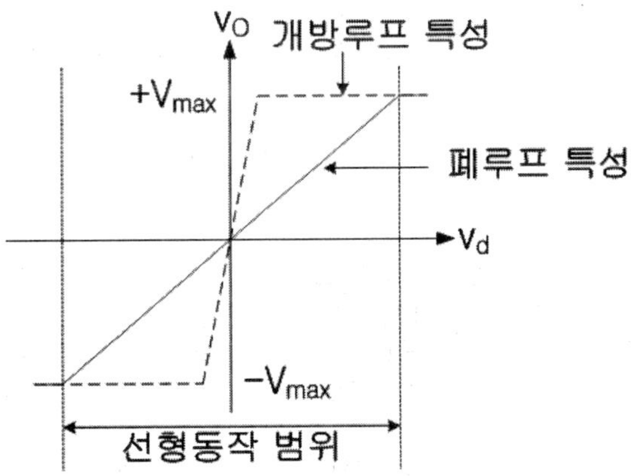

[그림 6–9] 부궤환을 갖는 연산증폭기의 입출력 전달 특성

6.2 연산증폭기의 응용회로

(1) 반전 증폭기(Inverting Amplifier)

[그림 6-10]은 연산증폭기를 이용한 반전 증폭기를 나타낸 것이다.

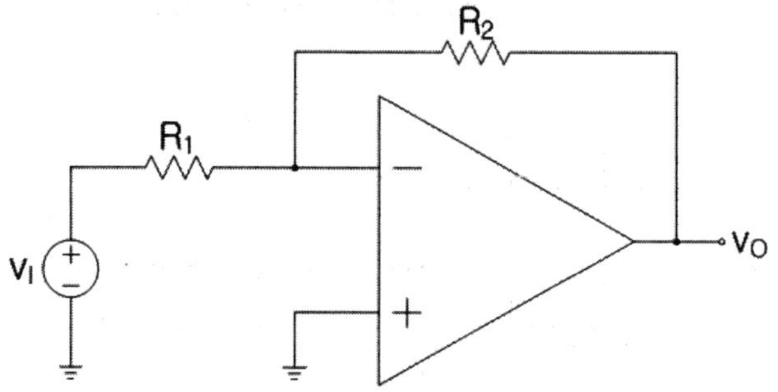

[그림 6-10] 반전 증폭기

[그림 6-10]에서와 같이 반전 증폭기는 연산증폭기의 비반전 단자로 ground를 인가하고, 반전 단자와 입력 전압 v_I 사이에 저항 R_1을 연결하고, 반전 단자와 출력 v_O 사이에 저항 R_2를 연결한 구조이다.

[그림 6-11]은 가상 접지가 고려된 반전 증폭기를 나타낸 것이다.

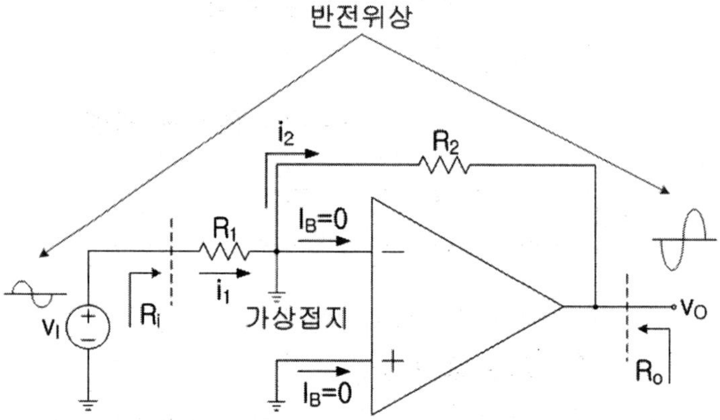

[그림 6-11] 가상 접지가 고려된 반전 증폭기

[그림 6-11]에서와 같이 이상적인 연산증폭기의 두 입력 단자 사이에는 가상 단락이 존재하고, 비반전 단자는 접지되어 있으므로 반전 단자는 가상 접지되었다고 생각할 수 있다.

연산증폭기의 반전 단자는 가상접지이고, 입력 전압 v_I가 R_1을 통해 인가되고 있으므로, R_1으로 흐르는 전류 i_1을 구할 수 있다. 또한 R2의 양단에 가상접지와 출력 전압 v_O의 관계로 R_2에 흐르는 전류 i_2도 구할 수 있다. 그런데 반전 입력 단자로 흘러 들어가는 바이어스 전류 $I_B = 0$이므로,

i_1 전류와 i_2 전류는 같다고 할 수 있다. 앞서 설명한 관계를 [식 6-3]에 나타내었다.

$$i_1 = \frac{v_I}{R_1} = i_2 = -\frac{v_O}{R_2} \qquad [식\ 6\text{–}3]$$

[식 6-3]을 이용하여 폐루프 이득을 구하면 [식 6-4]와 같다.

$$A_v = \frac{v_O}{v_I} = -\frac{R_2}{R_1} \qquad [식\ 6\text{–}4]$$

[식 6-4]에서 폐루프 이득의 부호가 (-)인 것은 입력 신호 v_I와 출력 신호 v_O의 위상이 반전 관계임을 의미한다. [그림 6-11]에서와 같이 반전 단자가 가상 접지되어 있으므로, 입력 저항 R_i는 R_1과 같다.

위에서 살펴본 반전 증폭기의 폐루프 이득과 입력 저항의 관계로부터 폐루프 이득과 입력 저항을 동시에 크게 할 수 없음(trade-off)을 알 수 있다.

[그림 6-11]에서와 같이 반전 증폭기의 출력 단이 shunt feedback을 가지므로, 부하에서 본 출력 저항 R_O는 매우 작은 값($R_O \to 0$)을 가진다.

이상적인 연산증폭기의 경우 반전 증폭기의 등가회로는 [그림 6-12]와 같이 나타낼 수 있다.

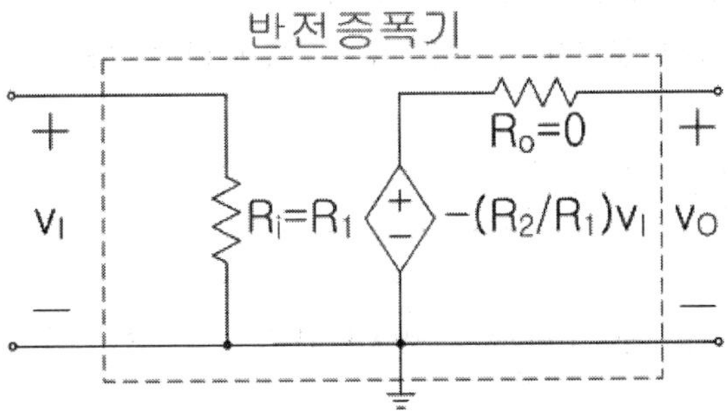

[그림 6–12] 반전 증폭기의 등가 회로

반전 증폭기의 특성을 요약하면 아래와 같다.

- 폐루프 전압 이득 : $A_v = -R_2/R_1$이며, 연산증폭기 특성과 무관하게 외부 저항 비에 의해 결정된다.
- 입력 저항 : $R_i = R_1$이며, 이상적인 전압 증폭기의 입력 저항 특성에 부합되지 않는다.
- 출력 저항 : $R_O \to 0$으로 이상적인 전압 증폭기의 출력 저항 특성에 잘 부합된다.
- 궤환 저항 R_2가 고정된 상태에서 폐루프 이득과 입력 저항 사이에는 교환 조건(trade-off)이 존재한다. 큰 폐루프 이득을 얻기 위해서는 입력 저항이 작아야 하며, 이는 전압 증폭기의 이상적인 특성에 부합되지 않는 것이다.

(2) 반전 가산기(Weighted-Summer Circuit)

반전 가산기는 반전 증폭기를 응용한 회로로 출력 전압이 입력 전압들의 반전된 가중 합으로 나타난다. [그림 6-13]은 반전 가산기를 나타낸 것이다.

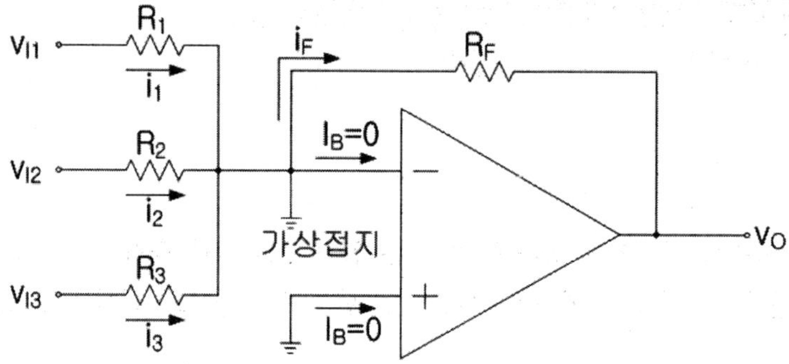

[그림 6-13] 반전 가산기

[그림 6-13]에서와 같이 연산증폭기의 비반전 단자 입력이 ground이므로, 반전 단자도 가상 접지된다. 반전 단자가 가상 접지이므로, 입력 전압 v_{I1}과 저항 R_1에 의해 전류 i_1을 구할 수 있다. 또한, 입력 전압 v_{I2}와 저항 R_2에 의해 전류 i2를 구할 수 있고, 마찬가지로 입력 전압 v_{I3}와 저항 R_3에 의해 전류 i_3를 구할 수 있다. 그런데 연산 증폭기 반전 입력으로 흐르는 전류 $I_B = 0$이므로, 출력 전압 v_O와 반전 입력 사이에 있는 저항 R_F에 흐르는 전류 i_F는 R_1, R_2, R_3에 흐르는 전류 i_1, i_2, i_3의 합과 같다. 앞서 설명한 관계를 [식 6-5]에 나타내었다.

$$i_F = i_1 + i_2 + i_3 = \frac{v_{I1}}{R_1} + \frac{v_{I2}}{R_2} + \frac{v_{I3}}{R_3} \quad \text{[식 6-5]}$$

반전 가산기의 출력 전압 v_O는 feedback 저항 R_F와 R_F에 흐르는 전류 i_F의 곱이므로 [식 6-6]과 같이 나타낼 수 있다.

$$v_O = -R_F i_F = -\left(\frac{R_F}{R_1}v_{I1} + \frac{R_F}{R_2}v_{I2} + \frac{R_F}{R_3}v_{I3}\right) \quad \text{[식 6-6]}$$

만약 $R_1 = R_2 = R_3 = R$이라고 하면, [식 6-6]은 [식 6-7]과 같이 나타낼 수 있다.

$$v_O = -\frac{R_F}{R}(v_{I1} + v_{I2} + v_{I3}) \quad \text{[식 6-7]}$$

[식 6-7]에서 $R = R_F$이면, $v_O = -(v_{I1}+v_{I2}+v_{I3})$가 되어 출력 전압은 세 입력 전압의 합이 된다. 또한 [식 6-7]에서 $R = 3R_F$이면, $v_O = -(v_{I1}+v_{I2}+v_{I3})/3$이 되어 출력 전압은 세 입력 전압의 평균값이 된다.

(3) 비반전 증폭기(Non-inverting Amplifier)

[그림 6-14]는 비반전 증폭기를 나타내었다.

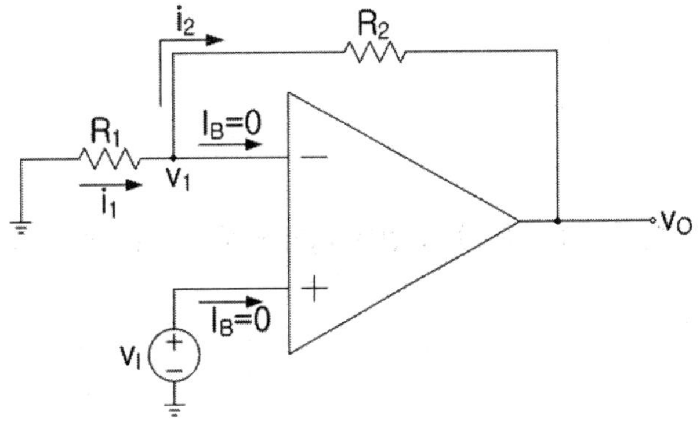

[그림 6-14] 비반전 증폭기

[그림 6-14]에서와 같이 비반전 증폭기는 연산증폭기의 비반전 단자로 입력 전압 v_I를 인가하고, 반전 단자와 ground 사이에 저항 R_1을 연결하고, 반전 단자와 출력 v_O 사이에 저항 R_2를 연결한 구조이다.

[그림 6-15]는 가상 단락이 고려된 비반전 증폭기를 나타낸 것이다.

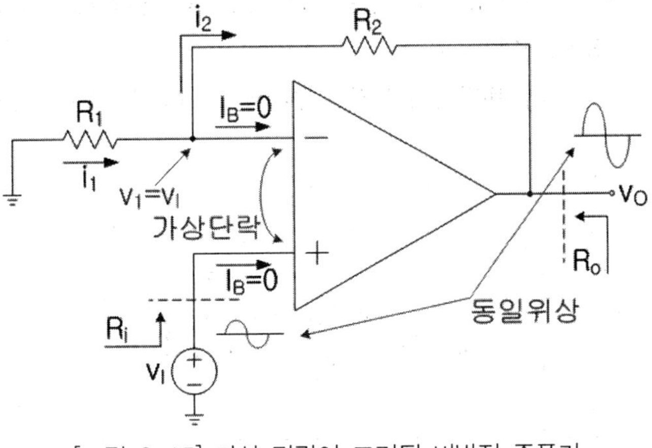

[그림 6-15] 가상 단락이 고려된 비반전 증폭기

[그림 6-15]에서와 같이 이상적인 연산증폭기의 두 입력 단자 사이에는 가상 단락이 존재하고, 비반전 단자는 입력 전압 v_I가 인가되고 있으므로 반전 단자 전압 v_1은 v_I와 같다고 생각할 수 있다.

연산증폭기의 반전 단자는 v_I와 같다고 할 수 있고, ground가 R_1을 통해 인가되고 있으므로, R_1으로 흐르는 전류 i_1을 구할 수 있다. 또한 R_2의 양단에 가상 단락으로 인한 v_I 전압과 출력 전압 v_O의 관계로 R_2에 흐르는 전류 i_2도 구할 수 있다. 그런데 반전 입력 단자로 흘러 들어가는 바이어스 전류 $I_B = 0$이므로, i_1 전류와 i_2 전류는 같다고 할 수 있다. 앞서 설명한 관계를 [식 6-8]에 나타내었다.

$$-\frac{v_I}{R_1} = \frac{v_I - v_O}{R_2} \qquad \text{[식 6–8]}$$

[식 6-8]을 변형하여 입력 전압 v_I와 출력 전압 v_O의 관계, 즉 폐루프 이득을 구하면 [식 6-9]와 같다.

$$A_v \equiv \frac{v_O}{v_I} = 1 + \frac{R_2}{R_1} \qquad \text{[식 6–9]}$$

[식 6-9]에서와 같이 비반전 증폭기의 폐루프 이득의 부호가 (+)인 것은 입력 신호 v_I와 출력 신호 v_O가 동일 위상 관계임을 의미한다.

[그림 6-15]에서와 같이 비반전 증폭기의 입력 저항 R_i는 이상적인 연산 증폭기의 입력 단자 전류가 0A이므로 매우 큰 값($R_I \rightarrow \infty$)을 갖는다. 이러한 입력 저항 특성은 바람직한 전압 증폭기의 특성이다.

[그림 6-15]에서와 같이 비반전 증폭기의 출력 저항 R_O는 출력단이 shunt feedback을 가지므로, 매우 작은 값($R_O \rightarrow 0$)을 갖는다.

이상적인 연산증폭기의 경우 비반전 증폭기의 등가회로는 [그림 6-16]과 같이 나타낼 수 있다.

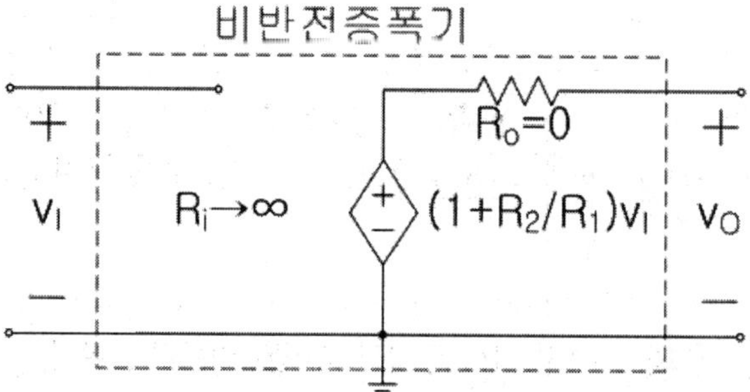

[그림 6–16] 비반전 증폭기의 등가 회로

비반전 증폭기의 특성을 요약하면 아래와 같다.

- 폐루프 전압 이득 : $A_v = 1+R_2/R_1$이며, 연산증폭기 특성과 무관하게 외부 저항 비에 의해 결정된다.
- 입력 저항 : $R_i \rightarrow \infty$이며, 이상적인 전압 증폭기의 입력 저항 특성에 잘 부합된다.
- 출력 저항 : $R_O \rightarrow 0$이며, 이상적인 전압 증폭기의 출력 저항 특성에 잘 부합된다.
- 비반전 증폭기는 이상적인 전압 증폭기의 입출력 저항 특성을 가지며, 폐루프 이득과 입력 저항 사이에 교환 조건(trade-off) 관계가 존재하지 않는다.

(4) 전압 팔로워(Voltage Follower)

[그림 6-17]은 전압 팔로워 회로를 나타낸 것이다.

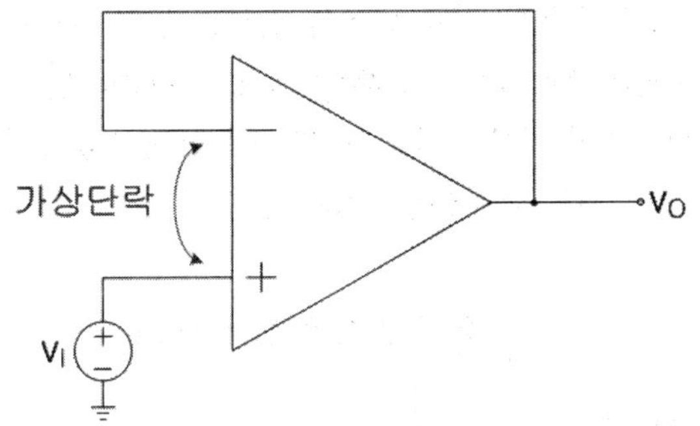

[그림 6-17] 전압 팔로워

[그림 6-17]에서와 같이 전압 팔로워는 [그림 6-14]의 비반전 증폭기 회로에서 $R_2 = 0\Omega$인 경우라고 생각할 수 있다.

이상적인 연산증폭기에서 두 입력단자는 가상 단락되므로, [그림 6-17]에서 $v_O = v_I$가 되어 폐루프 이득은 [식 6-10]과 같이 1이 된다.

$$A_v \equiv \frac{v_O}{v_I} = 1 \qquad \text{[식 6–10]}$$

[그림 6-17]과 같은 전압 팔로워의 입력 저항은 이상적인 연산증폭기의 입력단자 전류가 0A이므로, $R_i \rightarrow \infty$이다. 이와 같은 특성은 바람직한 전압 증폭기의 입력 저항 특성이다.

전압 팔로워의 출력 저항은 [그림 6-17]과 같이 shunt feedback을 가지므로, 매우 작은 값($R_O \rightarrow 0$)을 갖는다.

만약 [그림 6-18]과 같이 신호원 전압 v_I와 부하 저항 R_L이 직접 연결된 경우 부하 저항 R_L 양단 전압 v_L은 신호원이 갖는 자체 저항 R_S와 부하 저항 R_L에 의해 전압 분배되어 [식 6-11]과 같이 나타낼 수 있다.

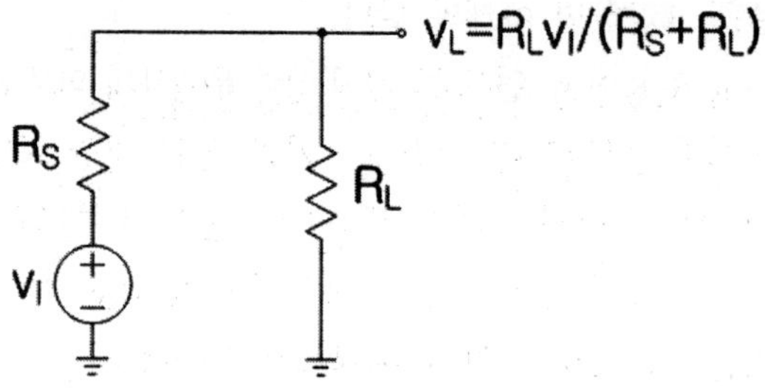

[그림 6-18] 신호원과 부하가 직접 연결된 경우

$$v_L = \frac{R_L v_I}{R_S + R_L}$$ [식 6-11]

[그림 6-18]과 같이 신호원이 부하 저항에 직접 연결된 경우 신호원 전압이 신호원이 갖는 자체 저항과 부하 저항에 의해 전압 분배되기 때문에 신호원 전압의 일부만 부하 저항으로 전달된다. 앞에서 살펴본 신호원이 부하 저항에 직접 연결된 경우의 단점을 보완하기 위해 [그림 6-19]와 같이 신호원과 부하 사이에 전압 팔로워를 삽입한다.

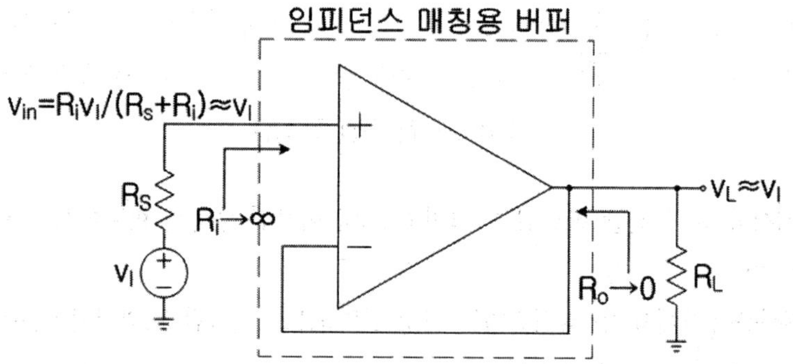

[그림 6-19] 전압 팔로워를 삽입한 경우

[그림 6-19]에서와 같이 신호원과 부하 저항 사이에 전압 팔로워를 삽입하게 되면, 신호원에서 전압 팔로워로 바라본 입력 저항 Ri는 매우 크기 때문에($R_i \to \infty$) 신호원 전압이 전압 팔로워 입력으로 전부 전달된다.

전달된 신호원 전압은 전압 팔로워에 의해 출력으로 전달되고, 전압 팔로워의 출력에서 바라본 출력 저항 R_O는 매우 작기 때문에($R_O \to 0$) 출력 전압이 전부 부하 저항 R_L로 전달된다.

따라서 전압 팔로워는 신호원 전압 v_I가 거의 그대로 부하 전압 v_L로 전달되기 때문에 임피던스 매칭용 버퍼로 사용하기에 적당하다.

(5) 비반전 가산기

비반전 가산기는 비반전 증폭기의 응용 회로로 출력 전압이 입력 전압들의 비반전된 가중합으로 나타난다. [그림 6-20]은 비반전 가산기를 나타낸 것이다.

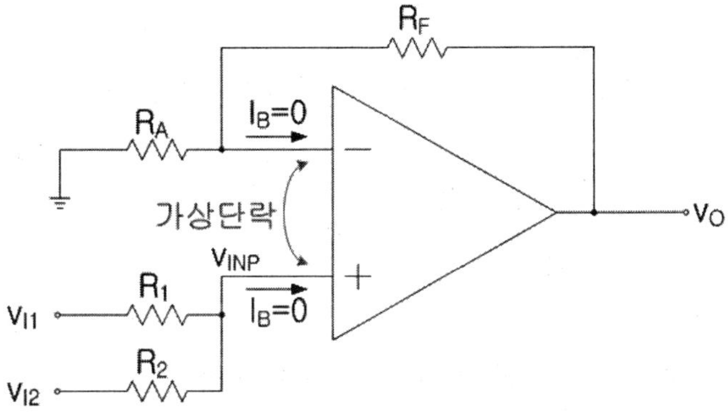

[그림 6-20] 비반전 가산기

[그림 6-20]에서와 같은 비반전 가산기는 중첩의 정리(superposition theorem)를 적용하여 각 입력신호에 의한 출력 전압을 독립적으로 구한 후, 이들을 모두 합하여 출력 전압을 구할 수 있다. 먼저 $v_{I2}=0V$인 경우에 v_{I1}에 의한 출력을 구하기 위해서 [그림 6-21]과 같이 나타낼 수 있다.

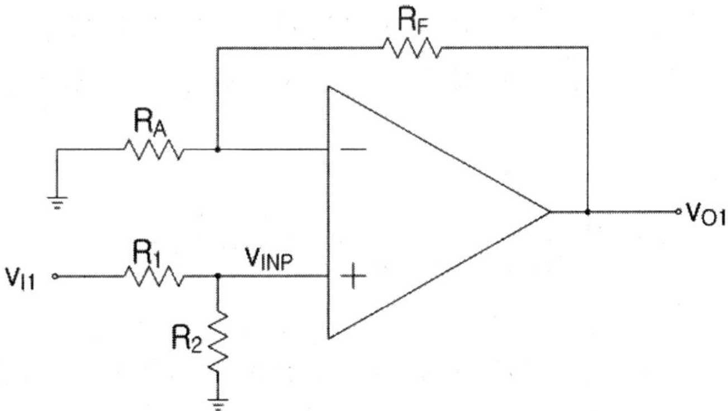

[그림 6-21] $v_{I2}=0V$인 경우

[그림 6-21]에서 연산증폭기의 비반전 입력전압을 v_{INP}라고 하면, 앞서 살펴본 비반전 증폭기 이득인 [식 6-9]로부터 [식 6-12]와 같이 나타낼 수 있다.

$$v_{O1}=\left(1+\frac{R_F}{R_A}\right)v_{INP}=\left(1+\frac{R_F}{R_A}\right)\left(\frac{R_2}{R_1+R_2}\right)v_{I1} \qquad [식\ 6\text{–}12]$$

[식 6-12]에서와 같이 $v_{INP} = v_{I1} \cdot R_2/(R_1+R_2)$로 변환하여 나타낼 수 있다. 마찬가지로, $v_{I1} = 0V$인 경우에 v_{I2}에 의한 출력을 구하기 위해 [그림 6-22]와 같이 나타낼 수 있다.

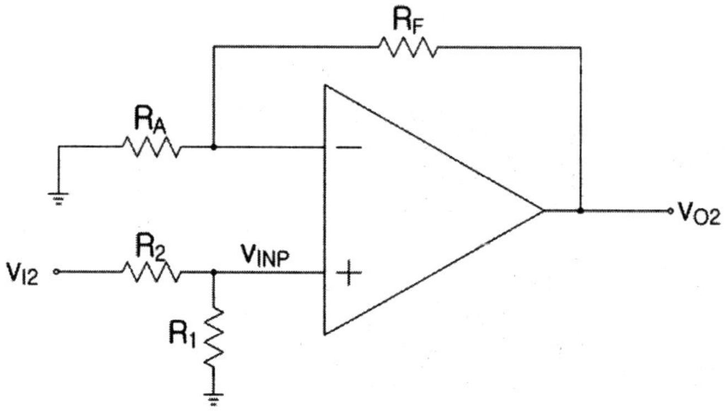

[그림 6-22] $v_{I1} = 0V$인 경우

[그림 6-22]에서 연산증폭기의 비반전 입력전압을 v_{INP}라고 하면, [식 6-9]로부터 [식 6-13]과 같이 나타낼 수 있다.

$$v_{O2} = \left(1+\frac{R_F}{R_A}\right)v_{INP} = \left(1+\frac{R_F}{R_A}\right)\left(\frac{R_1}{R_1+R_2}\right)v_{I2} \qquad [식\ 6\text{–}13]$$

[식 6-13]에서와 같이 $v_{INP} = v_{I2} \cdot R_1/(R_1+R_2)$로 변환하여 나타낼 수 있다.

앞서 구한 v_{O1}, v_{O2}로부터 중첩의 원리를 적용하여 실제 비반전 가산기 출력 전압인 v_O를 구하면 [식 6-14]와 같다.

$$v_O = v_{O1} + v_{O2} = \left(1+\frac{R_F}{R_A}\right)\left[\left(\frac{R_2}{R_1+R_2}\right)v_{I1} + \left(\frac{R_1}{R_1+R_2}\right)v_{I2}\right] \qquad [식\ 6\text{–}14]$$

[식 6-14]에서 $R_1 = R_2 = R_A = R_F$이면, $v_O = v_{I1}+v_{I2}$가 되어 두 입력전압의 합이 출력된다. 또한 [식 6-14]에서 $R_1=R_2$, $R_F=0$이면, $v_O = (v_{I1}+v_{I2})/2$가 되어 두 입력전압의 평균값이 출력된다.

(6) 차동 증폭기(Difference Amplifier)

[그림 6-23]는 두 입력 v_{I1}과 v_{I2}의 차(difference)를 증폭하는 차동 증폭기를 나타내고 있다.

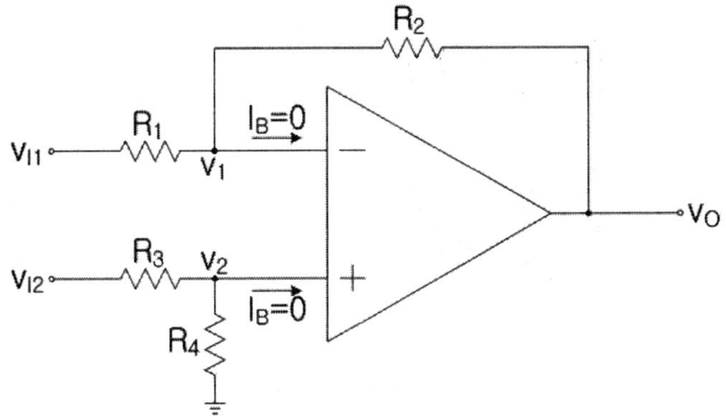

[그림 6-23] 차동 증폭기

[그림 6-23]에서 입력 전압 v_{I1}, v_{I2}에 의한 차동 증폭기의 출력은 중첩의 원리를 이용하여 구할 수 있다. 먼저 $v_{I2} = 0V$인 경우에 v_{I1}에 의한 출력을 구하기 위해 [그림 6-24]와 같이 나타내었다.

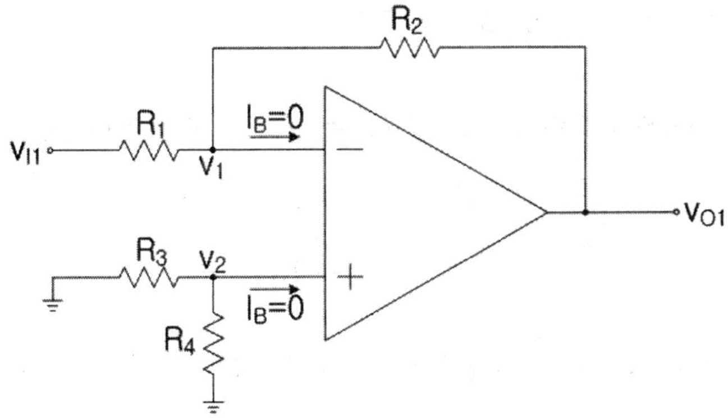

[그림 6-24] $v_{I2} = 0V$인 경우

[그림 6-24]의 회로에서 연산증폭기의 비반전 입력 전압 v_2는 0V가 되므로, [그림 6-24]의 회로는 v_{I1}을 입력으로 하는 반전 증폭기로 생각할 수 있다.

[식 6-4]를 이용하여 v_{I1}에 의한 출력 v_{O1}을 구하면 [식 6-15]와 같다.

$$v_{O1} = -\frac{R_2}{R_1}v_{I1} \qquad \text{[식 6–15]}$$

다음으로 v_{I1} = 0V인 경우에 v_{I2}에 의한 출력을 구하기 위해 [그림 6-25]와 같이 나타낼 수 있다.

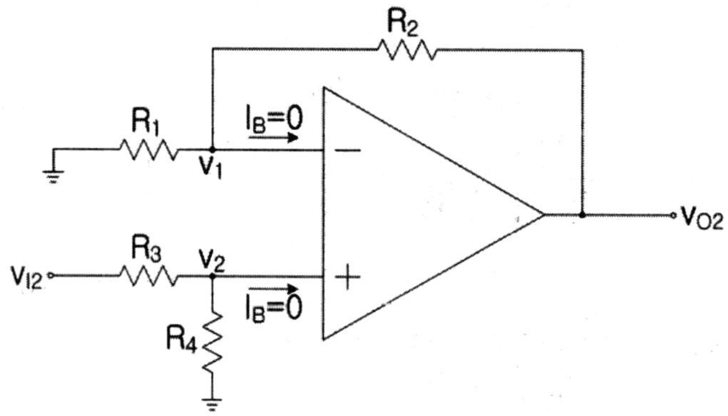

[그림 6-25] v_{I1} = 0V인 경우

[그림 6-25]의 회로에서 연산증폭기의 비반전 입력전압은 $v_2 = v_{I2} \cdot R_4/(R_3+R_4)$이므로, [그림 6-25]의 회로는 v_2를 입력전압으로 하는 비반전 증폭기로 생각할 수 있다.

[식 6-9]를 이용하여 v_{I2}에 의한 출력 v_{O2}를 구하면 [식 6-16]과 같다.

$$v_{O2} = \left(1+\frac{R_2}{R_1}\right)v_2 = \left(1+\frac{R_2}{R_1}\right)\left(\frac{R_4/R_3}{1+R_4/R_3}\right)v_{I2} \qquad \text{[식 6-16]}$$

[식 6-15]와 [식 6-16]을 이용하여 차동 증폭기의 출력 v_O를 구하면 [식 6-17]과 같다.

$$v_O = v_{O1} + v_{O2} = \left(1+\frac{R_2}{R_1}\right)\left(\frac{R_4/R_3}{1+R_4/R_3}\right)v_{I2} - \left(\frac{R_2}{R_1}\right)v_{I1} \qquad \text{[식 6-17]}$$

[식 6-17]에서 저항비가 $R_2/R_1 = R_4/R_3$ (또는 $R_1 = R_3$, $R_2 = R_4$)인 경우 출력 전압 v_O는 [식 6-18]과 같이 나타낼 수 있다.

$$v_O = \frac{R_2}{R_1}(v_{I2} - v_{I1}) = A_d(v_{I2} - v_{I1}) \qquad \text{[식 6-18]}$$

[식 6-18]에서 $A_d = R_2/R_1$이며, A_d는 폐루프 차동이득이다. 차동 증폭기의 입력 저항 R_{id}는 [그림 6-26]에 나타낸 것처럼 연산증폭기의 두 입력단자가 가상 단락됐으므로 $R_{id} = R_1+R_3$이다.

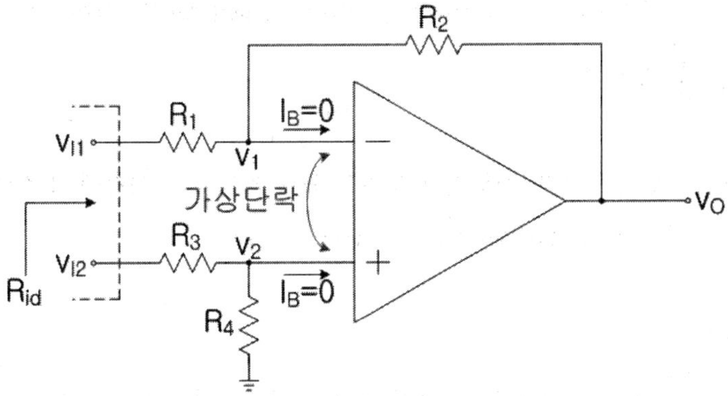

[그림 6-26] 차동 증폭기의 차동 입력 저항

따라서 [식 6-18]로부터 차동 이득과 차동 입력 저항 사이에는 서로 교환 조건이 존재함을 알 수 있다.

(7) 반전 적분기

반전 적분기는 [그림 6-27]과 같이 반전 증폭기 회로에서 궤환 저항 대신에 커패시터가 연결된 구조이다.

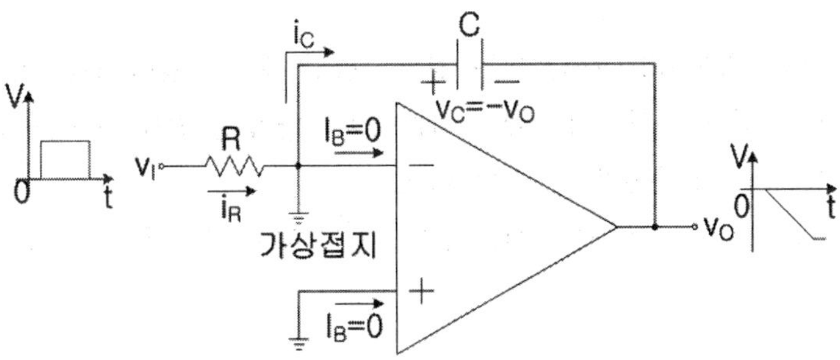

[그림 6-27] 반전 적분기 회로

[그림 6-27]과 같이 저항 R에 흐르는 전류 i_R은 저항 양단 전압 차 v_I에 의해 $i_R = v_I/R$로 나타낼 수 있고, 커패시터 C에 흐르는 전류 i_C는 커패시터 양단 전압 차 $-v_O$에 의해 $i_C = -C \cdot dv_O/d_t$로 나타낼 수 있다. 그런데 연산증폭기의 반전 입력으로 흐르는 전류는 0A이므로 저항 R에 흐르는 전류 i_R과 커패시터로 흐르는 전류 i_C는 서로 같다. 이와 같은 관계를 [식 6-19]에 나타내었다.

$$i_R = \frac{v_I}{R} = i_C = -C\frac{dv_O}{dt} \qquad \text{[식 6–19]}$$

[식 6-19]를 출력 전압 v_O에 대해서 나타내면 [식 6-20]과 같이 나타낼 수 있다.

$$v_O(t) = -\frac{1}{RC}\int v_I(t)dt \qquad [식\ 6\text{–}20]$$

[식 6-20]에서 알 수 있듯이 반전 적분기의 출력은 입력 전압 v_I를 시간에 대해서 적분한 것이다. 여기서 R_C를 적분 시상수(integral time-constant)라고 한다.

(8) 반전 미분기

반전 미분기는 [그림 6-28]에서와 같이 반전 적분기 회로에서 R과 C의 위치를 바꾼 구조이다.

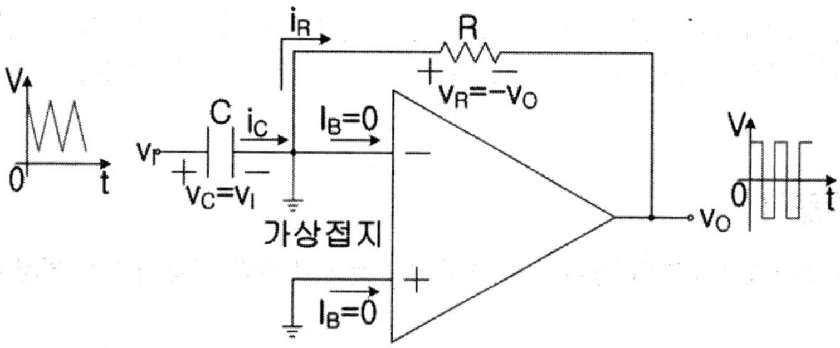

[그림 6–28] 반전 미분기 회로

[그림 6-28]과 같이 커패시터 C에 흐르는 전류 i_C는 커패시터 양단 전압 차 v_I에 의해 $i_C = C \cdot dv_I/d_t$로 나타낼 수 있고, 저항 R에 흐르는 전류 i_R은 저항 양단 전압 차 $-v_O$에 의해 $i_R = -v_O/R$로 나타낼 수 있다. 그런데 연산증폭기의 반전 입력으로 흐르는 전류는 0A이므로 커패시터로 흐르는 전류 i_C와 저항 R에 흐르는 전류 i_R은 서로 같다. 이와 같은 관계를 [식 6-21]에 나타내었다.

$$i_C = C\frac{dv_I}{dt} = i_R = -\frac{v_O}{R} \qquad [식\ 6\text{–}21]$$

[식 6-21]를 출력 전압 v_O에 대해서 나타내면 [식 6-22]와 같이 나타낼 수 있다.

$$v_O(t) = -RC\frac{dv_I}{dt} \qquad [식\ 6\text{–}22]$$

[식 6-22]에서 알 수 있듯이 반전 미분기의 출력은 입력 전압 v_I를 시간에 대해서 미분한 것이다. 여기서 RC를 미분 시상수(differentiator time-constant)라고 한다.

연습문제

01. 다음 중 이상적인 연산증폭기(OP-AMP)의 특징으로 틀린 것은? (   )

① 입력 임피던스는 무한대(∞)이다.
② 입력은 반전과 비반전 단자로 구분할 수 있다.
③ 전압이득은 무한대(∞)이다.
④ 출력 임피던스는 무한대(∞)이다.

02. 다음 회로에서 전압 이득이 −100이 되기 위한 R_2 값은 얼마인가? (   )

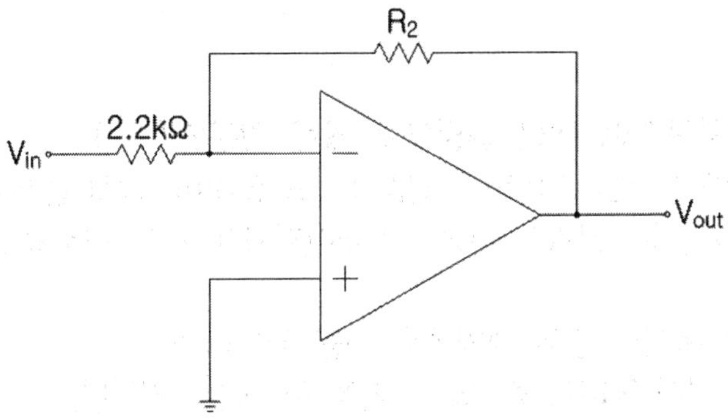

① 2.2 kΩ　　② 110 kΩ　　③ 220 kΩ　　④ 440 kΩ

03. 어떤 차동 증폭기의 차동모드 전압이득이 5000, 동상모드 전압이득이 0.25일 때, CMRR은 약 몇 dB인가? (단, $\log 5 \simeq 0.7$이다.) (   )

① 46　　② 62　　③ 78　　④ 86

04. 다음 연산증폭기의 특성 중 슬루 레이트(slew rate)에 가장 영향을 많이 받는 특성은? (   )

① 잡음 특성　　② 이득 특성　　③ 스위칭 특성　　④ 동상 제거 특성

05. 다음의 회로에서 R_L에 100mA의 전류가 흐를 때 R_L의 값은? (　)
(단, $V_i = 5V$, $R_1 = 47\ k\Omega$, $R_2 = 470\ k\Omega$이다.)

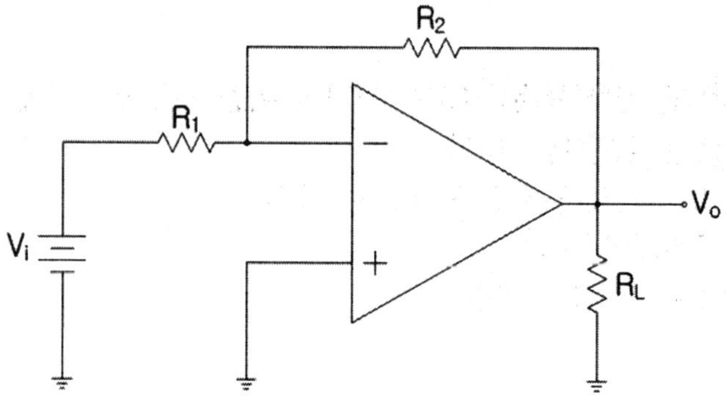

① 5Ω　　② 50Ω　　③ 500Ω　　④ 5 kΩ

06. 다음 중 연산증폭기에 대한 설명으로 옳은 것은? (　)
① 정궤환 회로를 추가한 고이득 직결증폭기를 말하며, 병렬 증폭기를 이용한다.
② IC화된 연산증폭기는 신뢰도, 안정도가 떨어지지만, 저가, 회로의 소형화 등의 장점을 가진다.
③ 이상적 연산증폭기인 경우 대역폭은 ∞를 갖는다.
④ 가상 접지는 실제 물리적 접지와 전기적 특성이 동일하다.

07. 다음 중 차동증폭기에서 공통모드 제거비(CMRR)에 대한 설명으로 옳은 것은? (　)
① 이 값이 클수록 우수한 증폭기가 된다.
② 차동 이득은 작을수록 우수한 증폭기가 된다.
③ 동상 이득은 클수록 우수한 증폭기가 된다.
④ 이 값이 크면 증폭기의 잡음출력이 크다.

08. 이상적인 차동증폭기의 공통성분제거비(CMRR)는? (　)
① 0
② 1
③ −1
④ 무한대

09. 다음 회로에서 출력 V_O의 전압(V)은? (단, OPAMP는 이상적이다.) (　)

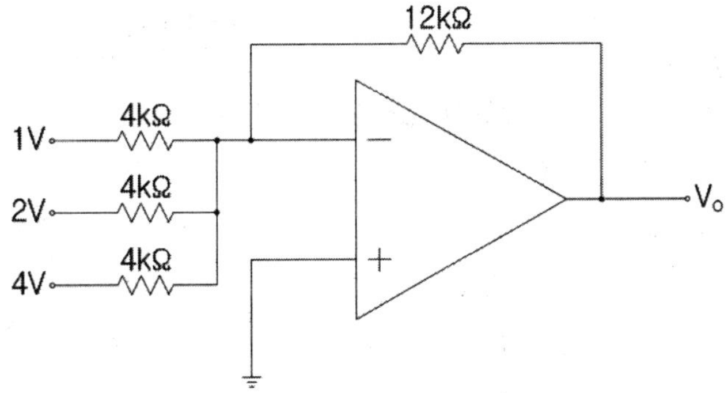

① −7　　② −21　　③ 7　　④ 21

10. 다음 회로에서 궤환율 β는 얼마인가? (　)

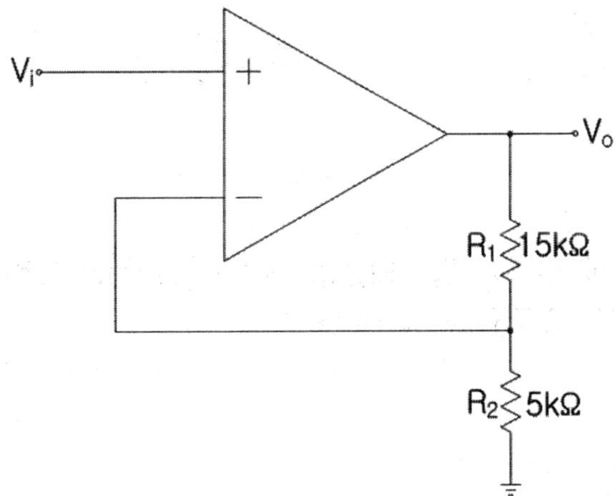

① 0.25　　② 0.5　　③ 0.75　　④ 1

11. 다음 회로에 삼각파를 인가했을 경우에 출력 파형은? (　　)

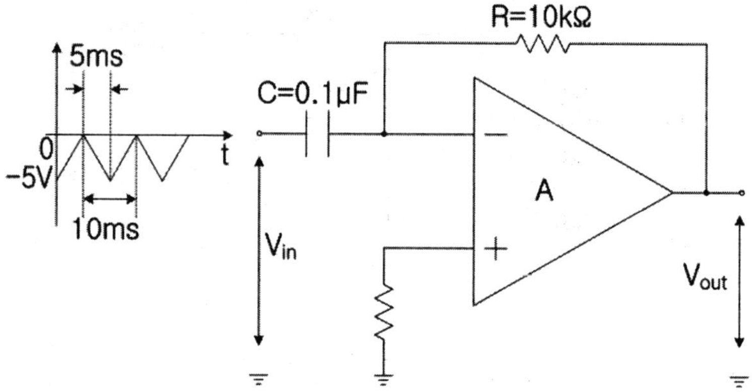

① 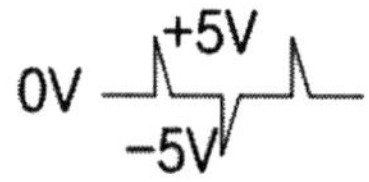

② 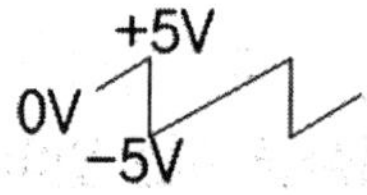

③ 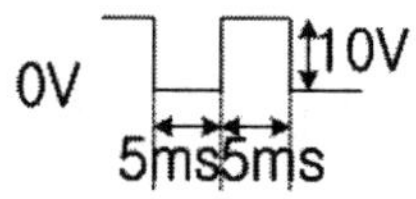

④ 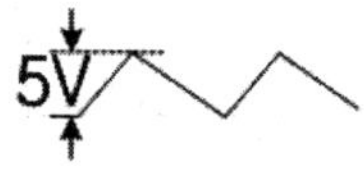

12. 어떤 연산증폭기에 펄스가 입력되었을 때 0.6 [μs]동안 출력 전압이 -9 [V]에서 +9 [V]까지 변했을 때, 슬루율(slew rate)은? (　　)

① 18 [V/μs]
② 30 [V/μs]
③ 0.6 [V/μs]
④ 9 [V/μs]

13. 어떤 차동 증폭기의 차동 전압 이득은 5,000이며, 동상 모드 이득이 0.25인 증폭기에 대한 동상 모드 제거비(CMRR)를 이용하여 데시벨(dB)로 계산하면 얼마인가? (　　)

① 약 46 [dB]
② 약 62 [dB]
③ 약 78 [dB]
④ 약 86 [dB]

14. 다음 연산증폭기 회로의 전체 이득(V_O/V_S)은 몇 [dB]인가? (   )

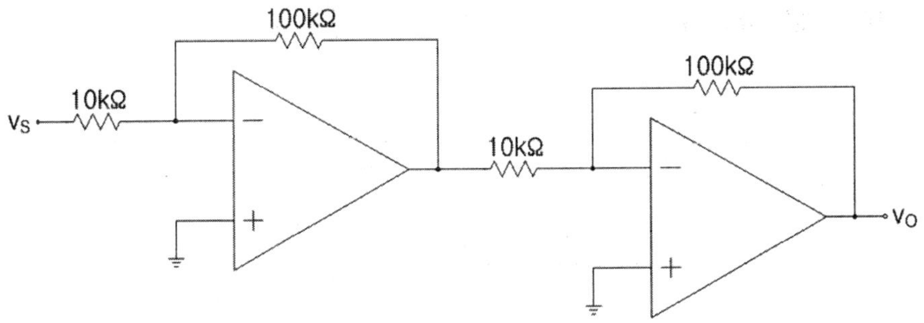

① 10 [dB]　　② 20 [dB]　　③ 30 [dB]　　④ 40 [dB]

15. 다음 정전압 장치의 출력 전압은 몇 [V]인가? (   )

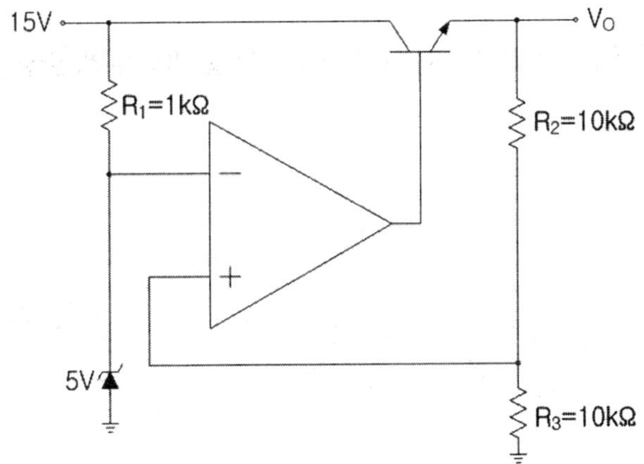

① 5 [V]　　② 7.5 [V]　　③ 10 [V]　　④ 12.5 [V]

16. 연산증폭기에 계단파 입력전압이 인가되었을 때 시간에 따른 출력전압의 변화율은? (   )

① 전류 드리프트
② 슬루 레이트
③ 동상신호제거비
④ 출력 오프셋 전압

17. 다음 그림과 같은 OPAMP 회로에서 출력 전압 V_O는? ( )
(단, $V_1 = +1V$, $V_2 = +2V$, $V_3 = +3V$, $R_1 = 500k\Omega$, $R_2 = 1M\Omega$, $R_3 = 1M\Omega$, $R_f = 1M\Omega$이다.)

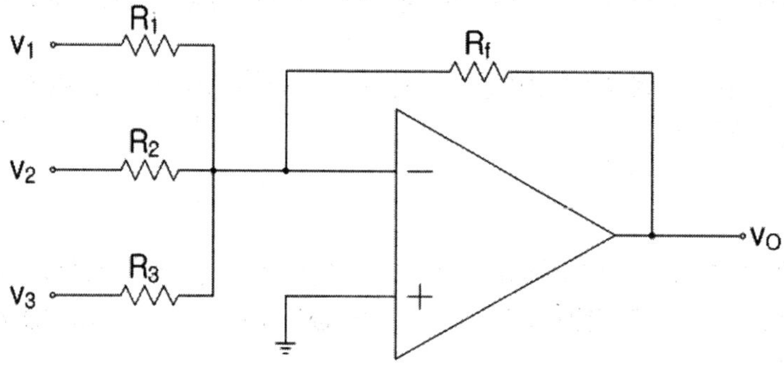

① +3 [V] ② +7 [V] ③ −3 [V] ④ −7 [V]

18. 다음 회로에서 $R_1 = 200\,[k\Omega]$, $R_2 = 20\,[k\Omega]$일 때 부궤환율 β는? ( )

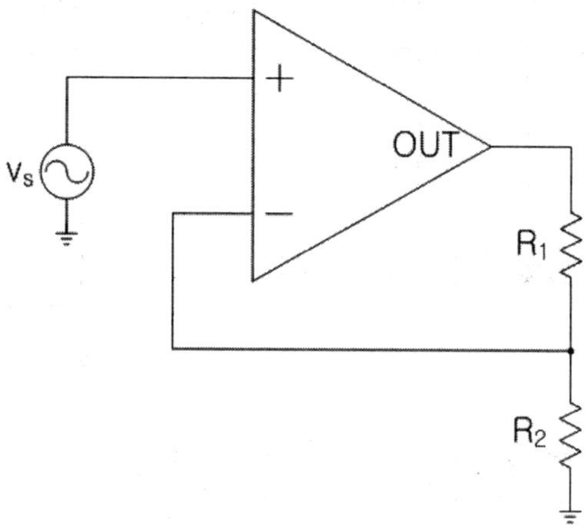

① 약 0.012 ② 약 0.023 ③ 약 0.091 ④ 약 0.91

19. 다음 중 연산증폭기에 대한 설명으로 옳은 것은? ( )

① 높은 입력 오프셋 전압을 갖는 연산증폭기는 낮은 전압 드리프트를 갖는다.
② 연산증폭기의 입력 바이어스 전류란 두 입력단자를 통해 흘러 들어가는 전류의 평균값이다.
③ 연산증폭기의 슬루율(Slew Rate)이란 출력전압의 변화율을 입력전압의 변화율로 나눈 값이다.
④ 연산증폭기의 개방루프 이득이 100,000이고 동상 이득이 0.25이면 동상신호 제거비(CMRR)는 56 [dB]이다.

20. 연산증폭기의 슬루 레이트(Slew Rate)는 어떤 특성에 크게 영향을 주는가? ( )

① 잡음 특성
② 이득 특성
③ 스위칭 특성
④ 동상제거 특성

21. 다음과 같은 연산증폭기에서 출력전압은? ( )

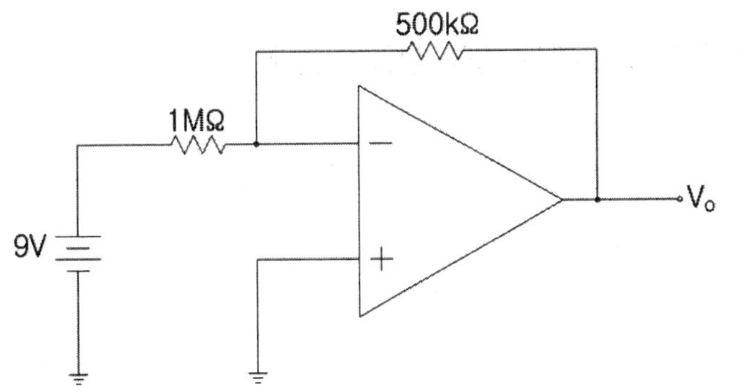

① 0 [V]　　② −4.5 [V]　　③ 9 [V]　　④ −18 [V]

22. 다음 중 이상적인 연산증폭기의 특징으로 적합하지 않은 것은? ( )

① 출력 임피던스가 0이다.
② 입력 오프셋 전압이 0이다.
③ 동상신호제거비가 0이다.
④ 주파수 대역폭이 무한대이다.

23. 다음 회로에서 구형파 입력에 대한 출력 파형으로 가장 적합한 것은? (　　)

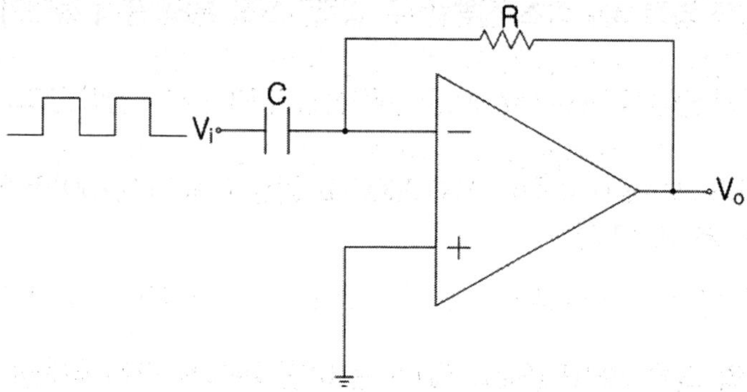

① 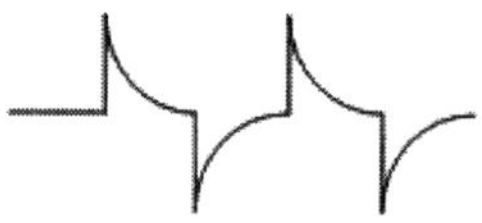

② 

③ 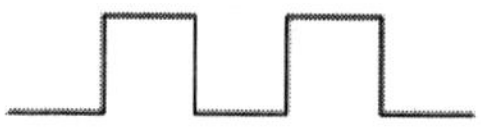

④ 

24. 다음 연산증폭기 회로에서 출력 전압 V_O는? (　　)

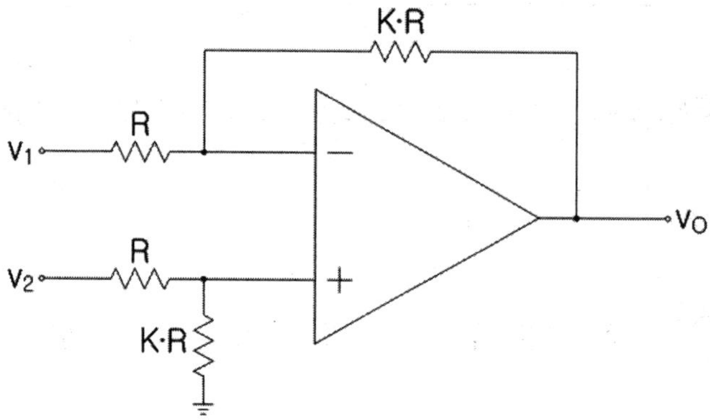

① $V_O = K(V_2 - V_1)$

② $V_O = KV_2 - (K+1)V_1$

③ $V_O = (K+1)V_2 - KV_1$

④ $V_O = (K+1)(V_2 - V_1)$

25. 다음 중 연산증폭기에 관한 설명으로 옳은 것은? (　)

① 입력단자는 반전 입력(+)과 비반전 입력(-) 두 개가 있다.
② 이상적인 연산증폭기의 주파수 대역폭은 매우 좁아 주파수의 선택도가 매우 뛰어나다.
③ 이상적인 연산증폭기의 출력 임피던스는 무한대의 값을 갖기 때문에 버퍼회로에 이용된다.
④ 연산증폭기는 선형 집적회로로 동작 전압이 낮고 신뢰도가 매우 높다.

26. 다음 그림은 반전 연산 증폭회로이다. $V_1 = 3$ [V], $V_2 = 4$ [V]일 때 V_O는 몇 [V]인가? (　)

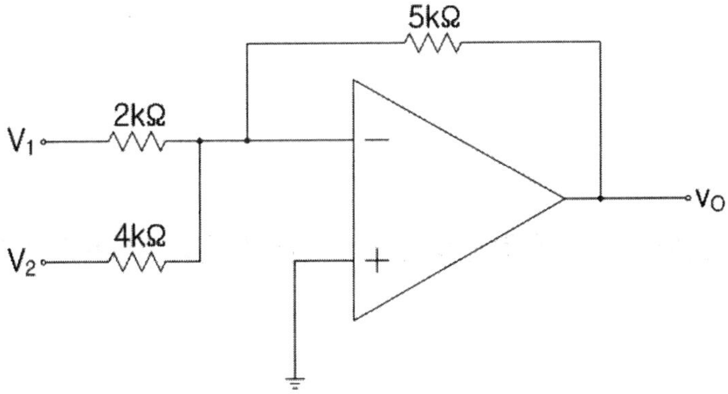

① −12.5　② −13.75　③ −14.2　④ −15.25

27. 연산증폭기에 계단파 입력전압이 인가되었을 때, 시간에 따른 출력전압의 변화율은? (　)

① 전류 드리프트
② 슬루 레이트
③ 동상신호제거비
④ 출력 오프셋 전압

28. 다음 중 f_T(단위 이득 주파수)에 대한 설명으로 가장 적합한 것은? (　)

① 증폭기의 이득이 0 [dB]가 되는 주파수
② 증폭기의 이득이 10 [dB]가 되는 주파수
③ 증폭기의 이득이 최대 이득에서 3 [dB]가 떨어지는 주파수
④ 증폭기의 이득이 최대 이득에서 6 [dB]가 떨어지는 주파수

29. 다음 중 부궤환 증폭기의 특징이 아닌 것은? (　　)

① 이득의 감소
② 안정도의 감소
③ 잡음의 감소
④ 주파수 대역폭의 증가

30. 전압 이득이 40 [dB]인 증폭기에 궤환율이 0.1인 부궤환을 걸었을 때, 증폭기의 전압 이득은? (　　)

① 9.1
② 4.9
③ 49
④ 91

31. 이상적인 연산증폭기의 두 입력 전압이 $V_1 = V_2$일 때, 출력 전압으로 가장 적합한 것은? (　　)

① 0
② V_1
③ $2V_1$
④ 무한대

32. 어떤 증폭회로의 입력전력이 1 [W], 출력전력이 10 [W]일 때, 전력 이득은 약 몇 [dB]인가? (　　)

① 0
② 10
③ 20
④ 40

33. 다음 중 차동 증폭기에서 동상신호제거비(CMRR)에 대한 설명으로 옳은 것은? (　　)

① 이 값이 클수록 우수한 증폭기가 된다.
② 차동 이득은 작을수록 우수한 증폭기가 된다.
③ 동상 이득은 클수록 우수한 증폭기가 된다.
④ 이 값이 크면 증폭기의 잡음출력이 크다.

34. 다음과 같은 회로에서 출력 전압 v_O는? (   )

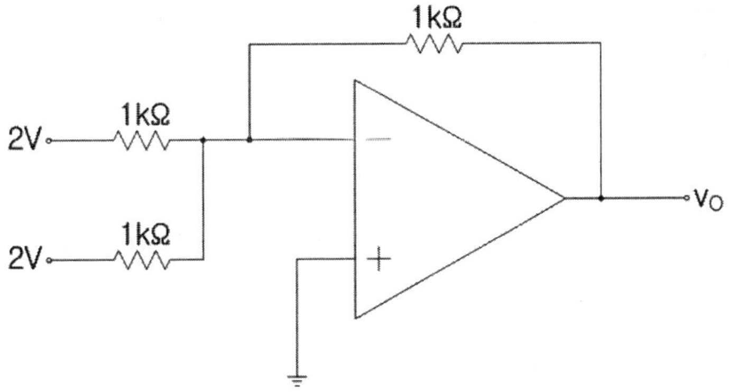

① −2 [V] ② −3 [V] ③ −4 [V] ④ −6 [V]

35. 다음 중 연산증폭기의 스위칭 특성에 가장 크게 영향을 주는 것은? (   )

① 입력 임피던스
② 슬루 레이트
③ 출력 오프셋 전압
④ 출력 임피던스

36. 다음 중 연산증폭기 회로에서 출력 전압 V_O는? (   )

① $V_O = K(V_2 - V_1)$
② $V_O = KV_2 - (K+1)V_1$
③ $V_O = (K+1)V_2 - KV_1$
④ $V_O = (K+1)(V_2 - V_1)$

37. 어떤 증폭기의 전압 증폭도가 100이고, 전류 증폭도가 10일 때, 전력 이득은 몇 [dB]인가? (   )

① 20 [dB]
② 30 [dB]
③ 40 [dB]
④ 60 [dB]

38. 다음 그림의 회로 명칭으로 가장 적합한 것은? (단, $R_1 = R_2 = R_3 = R_4$이다.) ( )

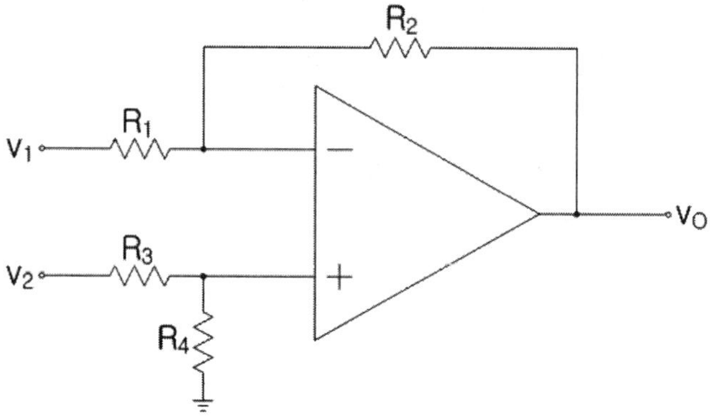

① 이상기 ② 대수증폭기 ③ 차동증폭기 ④ 부호변환기

39. 다음 중 차동증폭기에서 공통성분 제거비(CMRR)에 대한 설명으로 옳은 것은? ( )

① 동상이득이 클수록 CMRR이 커진다.
② 차동이득이 클수록 CMRR이 작아진다.
③ CMRR은 $|A_c$(동상이득)/A_d(차동이득)$|$으로 정의된다.
④ CMRR이 클수록 차동증폭기의 성능이 좋다.

40. RC결합 저주파 증폭기에서 앞 단에 흐르는 전류 성분 중 다음 단으로 넘어가는 것은? ( )

① 직류분
② 교류분
③ 직류분+교류분
④ 직류분−교류분

41. 다음 중 f_r(단위 이득 주파수)에 대한 설명으로 가장 적합한 것은? ( )

① 증폭기의 이득이 0[dB]가 되는 주파수
② 증폭기의 이득이 10[dB]가 되는 주파수
③ 증폭기의 이득이 최대 이득에서 3[dB]가 떨어지는 주파수
④ 증폭기의 이득이 최대 이득에서 6[dB]가 떨어지는 주파수

42. 다음 연산증폭기 회로에서 R_L에 흐르는 전류가 2.5[mA]일 때, R_L 값은 몇 [kΩ]인가?

( )

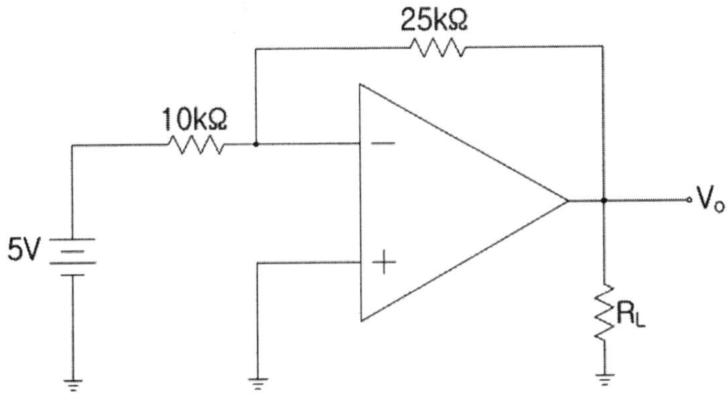

① 4[kΩ] ② 5[kΩ] ③ 6.5[kΩ] ④ 7.2[kΩ]

43. 다음 중 이상적인 연산증폭기(OP–Amp)의 특징이 아닌 것은? ( )

① 출력 임피던스가 무한대
② 입력 임피던스가 무한대
③ 전압 이득이 무한대
④ 대역폭이 무한대

44. 다음 중 슬루 레이트(Slew Rate)의 단위는? ( )

① [V/μs]
② [μs/V]
③ [μs/A]
④ [A/μs]

45. 이상적인 차동 증폭기의 동상 제거율(Common Mode Rejection Ratio)은? ( )

① 1
② 0
③ ∞
④ −1

46. 차동증폭회로에서 차동이득 $A_d = 100$이고, 동상이득 $A_c = 0.01$이면, 동상신호제거비(CMRR)는 몇 [dB]인가? (　　)

① 10
② 30
③ 60
④ 100

정답

01 ④	02 ③	03 ④	04 ③	05 ③	06 ③	07 ①	08 ④	09 ②	10 ①
11 ③	12 ②	13 ④	14 ④	15 ③	16 ②	17 ④	18 ③	19 ②	20 ③
21 ②	22 ③	23 ①	24 ①	25 ④	26 ①	27 ②	28 ①	29 ②	30 ①
31 ①	32 ②	33 ①	34 ③	35 ②	36 ①	37 ②	38 ③	39 ④	40 ②
41 ①	42 ②	43 ①	44 ①	45 ③	46 ③				

CHAPTER 07

전력 증폭기

7.1 Class-A 전력 증폭기

(1) Class-A 전력 증폭기 개념

전력 증폭기는 신호가 인가되었을 때, 컬렉터(Collector) 전류 파형에 따라 분류된다. Class-A 전력 증폭기는 [그림 7-1]에서와 같이 신호 전류 $\hat{I}_C$보다 큰 전류 I_C에 의해 바이어스 된다.

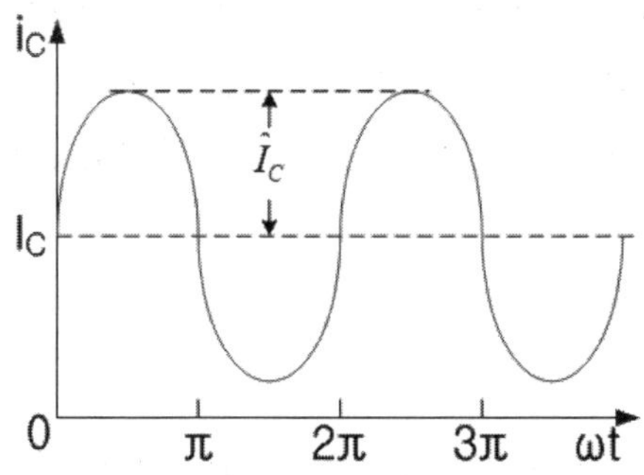

[그림 7-1] Class-A 전력 증폭기의 컬렉터 전류 파형

Class-A 전력 증폭기의 트랜지스터는 입력 신호의 전체 주기 동안 동작한다(conduction angle = 360°).

(2) Class-A 전력 증폭기 특성

Class-A 전력 증폭기는 낮은 출력 임피던스를 갖기 위해 [그림 7-2]와 같은 이미터 팔로워(Emitter Follower)가 가장 많이 사용된다.

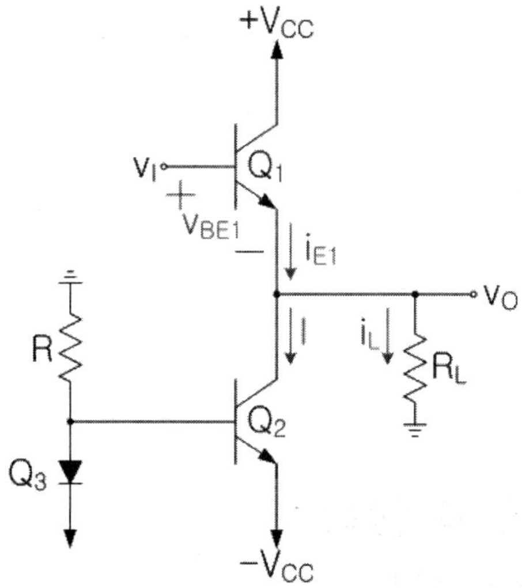

[그림 7-2] 고정 전류 I에 의해 바이어스된 Emitter Follower (Q1)

[그림 7-2]와 같이 트랜지스터 Q_1의 바이어스 전류 I를 생성하기 위하여 트랜지스터 Q_2를 사용하였고, 트랜지스터 Q_2에 흐르는 바이어스 전류 I는 저항 R과 다이오드 Q_3를 사용하여 Q_2의 베이스-이미터 사이 전압을 조절해서 생성하였다. [그림 7-2]에서 $+V_{CC}$는 양(+)의 전원 전압, $-V_{CC}$는 음(-)의 전원 전압, v_I는 입력 신호 전압, R_L은 부하 저항, v_O는 출력 전압을 나타낸다.

[그림 7-2]에서 Q_1 트랜지스터의 이미터 전류 i_{E1}은 [식 7-1]과 같이 나타낼 수 있다.

$$i_{E1} = I + i_L \qquad [식\ 7\text{-}1]$$

[식 7-1]에서 바이어스 전류 I는 부하 전류 i_L의 음(-)의 최댓값보다 커야 한다. 그렇지 않으면 트랜지스터 Q_1이 OFF되어 [그림 7-1]과 같은 Class-A 동작을 하지 못한다.

[그림 7-2]의 Emitter Follower에서 입력 전압 v_I에 대한 출력 전압 v_O의 전달 특성을 나타내면 [그림 7-3]과 같다.

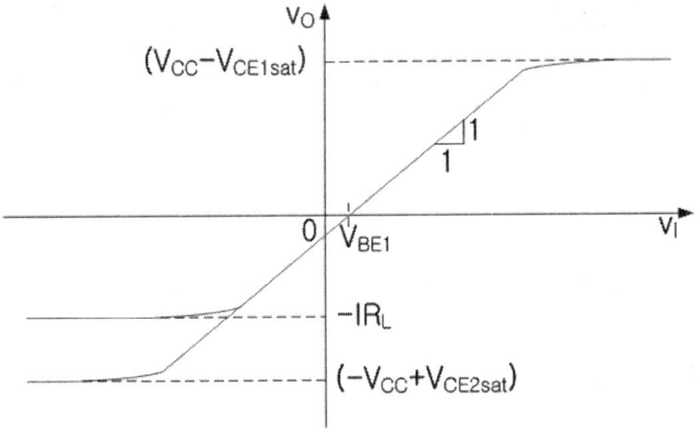

[그림 7–3] Emitter Follower의 전달 특성

[그림 7-3]과 같이 Emitter Follower의 출력 전압 v_O는 입력 신호 전압 v_I에서 Q_1 트랜지스터의 베이스-이미터 사이의 전압 V_{BE1}을 뺀 것과 같다. 이것을 식으로 나타내면 [식 7-2]와 같다.

$$v_O = v_I - v_{BE1} \qquad \text{[식 7–2]}$$

[그림 7-2]에서 Emitter Follower의 출력 전압 v_O의 최댓값은 양(+)의 전원 전압 $+V_{CC}$에서 트랜지스터 Q_1이 포화 영역(saturation region)에 있을 때 컬렉터-이미터 사이의 전압 $v_{CE1,sat}$을 뺀 것과 같다. 이것을 식으로 나타내면 [식 7-3]과 같다.

$$v_{Omax} = v_{CC} - v_{CE1,sat} \qquad \text{[식 7–3]}$$

또한 [그림 7-2]에서 Emitter Follower의 출력 전압 v_O의 최솟값은 두 가지 경우로 나누어 생각할 수 있는데, 첫 번째는 바이어스용 트랜지스터 Q_2가 선형 영역에 있을 때와 두 번째는 Q_2가 포화 영역에 있을 경우이다.

먼저 트랜지스터 Q_2가 선형 영역에 있을 때 출력 전압 v_O는 트랜지스터 Q_1으로부터 공급되는 전류는 없고, 부하 저항으로부터 바이어스 전류 I만 Q_2를 통해 흐를 때이다. 이것을 식으로 나타내면 [식 7-4]와 같다.

$$v_{Omin} = -IR_L \qquad \text{[식 7–4]}$$

다음으로 트랜지스터 Q_2가 포화 영역에 있을 때 출력 전압 v_O는 음(-)전원 $-V_{CC}$에서 트랜지스터 Q_2의 컬렉터-이미터 사이의 전압 $V_{CE2,sat}$를 더한 것과 같다. 이를 식으로 나타내면 [식 7-5]와 같다.

$$v_{O\min} = -V_{CC} + V_{CE2,sat} \qquad \text{[식 7-5]}$$

앞에서 살펴본 출력 전압 v_O에 대한 최댓값 및 최솟값을 [그림 7-3]에 요약해서 나타내었다.

(3) Class-A 전력 증폭기의 전력 변환 효율

전력 변환 효율(Power-Conversion Efficiency)은 [식 7-6]과 같이 정의한다.

$$\eta = \frac{P_L}{P_S} \qquad \text{[식 7-6]}$$

[식 7-6]에서 η는 전력 변환 효율, P_L은 부하 전력(Load Power), P_S는 공급 전력(Supply Power)을 나타낸다. [그림 7-2]에서 정현파 출력 신호의 최댓값을 $\widehat{V_O}$라 하면, 평균 부하 전력 P_L은 [식 7-7]과 같이 구할 수 있다.

$$P_L = \frac{(v_{O,rms})^2}{R_L} = \frac{(\widehat{V_O}/\sqrt{2})^2}{R_L} = \frac{1}{2}\frac{\widehat{V_O}^2}{R_L} \qquad \text{[식 7-7]}$$

[식 7-7]에서 $v_{o,rms}$는 정현파 출력 신호의 RMS(Root-Mean-Square) 값이다. 또한 [그림 7-2]에서 Q_2에 흐르는 전류는 I로 일정하므로 Q_1에 흐르는 평균 전류는 I이다. 따라서 양(+)전원과 음(-)전원으로부터 소비되는 전력은 각각 $V_{CC} \cdot I$이므로 전체 평균 전원 전력 P_S는 [식 7-8]과 같다.

$$P_S = 2V_{CC}I \qquad \text{[식 7-8]}$$

[식 7-7]과 [식 7-8]로부터 전력 변환 효율 η를 구하면 [식 7-9]와 같다.

$$\eta = \frac{1}{4}\frac{\widehat{V_O}^2}{IR_LV_{CC}} = \frac{1}{4}\left(\frac{\widehat{V_O}}{IR_L}\right)\left(\frac{\widehat{V_O}}{V_{CC}}\right) \qquad \text{[식 7-9]}$$

$\widehat{V_O} \le V_{CC}$이고, $\widehat{V_O} \le IR_L$이므로, 최대 효율은 [식 7-10]의 조건에서 얻어진다.

$$\widehat{V_O} = V_{CC} = IR_L \qquad [식\ 7\text{-}10]$$

[식 7-9]와 [식 7-10]을 이용하면 Class-A 전력 증폭기의 최대 효율은 25%임을 알 수 있다.

7.2 Class-B 전력 증폭기

(1) Class-B 전력 증폭기 개념

Class-B 전력 증폭기는 Class-A 전력 증폭기와 달리, DC 전류 '0A'에서 바이어스가 된다. [그림 7-4]에서와 같이 Class-B 전력 증폭기에서는 입력 신호의 반주기에서만 트랜지스터가 동작한다. (conduction angle = 180°)

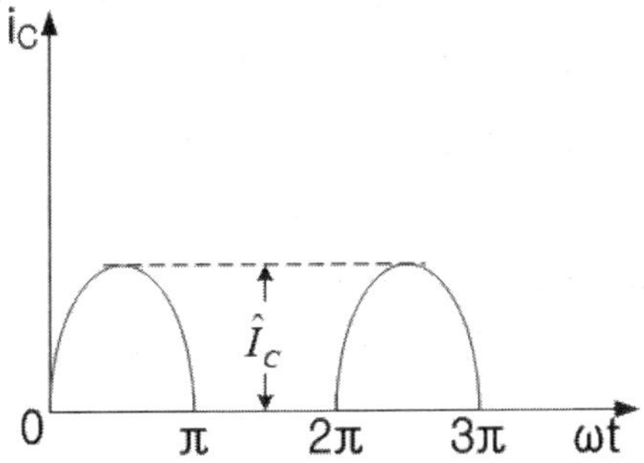

[그림 7-4] Class-B 전력 증폭기의 컬렉터 전류 파형

(2) Class-B 전력 증폭기 특성

Class-B 전력 증폭기는 NPN, PNP 트랜지스터 쌍으로 구성되며, 두 트랜지스터가 동시에 동작하지 않도록 연결되어 있다.

[그림 7-5]와 같이 Class-B 전력 증폭기는 NPN 트랜지스터 Q_N과 PNP 트랜지스터 Q_P, 부하 저항 R_L과 양(+)의 전원 전압 $+V_{CC}$, 음(-)의 전원 전압 $-V_{CC}$로 이루어져 있고, v_I는 입력 신호 전압, v_O는 출력 전압을 나타낸다. 입력 신호 전압 $v_I = 0$이면 Q_N은 OFF가 되고 Q_P도 OFF가 된다. 입력 신호 전압 $v_I > V_{BEN}$이면, Q_N은 ON되고, Q_P는 OFF가 된다. 여기서 V_{BEN}은 Q_N 트랜지스터의 베이스-이미터 사이의 전압이다. 이때 Q_N이 ON되면서 출력되는 전압 v_O의 크기는 $v_O = v_I - V_{BEN}$이다.

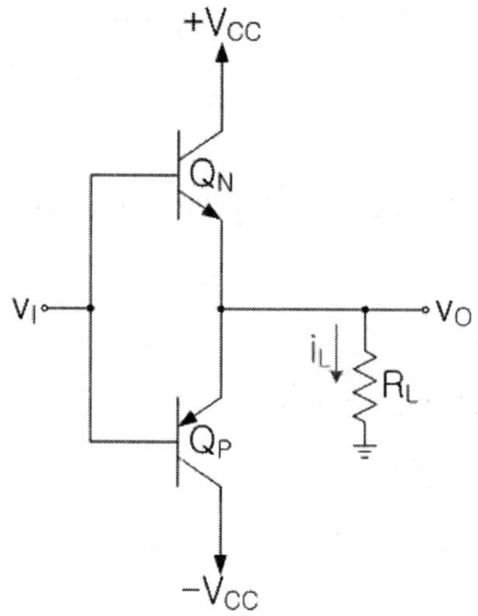

[그림 7-5] Class-B 전력 증폭기

입력 신호 전압 $v_I < V_{EBP}$이면, Q_N은 OFF되고, Q_P는 ON된다. 여기서 V_{EBP}는 Q_P 트랜지스터의 이미터-베이스 사이의 전압이다. 이때 Q_P가 ON되면서 출력되는 전압 v_O의 크기는 $v_O = v_I + V_{EBP}$이다. 앞서 설명한 것처럼 Class-B 전력 증폭기는 Q_N이 ON되어 전류를 'push'하고 있을 때 Q_P는 OFF 상태이고, Q_P가 ON되어 전류를 'pull'하고 있을 때 Q_N은 OFF 상태가 된다. Class-B 증폭기에서 이와 같은 동작을 'push-pull' 동작이라고 한다.

[그림 7-6]에서는 Class-B 전력 증폭기의 전달 특성을 나타내고 있다.

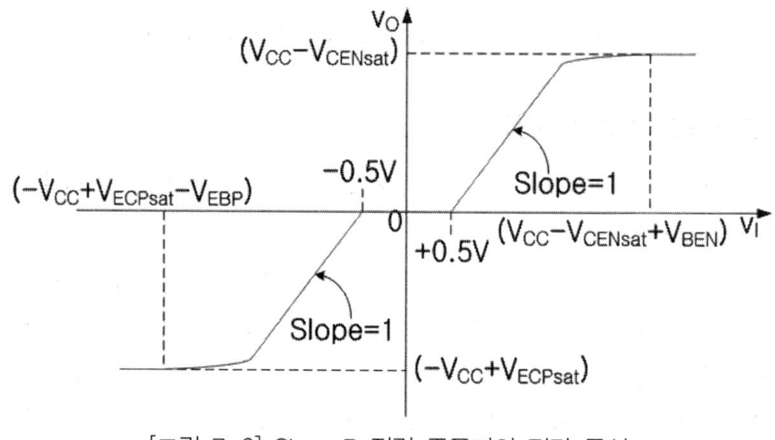

[그림 7-6] Class-B 전력 증폭기의 전달 특성

[그림 7-6]에서도 알 수 있듯이, Class-B 전력 증폭기는 입력 신호 전압 v_I가 '0V' 근처에서 출력 전압 v_O가 '0V'가 되는 영역이 존재한다. 이러한 영역을 'dead band'라고 하는데, 이러한 dead band는 Q_N 트랜지스터가 동작 중 OFF되면서 Q_P 트랜지스터가 동작할 때나 반대로 Q_P

트랜지스터가 동작 중 OFF되면서 QN 트랜지스터가 동작할 때 발생하며 'crossover distortion'이라는 왜곡을 발생시킨다.

(3) Class-B 전력 증폭기의 전력 변환 효율

[그림 7-5]와 같은 Class-B 전력 증폭기에서 정현파 출력의 최댓값을 $\widehat{V_O}$라고 하고, crossover distortion을 무시하면, 평균 부하 전력 P_L은 [식 7-7]과 같다. 또한 [그림 7-7]에서와 같이 양(+)전원과 음(-)전원으로부터 흐르는 전류의 최대치는 각각 $\left(\widehat{V_O}/R_L\right)$로 반주기 동안만 흐르므로, 각 전원으로부터 흐르는 평균 전류는 [식 7-11]과 같이 구할 수 있다.

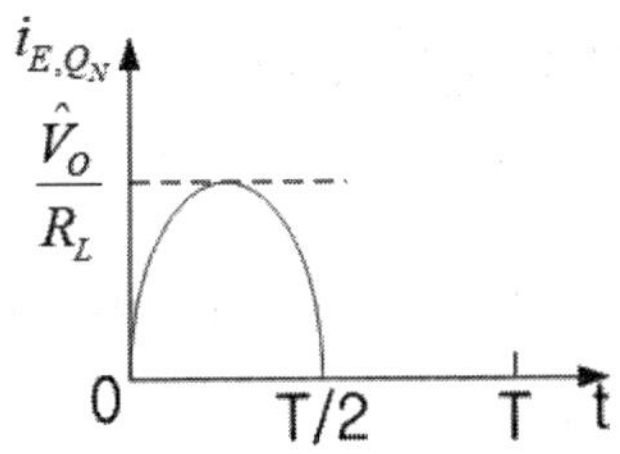

[그림 7-7] Q_N 트랜지스터의 전류 파형

$$i_{E,QN} = \frac{1}{T}\int_0^{T/2} \frac{\widehat{V_O}}{R_L} \sin\omega t \cdot dt = \frac{\widehat{V_O}}{\pi R_L} \quad \text{[식 7-11]}$$

[식 7-11]에서 $i_{E,QN}$은 트랜지스터 Q_N의 이미터 전류이다. [식 7-11]을 이용하여 각각의 전원으로부터 소모되는 전력은 [식 7-12]와 같이 나타낼 수 있다.

$$P_{S+} = P_{S-} = \frac{1}{\pi}\frac{\widehat{V_O}}{R_L}V_{CC} \quad \text{[식 7-12]}$$

따라서 전원 전체에서 소모되는 전력 P_S는 [식 7-13]과 같다.

$$P_S = \frac{2}{\pi}\frac{\widehat{V_O}}{R_L}V_{CC} \quad \text{[식 7-13]}$$

[식 7-7]과 [식 7-13]을 이용하여 전력 변환 효율 η를 구하면 [식 7-14]와 같다.

$$\eta = \left(\frac{1}{2}\frac{\widehat{V_O}^2}{R_L}\right) \bigg/ \left(\frac{2}{\pi}\frac{\widehat{V_O}}{R_L}V_{CC}\right) = \frac{\pi}{4}\frac{\widehat{V_O}}{V_{CC}} \quad \text{[식 7-14]}$$

[식 7-14]에서 최대 전력 변환 효율은 $\widehat{V_O}$가 최댓값일 때 얻을 수 있으며 그 값은 $\widehat{V_O} = V_{CC} - V_{CE,sat}$이므로 $\widehat{V_O} \simeq V_{CC}$라고 볼 수 있다. 따라서 [식 7-14]에 $\widehat{V_O} = V_{CC}$를 대입하여 [식 7-15]와 같이 구할 수 있다.

$$\eta_{max} = \frac{\pi}{4} = 78.5\% \qquad \text{[식 7-15]}$$

결론적으로 Class-B 전력 증폭기의 최대 전력 변환 효율은 78.5%임을 알 수 있다.

7.3 Class-AB 전력 증폭기

(1) Class-AB 전력 증폭기 개념

Class-AB 전력 증폭기는 앞서 살펴본 Class-B 전력 증폭기의 문제점인 'crossover distortion'을 해결하기 위해 출력 트랜지스터들에 '0A'가 아닌 작은 바이어스 전류를 적용한다. [그림 7-8]은 Class-AB 전력 증폭기의 컬렉터 전류 파형을 나타낸 것이다.

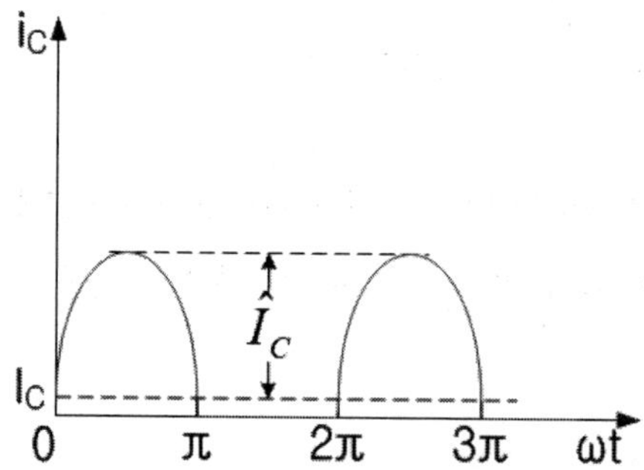

[그림 7-8] Class-AB 전력 증폭기의 컬렉터 전류 파형

[그림 7-8]에서와 같이 트랜지스터는 반주기보다 조금 더 긴 주기로 동작한다(conduction angle ≥180°).

(2) Class-AB 전력 증폭기 특성

[그림 7-9]는 Class-AB 전력 증폭기 회로이다.

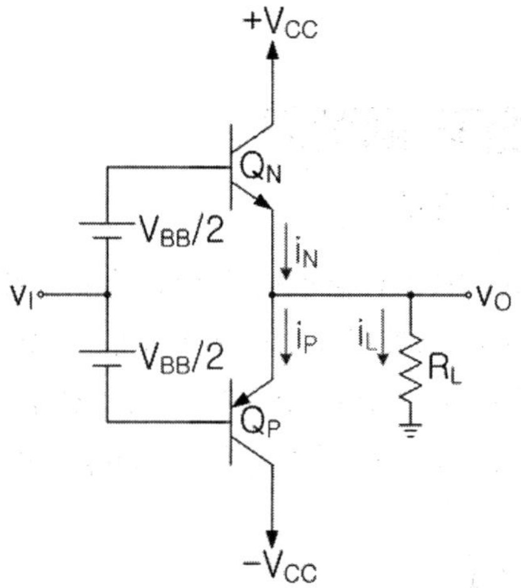

[그림 7-9] Class-AB 전력 증폭기

Class-AB 전력 증폭기는 앞서 살펴본 Class-B 전력 증폭기와 마찬가지로 트랜지스터 Q_N, 트랜지스터 Q_P, 양(+)전원 $+V_{CC}$, 음(-)전원 $-V_{CC}$, 부하 저항 R_L, 입력 신호 전압 v_I, 출력 전압 v_O로 이루어져 있다.

그런데 [그림 7-9]에서와 같이 트랜지스터 Q_N과 Q_P의 베이스에 바이어스 전압 $V_{BB}/2$가 각각 인가되어 $v_I=0$, $v_O=0$일 때 트랜지스터 Q_N과 Q_P에 바이어스 전류를 흐르게 한다. [그림 7-10]은 Class-AB 전력 증폭기의 입력 신호 전압과 출력 전압의 전달 특성을 나타내고 있다.

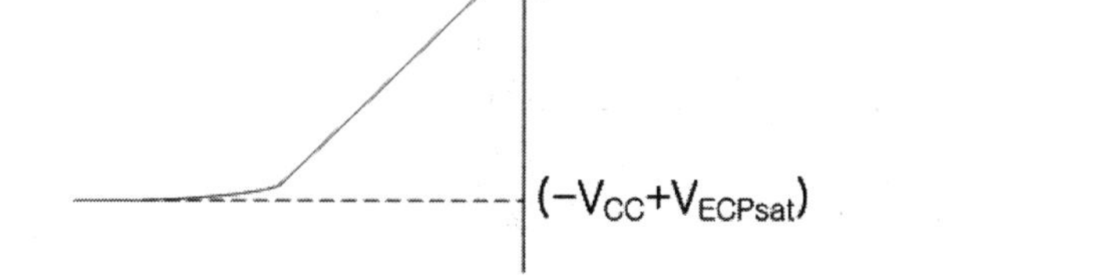

[그림 7-10] Class-AB 전력 증폭기의 전달 특성

[그림 7-10]에서와 같이 Class-AB 전력 증폭기는 Class-B 전력 증폭기와 동일한 방식으로 동작하지만, 입력 신호 v_I가 작을 때에도 출력 트랜지스터들이 동작하여 crossover distortion이 제거된다는 점이 다르다.

7.4 Class-C 전력 증폭기

(1) Class-C 전력 증폭기 개념

Class-C 전력 증폭기는 [그림 7-11]과 같이 트랜지스터가 반주기보다 짧은 주기로 동작한다. (conduction angle≤180°) Class-C 전력 증폭기의 출력 파형은 [그림 7-11]에서와 같이 짧은 펄스 형태이므로, 정현파 출력 파형을 얻기 위해 출력에 병렬 LC 필터 회로를 사용하여 기본 주파수 성분을 얻어낸다. [그림 7-12]는 Class-C 전력 증폭기 회로를 나타낸 것이다.

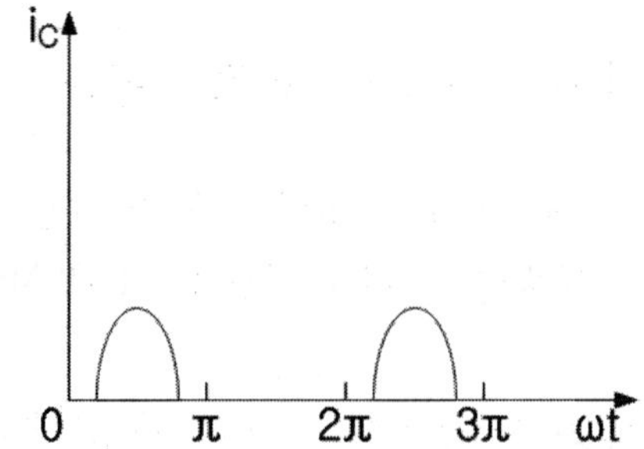

[그림 7-11] Class-C 전력 증폭기의 컬렉터 전류 파형

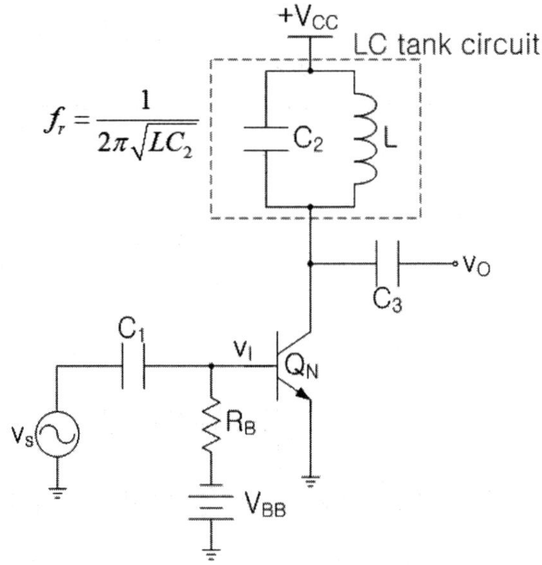

[그림 7-12] Class-C 전력 증폭기

[그림 7-12]에서와 같이 Class-C 전력 증폭기 회로는 트랜지스터 Q_N, Q_N을 바이어스하기 위한 바이어스 전압 V_{BB}와 R_B, 입력 신호 전압 v_S와 커플링 커패시터 C_1, LC 필터로 사용되는 인덕터 L과 커패시터 C_2, 양(+)전원 $+V_{CC}$ 그리고 출력 전압 v_O와 커플링 커패시터 C_3로 이루어져 있다.

Class-C 전력 증폭기는 주로 RF(Radio-Frequency) 회로에 사용되며, 병렬 LC 공진 회로에 의해 기본 주파수 성분이 얻어진다. Class-C 전력 증폭기는 매우 짧은 주기 동안 트랜지스터가 동작하므로 100%에 가까운 효율을 갖는다.

연습문제

01. 다음 중 신호의 일그러짐이 가장 적고 안정한 증폭기는? (   )

① A급　　② B급　　③ C급　　④ AB급

02. 다음 중 트랜지스터(BJT) 증폭기 구성에서 C급 증폭기의 가장 큰 장점은? (   )

① 잡음의 감소
② 효율의 증대
③ 간단한 회로 구성
④ 출력 파형의 왜율 감소

03. 다음 중 전력증폭기에 대한 설명으로 옳은 것은? (   )

① A급의 경우가 전력효율이 가장 좋다.
② C급의 효율은 50% 이하로 AB급보다 낮다.
③ B급은 동작점이 포화 영역 부근에 존재한다.
④ C급은 반송파 증폭용이나 주파수 체배용으로 사용된다.

04. 다음 설명 중 옳지 <u>않은</u> 것은? (   )

① 전력 효율은 전원 전력 소비량을 적게 하면서 신호 출력을 크게 할 수 있는지에 대한 지수를 말한다.
② A급 전력 증폭기의 컬렉터 손실은 무신호 시에 가장 작다.
③ B급 전력 증폭기는 출력이 최대 가능 출력의 약 40%일 때 컬렉터 손실이 가장 크다.
④ C급 전력 증폭기는 신호 출력의 첨두치에서 가장 큰 손실이 발생한다.

05. 효율은 좋으나 출력파형이 심하게 일그러져서 고주파동조 증폭기에 한정적으로 응용되는 전력 증폭기는? (   )

① A급 전력 증폭기
② B급 전력 증폭기
③ C급 전력 증폭기
④ AB급 전력 증폭기

06. 다음 중 B급 푸시풀(Push-Pull) 증폭기에 사용되는 두 개의 트랜지스터는? (　)

① 두 개의 NPN 트랜지스터
② 두 개의 PNP 트랜지스터
③ 한 개의 NPN 트랜지스터와 한 개의 N채널 MOSFET
④ 한 개의 NPN 트랜지스터와 한 개의 PNP 트랜지스터

07. 다음 중 C급 증폭기에 관한 설명으로 옳지 않은 것은? (　)

① 유통각을 적게 하면 효율이 높아진다.
② C급 증폭기는 왜율이 높다.
③ 유통각 $\theta = 0$일 때 효율은 90 [%]이다.
④ 유통각 $\theta = \pi$인 경우, B급 동작에 해당된다.

08. 전력 증폭기의 직류공급 전압은 15 [V], 전류는 300 [mA]이고 효율은 78.5 [%]일 때 부하에서의 출력 전력은? (　)

① 약 3.53 [W]
② 약 4.50 [W]
③ 약 353 [W]
④ 약 450 [W]

09. 다음 중 푸시풀(Push-Pull) 증폭기의 설명으로 옳은 것은? (　)

① B급이나 AB급으로 동작시킨다.
② 두 입력의 위상은 동상이어야 한다.
③ 공급 전압에 리플이 포함되어 있으면 부하에 나타난다.
④ 트랜지스터의 비선형 특성에서 오는 일그러짐이 증가한다.

10. 다음 중 전력 증폭기에 대한 설명으로 옳은 것은? (　)

① A급의 경우가 전력효율이 가장 좋다.
② C급의 효율은 50% 이하로 AB급보다 낮다.
③ B급은 동작점이 포화 영역 부근에 존재한다.
④ C급은 반송파 증폭용이나 주파수 체배용으로 사용된다.

11. 전력 증폭기의 직류 공급 전압 및 전류가 10 [V], 400 [mA]이고, 부하에서의 출력 전력이 3.6 [W]일 때, 이 증폭기의 효율은? (　)

① 70 [%]
② 75 [%]
③ 90 [%]
④ 95 [%]

12. 다음 중 B급 푸시-풀(Push-Pull) 증폭기에서 사용되는 두 개의 트랜지스터는? (　)

① 두 개의 NPN 트랜지스터
② 두 개의 PNP 트랜지스터
③ 한 개의 NPN 트랜지스터와 한 개의 PNP 트랜지스터
④ 한 개의 NPN 트랜지스터와 한 개의 N채널 MOSFET

13. 다음 중 전력 증폭기의 설명으로 옳은 것은? (　)

① B급 증폭기의 최대 효율은 10% 이하이다.
② C급 증폭기는 차단점 이상에서 바이어스된다.
③ C급 증폭기는 전력 손실이 많아 출력 전력이 된다.
④ A급 증폭기는 Q점이 부하선의 중앙에 위치해야 최대 출력을 얻을 수 있다.

14. 전력 증폭기의 직류 공급 전압은 10 [V], 전류는 400 [mA]이고, 부하에서의 출력 전력은 3.6 [W]일 때, 이 증폭기의 효율은? (　)

① 70 [%]
② 75 [%]
③ 90 [%]
④ 95 [%]

정답

01 ①	02 ②	03 ④	04 ②	05 ③	06 ④	07 ③	08 ①	09 ①	10 ④
11 ③	12 ③	13 ④	14 ③						

CHAPTER 08

신호 발생기
(Signal Generators)

8.1 정현파 발진기의 기본 개념

(1) 발진기의 궤환 루프 및 발진 조건

발진기(Oscillator)는 트랜지스터나 증폭기를 사용해서 연속적인 교류 신호를 발생하는 회로이다. 발진기의 기본 구조는 [그림 8-1]과 같다.

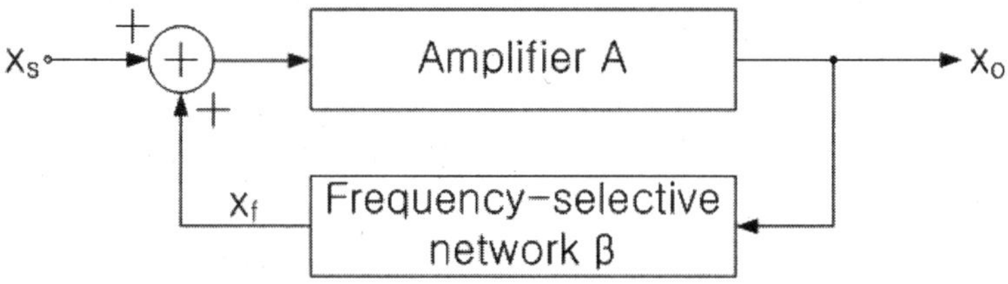

[그림 8–1] 정현파 발진기의 기본 구조

[그림 8-1]의 발진기에서 폐루프 이득은 [식 8-1]과 같이 주어진다.

$$A_f(s) = \frac{A(s)}{1 - A(s)\beta(s)} \qquad \text{[식 8–1]}$$

[식 8-1]에서 입력 신호가 정현파일 때, 분모가 0이 되면 폐루프 이득 $A_f(s)$는 무한대(∞)가 되어 시스템은 발진하게 된다. 이와 같은 조건은 [식 8-2]와 같이 나타낼 수 있다.

$$A(j\omega_0)\beta(j\omega_0) = 1 \qquad \text{[식 8–2]}$$

즉, 주파수 ω_0에서 루프 이득의 위상은 '0°'이고, 루프 이득의 크기는 '1'일 때 발진하게 된다. 이러한 발진기의 발진 조건을 'Barkhausen Criterion'이라고 한다.

(2) 진폭 조절을 위한 리미터 회로

앞서 살펴본 발진 조건에서 루프 이득 A_β의 크기가 '1'이 될 때 발진한다고 했으므로, 실제 회로에서 발진 파형의 진폭을 일정하게 유지할 수 있는 회로가 필요하게 된다. [그림 8-2]에서는 이러한 진폭 조절을 위한 리미터 회로를 나타내고 있다.

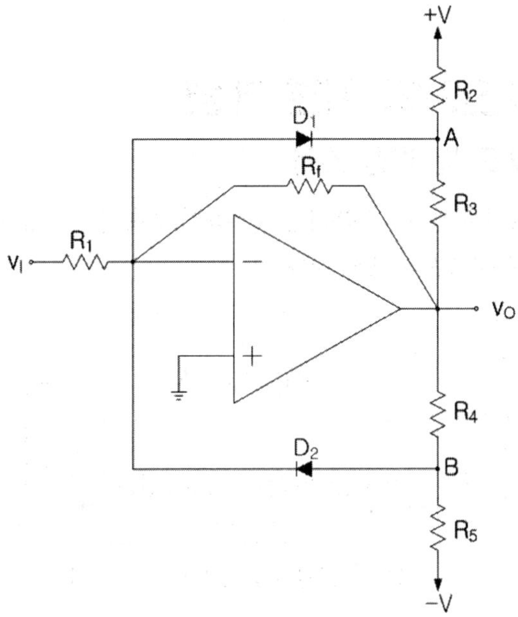

[그림 8–2] 리미터 회로

만약 [그림 8-2]에서 매우 작은 입력 신호 $v_I(\simeq 0V)$가 인가되고 있다면, 연산증폭기의 반전 입력은 가상접지 상태이므로 저항 R_1으로 전류가 거의 흐르지 않게 된다. 저항 R_1으로 전류가 흐르지 않으므로 저항 R_f로도 전류가 거의 흐르지 않는 상태이며, 이와 같은 상태에서는 저항 R_f의 양단 전압 차이가 거의 없는 것이므로 매우 작은 출력 신호 $v_O(\simeq 0V)$가 출력되고 있다고 생각할 수 있다. 따라서 이때 다이오드 D_1과 D_2는 둘 다 'OFF' 상태이다. 다이오드 D_1과 D_2가 둘 다 OFF 상태이므로, 출력 전압 v_O는 [식 6-4]를 이용하여 [식 8-3]과 같이 나타낼 수 있다.

$$v_O = -(R_f/R_1)v_I \qquad \text{[식 8-3]}$$

[그림 8-2]에서 A node 전압은 [식 8-4]와 같이 나타낼 수 있다.

$$v_A = V\frac{R_3}{R_2+R_3} + v_O\frac{R_2}{R_2+R_3} \qquad \text{[식 8-4]}$$

[식 8-4]에서 첫 번째 부분은 DC 전압을 의미하고, 두 번째 부분은 AC 전압을 의미한다. 첫 번째 부분에서 A node의 DC 전압은 양(+)의 전원 전압 +V와 출력 전압 v_O의 DC 전압 0V 사이에 저항 R_2와 R_3의 저항 비에 의해 결정된다. 그리고 두 번째 부분에서 A node의 AC 전압은 양(+)의 전원 전압 +V가 AC 전압에 대해서는 0V라고 생각할 수 있고, 출력 전압 v_O의 AC 전압 v_o가 저항 R_2와 R_3의 저항 비에 의해 A node의 AC 전압으로 결정된다고 생각할 수 있다.

[그림 8-2]의 B node 전압은 [식 8-5]와 같이 나타낼 수 있다.

$$v_B = -V\frac{R_4}{R_4+R_5} + v_O\frac{R_5}{R_4+R_5} \qquad \text{[식 8-5]}$$

[식 8-3]에서 알 수 있듯이, 입력 전압 v_I가 양(+)의 방향으로 증가할수록 출력 전압 v_O가 음(-)의 방향으로 증가한다. v_O 전압이 음(-)의 방향으로 증가함에 따라 [식 8-4]의 v_A 전압은 점점 감소하고, 결국에는 [그림 8-2]의 다이오드 D_1을 'ON'시킨다.

다이오드 강하 전압을 V_D라고 하고, 음(-)의 방향에서 limit된 v_O의 전압을 L-라고 하면, 다이오드 D_1이 'ON'되었을 때의 전압 관계식은 [식 8-4]를 이용하여 [식 8-6]과 같이 나타낼 수 있다.

$$-V_D = V\frac{R_3}{R_2+R_3} + L_-\frac{R_2}{R_2+R_3} \qquad \text{[식 8-6]}$$

[식 8-6]을 정리하면 음(-)의 방향에서 limit된 v_O 전압은 [식 8-7]로 나타낼 수 있다.

$$L_- = -V\frac{R_3}{R_2} - V_D\left(1+\frac{R_3}{R_2}\right) \qquad \text{[식 8-7]}$$

마찬가지로 v_I 전압이 음(-)의 방향으로 증가할 때 양(+)의 방향으로 limit되는 v_O 전압은 [식 8-8]과 같이 나타낼 수 있다.

$$L_{+} = V\frac{R_4}{R_5} + V_D\left(1+\frac{R_4}{R_5}\right) \quad \text{[식 8-8]}$$

앞서 살펴본 리미터 회로의 입력 전압과 출력 전압 관계에 따라 [그림 8-3]과 같이 전달 특성을 나타낼 수 있다.

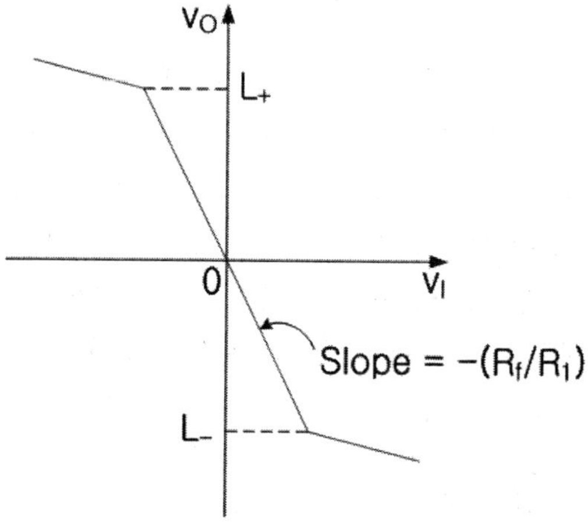

[그림 8-3] 리미터 회로의 전달 특성

8.2 연산증폭기 RC Oscillator 회로

(1) Wien-Bridge Oscillator

Wien-Bridge Oscillator는 [그림 8-4]와 같이 폐루프 이득(closed-loop gain)이 $(1+R_2/R_1)$인 비반전 증폭기 회로와 RC회로를 갖는 궤환 경로(feedback path)로 이루어져 있다.

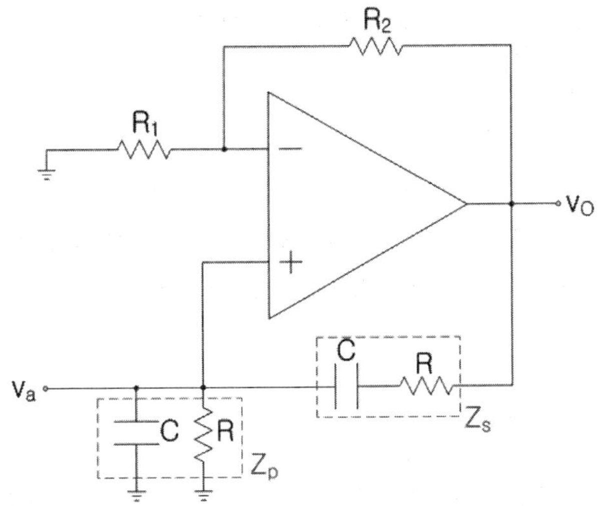

[그림 8-4] Wien-Bridge Oscillator 회로

Wien-Bridge Oscillator의 루프 이득(loop gain) L(s)는 비반전 증폭기의 이득에 궤환 네트워크 (feedback network)의 곱으로 [식 8-9]와 같이 나타낼 수 있다.

$$L(s) = A(s)\beta(s) = \left(1 + \frac{R_2}{R_1}\right)\left(\frac{Z_p}{Z_p + Z_s}\right) \qquad [식\ 8\text{-}9]$$

[그림 8-4]에서 $Z_p = (1/s_C)||R$이고, $Z_s = (1/s_C)+R$이므로 [식 8-9]에 대입하여 정리하면 [식 8-10]과 같이 나타낼 수 있다.

$$L(s) = \frac{1 + R_2/R_1}{3 + sCR + 1/sCR} \qquad [식\ 8\text{-}10]$$

[식 8-10]에서 $s = j_\omega$를 대입하여 정리하면, [식 8-11]과 같다.

$$L(j\omega) = \frac{1 + R_2/R_1}{3 + j(\omega CR - 1/\omega CR)} \qquad [식\ 8\text{-}11]$$

발진 조건 중 루프 이득(loop gain)의 위상(phase)은 '0'이 되어야 하므로, [식 8-11]의 루프 이득 L(jω)는 실수가 되어야 한다. 따라서 [식 8-12]의 조건이 성립해야 한다.

$$\omega_0 CR = \frac{1}{\omega_0 CR} \qquad [식\ 8\text{-}12]$$

결과적으로 [식 8-12]의 ω_0는 [식 8-13]과 같아야 한다.

$$\omega_0 = 1/CR \quad [식\ 8\text{–}13]$$

또 하나의 발진 조건은 루프 이득(loop gain)의 크기가 '1'이 되어야 하므로, [식 8-13]의 조건에서 [식 8-11]의 저항 R_1과 R_2를 [식 8-14]와 같이 사용할 수 있다.

$$R_2/R_1 = 2 \quad [식\ 8\text{–}14]$$

앞서 살펴본 진폭 조절을 위한 리미터 회로를 사용하여 [그림 8-5]와 같이 Wien-Bridge Oscillator를 구성할 수 있다.

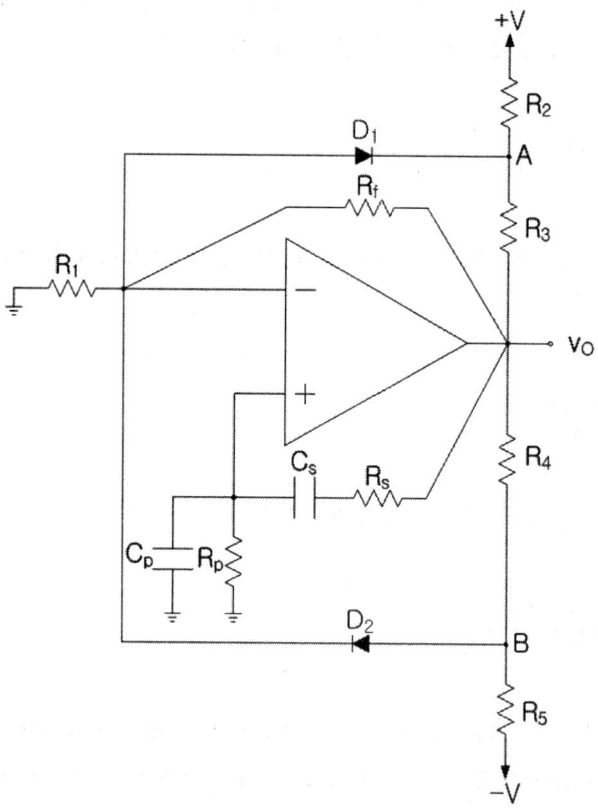

[그림 8–5] 진폭 조절 회로를 갖는 Wien–Bridge Oscillator 회로

(2) Phase-Shift Oscillator

Phase-Shift Oscillator는 [그림 8-6]에서와 같이 반전 이득 -K를 갖는 증폭기와 3차(3rd order) RC 회로로 구성된다.

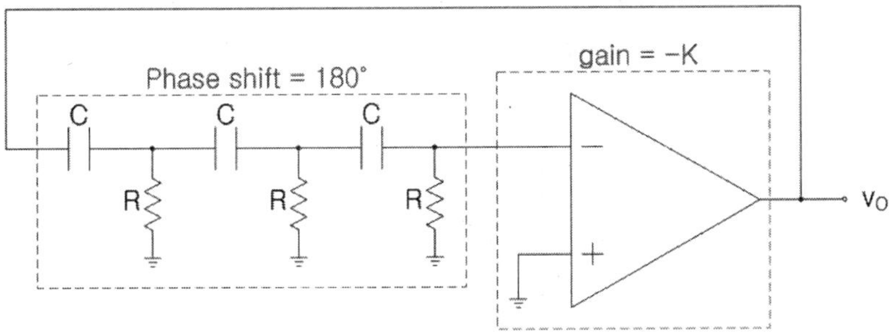

[그림 8–6] Phase–Shift Oscillator 회로

[그림 8-6]에서 RC회로의 위상 이동(phase shift)이 180°일 때, 발진(oscillation)이 발생한다. [그림 8-7]과 같이 진폭 조절을 위한 리미터 회로를 사용하여 Phase-Shift Oscillator 회로를 구성할 수 있다.

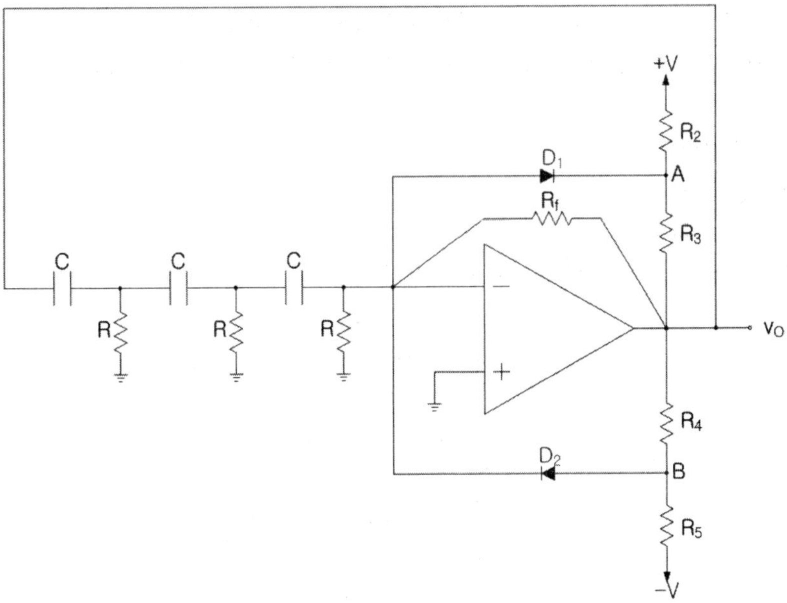

[그림 8–7] 진폭 조절 회로를 갖는 Phase–Shift Oscillator 회로

8.3 LC and Crystal Oscillators

(1) LC-Tuned Oscillator

LC-Tuned Oscillator는 parallel-tuned 회로(tank circuit)의 공진 주파수에 의해 발진(oscillation) 주파수가 결정된다. LC-Tuned Oscillator에는 Colpitts Oscillator와 Hartley Oscillator가 있다. [그림 8-8]은 Colpitts oscillator를 나타내고 있다.

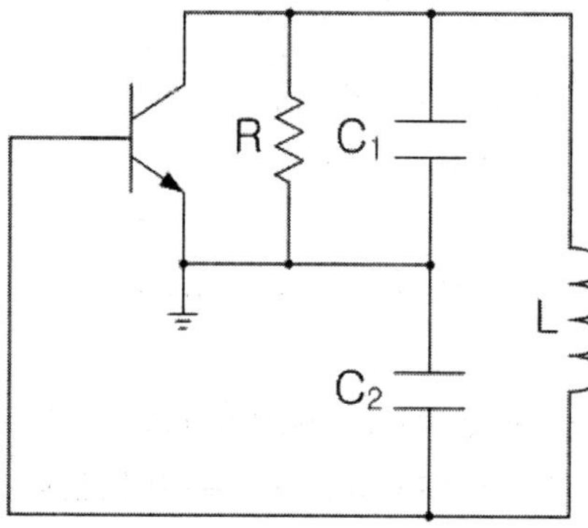

[그림 8-8] Colpitts Oscillator 회로

[그림 8-8]과 같은 Colpitts oscillator는 직렬 연결된 C와 병렬인 L에 의해 공진 주파수가 결정된다. [그림 8-8]과 같은 Colpitts oscillator의 공진 주파수는 [식 8-15]와 같다.

$$\omega_0 = \frac{1}{\sqrt{L\left(\frac{C_1 C_2}{C_1 + C_2}\right)}} \qquad \text{[식 8-15]}$$

[그림 8-9]는 Hartley oscillator를 나타내고 있다.

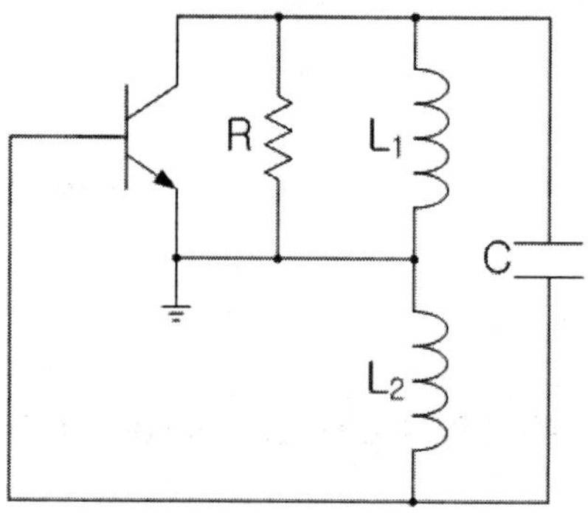

[그림 8-9] Hartley Oscillator 회로

[그림 8-9]와 같은 Hartley Oscillator 회로는 직렬 연결된 L과 병렬인 C에 의해 공진 주파수가 결정된다. [그림 8-9]와 같은 Hartley Oscillator의 공진 주파수는 [식 8-16]과 같다.

$$\omega_0 = \frac{1}{\sqrt{(L_1 + L_2)C}} \qquad \text{[식 8–16]}$$

(2) Crystal Oscillators

Crystal Oscillator는 Piezoelectric Crystal을 사용하여 원하는 주파수를 발생시킨다. 여기서 Piezoelectric Crystal이란 압전 결정으로, 전압을 인가하면 역학적으로 반영하거나 역학적으로 압력을 가하면 전기가 발생하는 물질이며, 대표적인 예로 수정이 있다. Piezoelectric Crystal은 전압을 인가했을 때 발생되는 공진 주파수의 정확도가 매우 높으며, 온도 변화에 대해 매우 정확하고 안정된 주파수를 생성한다(수 ppm/℃). 단, 수 kHz ~ 수백 MHz의 고정된 주파수만 발생된다.

[그림 8-10]에서는 Piezoelectric Crystal의 심볼을 나타내고 있고, [그림 8-11]에서는 등가회로를 나타내고 있다.

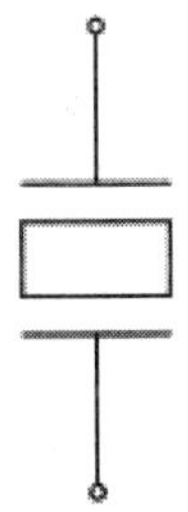

[그림 8–10] Piezoelectric Crystal 심볼

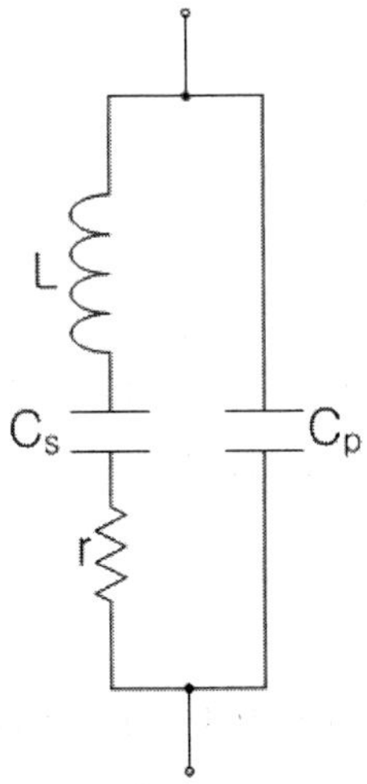

[그림 8–11] Piezoelectric Crystal 등가회로

[그림 8-11]에서 인덕터 L은 수백 Henry로 매우 크며, 커패시터 C_s는 약 0.0005pF으로 작은 값이고, 커패시터 C_p는 수 pF, 저항 r은 작은 값이다. 따라서 Piezoelectric Crystal은 매우 높은 Q factor 값을 갖는다. Piezoelectric Crystal은 [그림 8-12]에서와 같이 두 개의 공진 주파수를 갖는데, 그 값은 [식 8-17], [식 8-18]과 같다. $C_p \gg C_s$이므로, 두 공진 주파수는 근접해있다.

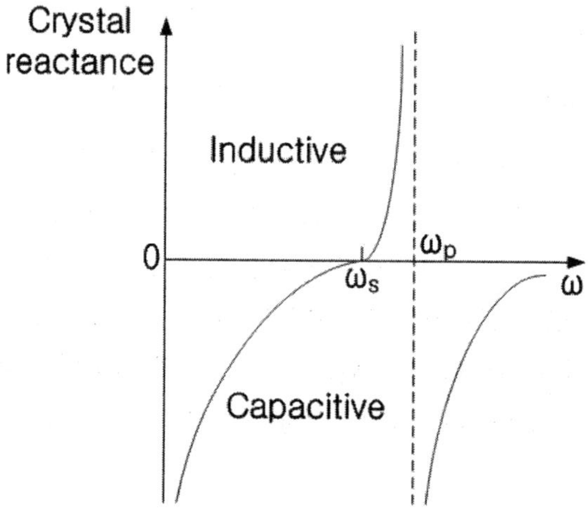

[그림 8–12] 주파수에 대한 Crystal Reactance

$$\omega_s = \frac{1}{\sqrt{LC_s}} \qquad \text{[식 8–17]}$$

$$\omega_p = \frac{1}{\sqrt{L\left(\frac{C_sC_p}{C_s+C_p}\right)}} \qquad \text{[식 8–18]}$$

8.4 Multivibrators

(1) Multivibrators

Multivibrator는 앞서 살펴본 발진기(Oscillator)와는 또 다른 형태의 파형 발생 회로이다. Multivibrator는 Bistable, Monostable, Astable의 세 가지 형태가 있다.

(2) Bistable Multivibrators

Bistable Multivibrator는 두 개의 안정된 상태가 존재한다. 한 개의 안정된 상태로 유지하려고 하며, 상태가 변하기 위해서는 회로가 'Triggered'되어야 한다. Bistability는 루프 이득(loop gain)

이 1보다 크도록 정궤환 루프(positive-feedback loop)를 구성한 증폭기로 구현할 수 있고, 일명 'Schmitt Trigger'라고도 불린다. Bistable Multivibrator는 비교기(Comparator)로 사용되기도 한다.

[그림 8-13]에서와 같이 v_+ node가 Ground에 있다고 가정했을 때(Metastable State), v_+ 전압이 노이즈(noise) 유입에 의해 양(+)의 방향으로 증가하면 출력 v_O는 [그림 8-13]의 연산증폭기가 출력할 수 있는 양(+)의 최대 전압인 L_+가 되고, v_+는 $L_+R_1/(R_1+R_2)$로 상태가 유지된다.

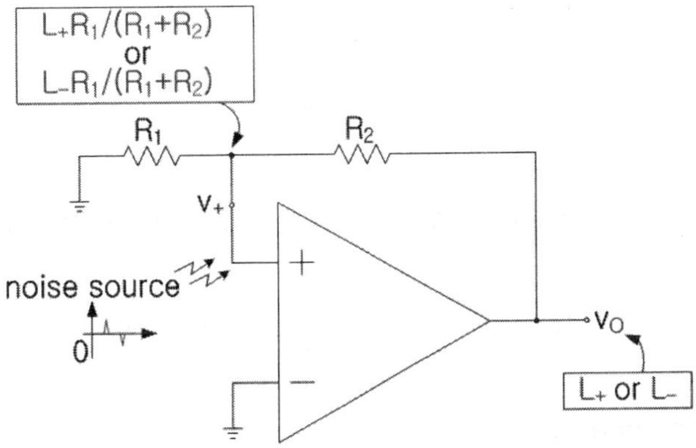

[그림 8-13] Bistable 동작이 가능한 정궤환 루프(positive-feedback loop)

만약 v_+ 전압이 Ground에서 음(-)의 방향으로 증가하면 출력 전압 v_O는 [그림 8-13]의 연산증폭기가 출력할 수 있는 음(-)의 최대 전압인 L-가 되고, v_+ 전압은 $L_-R_1/(R_1+R_2)$로 상태가 유지된다.

[그림 8-14]에서와 같이 출력 전압 v_O가 L_+에 있다고 가정하면, 연산증폭기의 반전 입력 전압 v_I가 양(+)의 방향으로 증가하여 $v_+ = L_+R_1/(R_1+R_2)$가 될 때, 출력 전압 v_O의 상태가 L-로 바뀌게 된다.

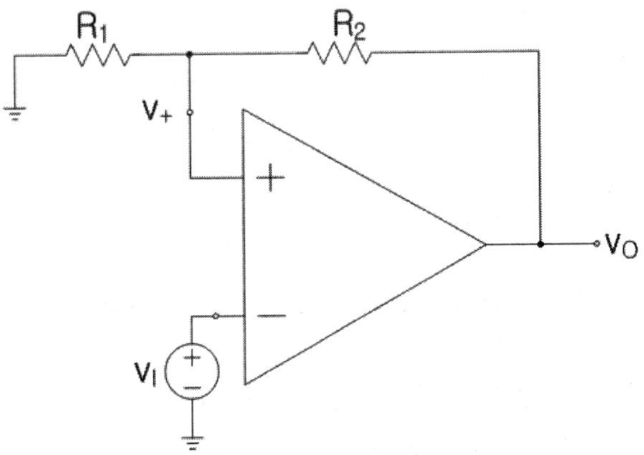

[그림 8-14] Inverting 특성을 갖는 Bistable 회로

반대로 v_I가 음(-)의 방향으로 증가하여, $v_+ = L_-R_1/(R_1+R_2)$가 될 때, v_O의 상태가 L_+로 바뀌게 된다. 앞서 설명한 내용을 전달 특성으로 나타내면, [그림 8-15]와 같다.

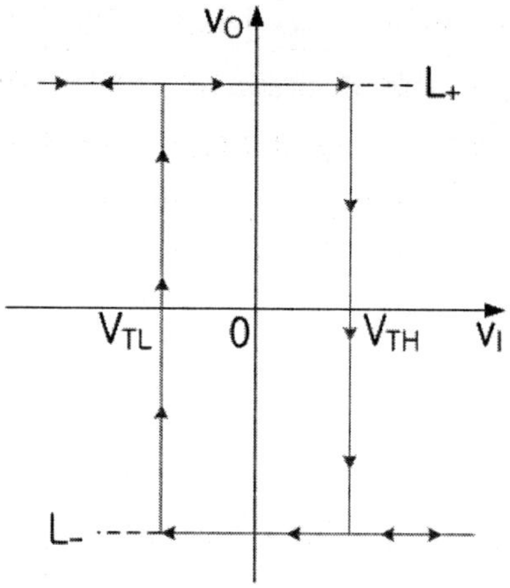

[그림 8-15] Inverting 특성을 갖는 Bistable 회로의 전달 특성

[그림 8-15]에서 $V_{TH} = L_{+}R_1/(R_1 + R_2)$이고, $V_{TL} = L_{-}R_1/(R_1+R_2)$이다.

(3) Astable Multivibrators

[그림 8-16]과 같이 Bistable Multivibrator에 RC회로를 궤환(feedback)해주면, 주기적으로 구형파(square waveform)를 발생시킬 수 있다.

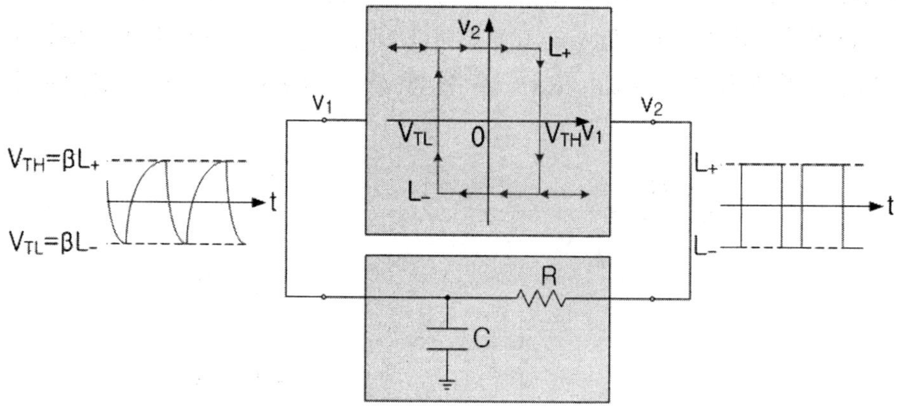

[그림 8-16] RC 궤환(feedback)회로를 갖는 Bistable Multivibrator

[그림 8-16]의 동작처럼 회로 동작에서 stable 상태가 존재하지 않으므로 Astable Multivibrator라고 불린다. [그림 8-17]에서와 같이 Astable Multivibrator 회로는 Inverting 특성을 갖는 Bistable 회로에 RC 궤환(feedback) 회로를 연결하여 구현할 수 있다.

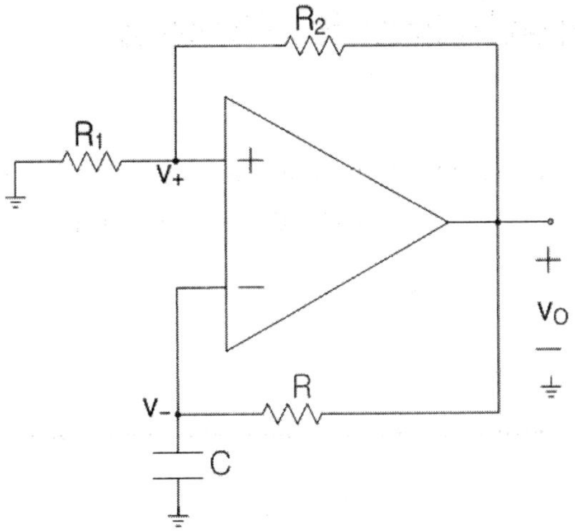

[그림 8-17] Astable Multivibrator 회로

(4) Monostable Multivibrator

응용 회로들 중 Trigger 회로에 반응하여 정해진 크기와 폭을 갖는 신호를 발생시킬 필요가 있다. 이렇게 정해진 크기와 폭을 갖는 'pulse' 신호를 생성하는 Multivibrator를 Monostable Multivibrator라고 한다. 이러한 Monostable Multivibrator를 일명 'One Shot'이라고도 부른다. [그림 8-18]에 Monostable Multivibrator 회로를 나타내었다.

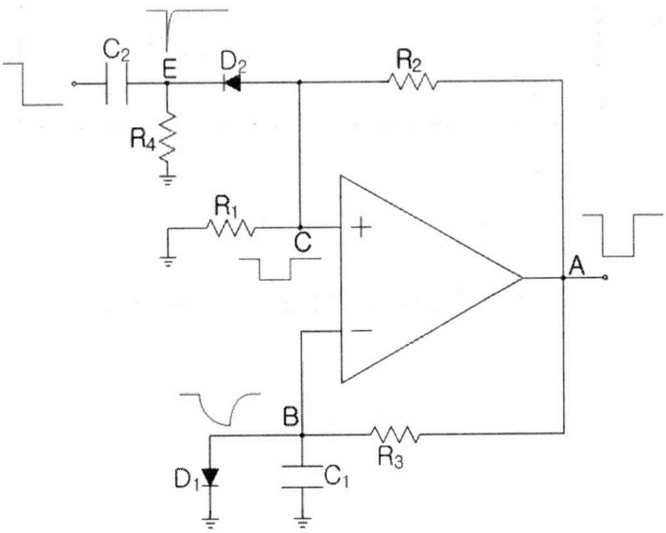

[그림 8-18] Monostable Multivibrator 회로

8.5 Integrated-Circuit Timers

(1) 555 타이머

555 타이머는 Monostable, Astable Multivibrator를 구현할 수 있도록 제작된 집적회로이다. [그림 8-19]와 같이 555 타이머는 두 개의 비교기(Comparator), SR Flip-Flop, 트랜지스터로 구성되어 있다.

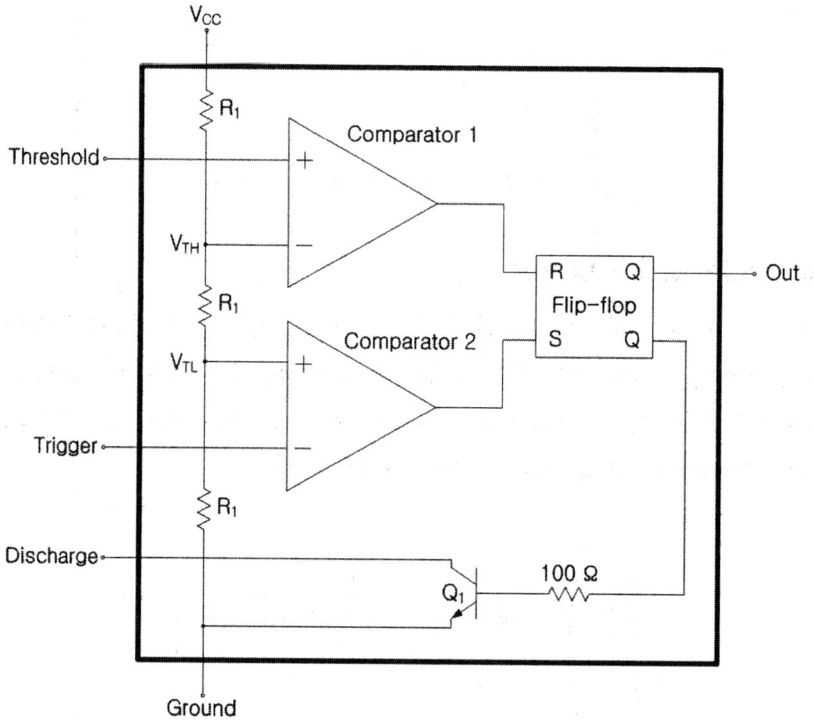

[그림 8-19] 555 집적회로 타이머

[그림 8-20]에서는 555 집적회로 타이머를 이용한 Monostable Multivibrator를 나타내고 있다.

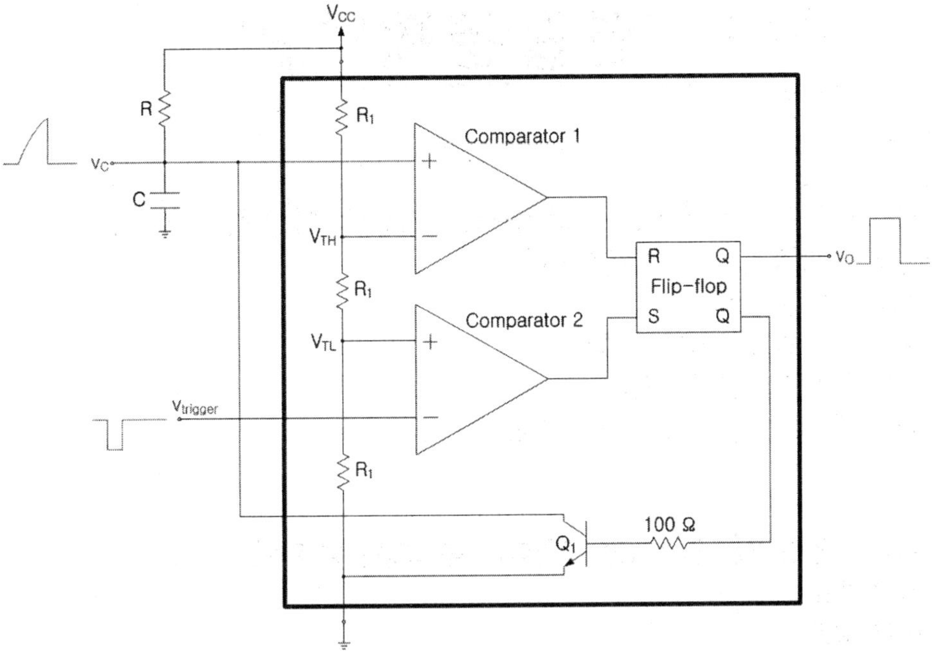

[그림 8-20] 555 집적회로 타이머를 이용한 Monostable Multivibrator 회로

[그림 8-21]에서는 555 타이머를 이용한 Astable Multivibrator를 나타내고 있다.

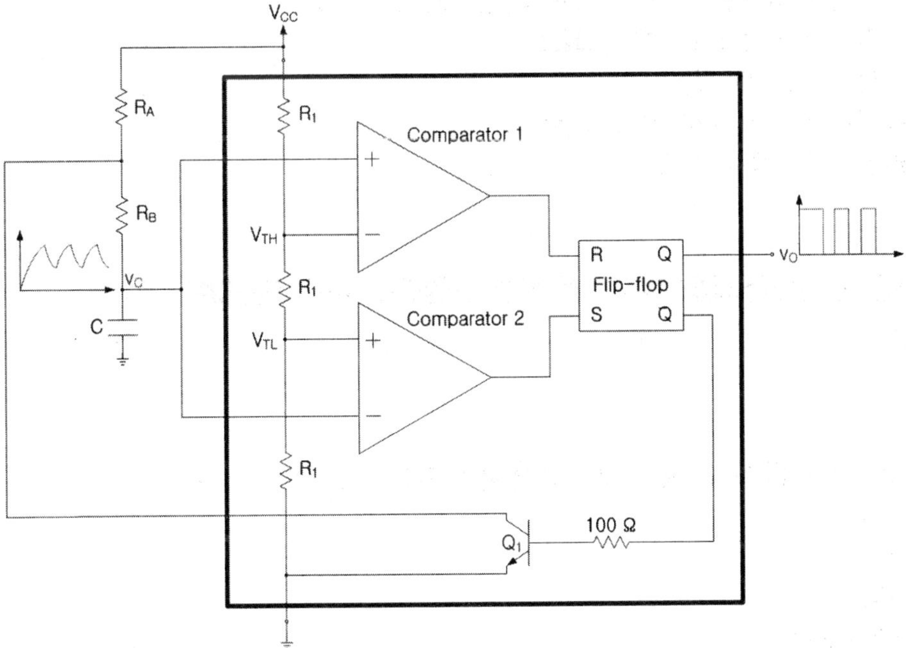

[그림 8-21] 555 집적회로 타이머를 이용한 Astable Multivibrator 회로

연습문제

01. 다음 중 궤환 발진기의 발진조건에 대한 설명으로 틀린 것은? (　)
(단, A는 증폭도, β는 궤환량이다.)

① 정궤환을 이용한다.
② A의 위상 변화는 180° 이다.
③ β 의 위상 변화는 0° 이다.
④ 궤환이득 $A\beta = 1$이며, 위상 변화는 0° 이다.

02. 다음 중 정현파를 입력하면 구형파가 출력되는 회로는? (　)

① 적분 회로
② 미분 회로
③ 부트스트랩 회로
④ 슈미트 트리거 회로

03. 다음 중 정궤환을 하는 회로로 묶인 것은? (　)

① 슈미트 트리거 회로, 발진 회로
② 미분 회로, 적분 회로
③ 슈미트 트리거 회로, 미분 회로
④ 발진 회로, 적분 회로

04. 다음 중 발진상태를 유지하기 위한 귀환루프 위상 지연값은? (　)

① 0°　　② 90°　　③ −90°　　④ 270°

05. 다음 중 하틀리(Hartley) 발진기에서의 궤환 요소는? (　)

① 코일
② 용량
③ 저항
④ 용량+코일

06. 다음 중 슈미트 트리거 회로에 대한 설명으로 적합하지 않은 것은? ( )

① 외부 클럭 펄스가 필요하다.
② 출력으로 구형파를 얻을 수 있다.
③ 입력신호의 잡음 제거 목적으로도 입력단에 사용된다.
④ 기본적인 슈미트 트리거 회로는 기준전압을 가변할 수 있는 것을 제외하고는 비교기와 동일하다.

07. 궤환회로가 발진을 하기 위해서는 Barkhausen 발진조건을 만족해야 한다. A가 발진기의 증폭도, β가 궤환량을 나타낼 때, 이 조건을 바르게 나타낸 것은? ( )

① $\beta A = 0$
② $\beta A > 10$
③ $\beta A = 1$
④ $\beta A < \infty$

08. 다음 중 궤환 발진기의 발진 조건에 대한 설명으로 옳지 않은 것은? ( )
(단, A는 증폭도, β는 궤환량이다.)

① 정궤환을 이용한다.
② A의 위상 변화는 180°이다.
③ β의 위상 변화는 180°이다.
④ 궤환 이득 $A\beta = 1$이며, 위상변화는 180°이다.

09. 발진회로에서 수정진동자를 많이 사용하는 이유는? (단, Q = Quality Factor) ( )

① Q의 값이 낮기 때문이다.
② 발진주파수 변화가 용이하기 때문이다.
③ Q의 값이 중간이기 때문이다.
④ Q의 값이 높기 때문이다.

10. 다음 중 수정발진기의 특징에 대한 설명으로 적합하지 않은 것은? ( )

① 수정진동자의 Q가 매우 높다.
② 주파수의 안정도가 아주 좋다.
③ 발진조건을 만족하는 리액턴스의 유도성이 되는 주파수 범위가 매우 넓다.
④ 발진주파수를 가변하기가 어려운 단점이 있다.

11. 다음 그림의 회로는 비안정 멀티바이브레이터(Astable Multivibrator)이다. 발진주파수에 대한 식으로 옳은 것은? (   )

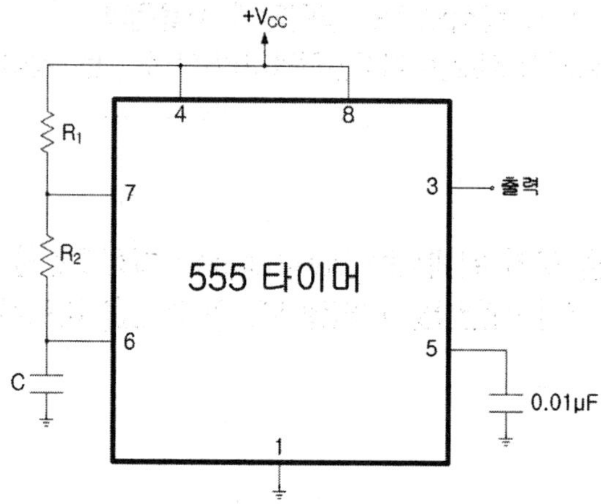

① $f = \dfrac{1.44}{(R_1 + 2R_2)C}$

② $f = \dfrac{1.44}{(2R_1 + R_2)C}$

③ $f = \dfrac{1.44}{(R_1 + R_2)C}$

④ $f = \dfrac{1.44}{(R_1 \cdot R_2)C}$

12. 다음 중 정현파 발진기에 속하지 않는 것은? (   )

① 블로킹 발진기
② 콜리스 발진기
③ 수정 발진기
④ 하틀리 발진기

13. 다음 중 발진회로의 특성에 대한 설명으로 적합하지 않은 것은? (   )

① 정궤환을 이용한다.
② 입력 신호가 필요 없다.
③ 궤환 루프의 이득이 0이다.
④ 바크하우젠의 발진 조건은 $|\beta A=1|$이다.

14. 다음과 같은 발진회로의 발진주파수는? (   )

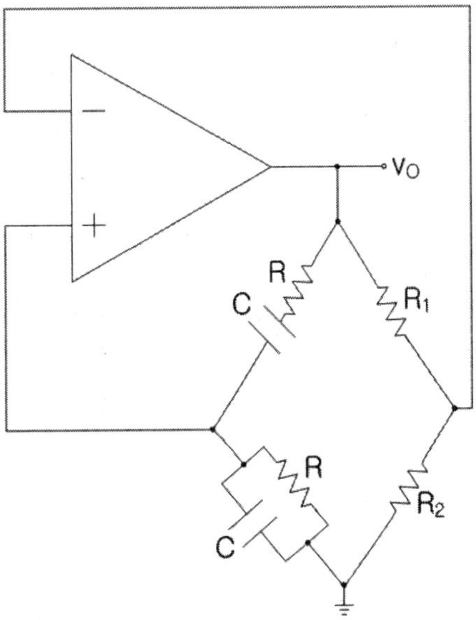

① $\dfrac{1}{2\pi\sqrt{R_1C}}$ ② $\dfrac{1}{2\pi\sqrt{RC}}$ ③ $\dfrac{1}{2\pi R_1R_2C}$ ④ $\dfrac{1}{2\pi RC}$

15. 다음 중 구형파를 발생시키는 회로로 적합하지 않은 것은? (   )

① 슈미트 트리거 회로
② 클램핑 회로
③ 타이머 555 회로
④ 비안정 멀티바이브레이터

16. 다음 중 슈미트 트리거(Schmitt Trigger) 회로에 대한 설명으로 옳지 않은 것은? (   )

① 구형파 발생회로
② 입력 전압의 크기로서 회로의 개폐(On, Off)를 결정해준다.
③ 외부 클록 펄스가 필요하다.
④ 쌍안정 멀티바이브레이터의 일종이다.

17. 다음 중 궤환 발진기에서 바크하우젠(Barkhausen)의 발진조건을 옳게 표시한 것은? ( )

① $\beta A > 1$
② $\beta A < 1$
③ $\beta A = 2$
④ $\beta A = 1$

정답

01 ③	02 ④	03 ①	04 ①	05 ①	06 ①	07 ③	08 ④	09 ④	10 ③
11 ①	12 ①	13 ③	14 ④	15 ②	16 ③	17 ④			

참고문헌 및 사이트

1. 《Microelectronic Circuits》, Adel S. Sedra and Kenneth C. Smith, Oxford University Press, 5th edition, 2004.
2. 《Design of Analog CMOS Integrated Circuits》, Behzad Razavi, McGraw Hill, 2001.
3. 《핵심이 보이는 전자회로》, 신경욱, 한빛아카데미, 2013.
4. 《반도체설계산업기사 필기 기출문제》, 한국산업인력공단(www.q-net.or.kr)
5. http://www.google.com

찾아보기

(ㅊ)

(ㅋ)

(ㅌ)

(ㅍ)

(ㅎ)

저자와의
협의에 의해
인지 생략

전자회로 기초

3판 1쇄 2025년 3월 10일

저 자 하정우
발행인 송광헌
발행처 도서출판 복두(더)
주 소 서울특별시 영등포구 경인로82길 3-4
센터플러스 807호
(우) 07371
전 화 02-2164-2580
F A X 02-2164-2584
등 록 1993. 11. 22. 제 10-902 호

정가 : 16,000원

ISBN : 979-11-6675-582-8 93560

한국과학기술출판협회 회원사